BIBLIOTHÉQUE
PHYSIQUE
DE LA FRANCE.

BIBLIOTHÉQUE PHYSIQUE DE LA FRANCE,

OU

Liste de tous les Ouvrages, tant imprimés que manuscrits, qui traitent de l'Histoire Naturelle de ce Royaume :

Avec des Notes Critiques & Historiques.

Par Feu M. LOUIS-ANTOINE-PROSPER HÉRISSANT, Médecin de la Faculté de Paris.

Coquereau

*Ouvrage achevé & publié par M.***, Docteur-Régent de la même Faculté.*

A PARIS,

Chez JEAN-THOMAS HÉRISSANT, Imprimeur ordinaire du Roi, Maison & Cabinet de Sa Majesté.

M. DCC. LXXI.

AVEC APPROBATION ET PRIVILÉGE DU ROI.

AVERTISSEMENT
DE L'ÉDITEUR.

IL n'eſt pas, ſans doute, d'étude plus agréable que celle de la Nature, de ſcience plus utile que celle de l'Hiſtoire Naturelle de ſon pays. C'eſt pour perfectionner l'une & l'autre, qu'en 1720 Scheuzer donna un Catalogue, dans lequel il fit entrer le Chapitre ſecond de la Bibliothéque Hiſtorique du Père le Long. Ce Chapitre ne contient autre choſe qu'un rélevé des Auteurs qui ont écrit ſur l'Hiſtoire Naturelle de la France, avec des notes & des remarques. L'Ouvrage du Père le Long, dont le premier Volume a paru en 1768, a été conſidérablement augmenté par les recherches & les ſoins de l'Éditeur.

Feu M. Hériſſant, chargé de refondre & de completter la partie de l'Hiſtoire Naturelle, dans cet Ouvrage, a cru qu'en faiſant imprimer, & donnant ſéparément cette partie, il faciliteroit les moyens de cultiver cette Science : c'est dans cette vue que nous présentons au Public cet Ouvrage, sous le titre de *Bibliothéque Physique de la France.*

Une mort prématurée n'ayant pas permis à M. Hérissant d'y mettre la dernière main, il s'étoit glissé nécessairement quelques fautes légères ; on pourra les corriger d'après le Supplément, dans lequel on trouve aussi la liste des Ouvrages qui ont paru depuis, autant qu'il a été possible de les rassembler : l'ordre qu'on y a suivi est le même que celui de l'Ouvrage (*).

Quoique pour étudier l'Histoire Naturelle le livre le meilleur soit le livre de la nature même, il est nécessaire cependant de consulter les Auteurs qui ont traité cette matière avant nous, afin de suivre les routes qu'ils ont tracées, & de profiter de leurs lumières pour en acquérir de nouvelles.

(*) On a marqué d'une * les articles qui sont du P. le Long.

ÉLOGE HISTORIQUE

DE M. HÉRISSANT.

LOUIS-ANTOINE-PROSPER HÉRISSANT, naquit à Paris le 27 Juillet 1745, de Jean-Thomas Hérissant, aujourd'hui Imprimeur du Cabinet du Roi, & de Marie-Nicole Estienne. Dès l'âge le plus tendre, le jeune Hérissant fit entrevoir le germe des talens qui se développèrent bientôt en lui. L'amour de l'étude, le desir de la gloire furent ses premières passions, dans la suite elles firent taire toutes les autres. A ces avantages, il joignoit un caractère sérieux, appliqué, & n'avoit de jeune que le pouvoir de supporter long-temps le travail. Élevé sous les yeux de son père, par M. l'Abbé Bazile, Secrétaire de M. l'Archevêque de Lyon, il ne sortoit que pour aller avec ses freres au Collége de Beauvais où il fit toutes ses classes. Ce soin paternel, cette petite rivalité, dont on ne peut se défendre lorsqu'on court la même carrière, & que les liens du sang augmentent encore, mirent dans leurs études un zèle qui les fit bien-tôt distinguer des autres écoliers. A la fin de chaque année ils partageoient entr'eux les lauriers académiques. M. Hérissant vit en Réthorique couronner ses travaux à la distribution solemnelle des prix que l'Université accorde tous les ans aux meilleurs sujets des dix Colléges réunis.

Ce cours d'étude fini, M. Hérissant fit sa Philosophie. Les matières abstraites de la Logique & de la Métaphysique ; la manière sèche & aride dont on les préſente, eurent peu d'attraits pour un eſprit ſéduit par les images riantes de la Rhétorique. Son amour pour la Littérature ; les triomphes académiques de M. Thomas, dont il avoit été le diſciple, l'engagèrent à courir la même carrière. L'Académie d'Amiens venoit de propoſer pour ſujet de prix l'Éloge de Ducange, connu par ſes travaux ſur le moyen âge, & ſur l'Hiſtoire de la Monarchie, M. Hériſſant envoya un Diſcours qui mérita les honneurs de l'*acceſſit*.

Dans le même temps, il voulut eſſayer ſes forces ſur un théâtre plus vaſte. La Faculté de Médecine de Paris, dans le deſſein d'encourager à faire ſon Hiſtoire, avoit donné pour ſujet de prix l'Éloge de Duret ; il y travailla : mais ſoit par déférence pour ſes concurrens, ſoit que trop ſevère pour ſes ouvrages, il ne les vit pas des mêmes yeux que ſes amis, l'Éloge ne fut point envoyé au concours ; il étoit pourtant fini, & lui avoit coûté beaucoup de ſoins & de recherches.

C'étoit en changeant d'objet de travail qu'il ſe délaſſoit : en effet, il compoſa dans le même temps ſon Poëme ſur l'Imprimerie, quoiqu'il n'ait été imprimé que plus d'un an après par un de ſes amis. Son deſſein n'étoit pas de le rendre public. M. de Querlon, auteur des Affiches de Province, entre les mains duquel le hazard en fit tomber un exemplaire, l'annonça par un extrait fort avantageux : l'épilogue ſur-tout lui parut mériter des éloges, auſſi bien que la deſcription conciſe du méchaniſme même de l'Art ; morceau d'autant plus difficile, qu'on ne pouvoit être guidé par les anciens, auxquels l'Imprimerie étoit abſolument inconnue ;

aussi l'Auteur a-t-il le mérite d'avoir sçu triompher & de la nouveauté du sujet & de la difficulté de l'expression.

Toutes ces occupations, étrangères à l'étude de la Philosophie, ne lui prenoient aucune partie d'un temps qu'elle eût pu réclamer. Il ne leur donnoit que ce que ses devoirs lui laissoient en sa disposition : elles ne l'empêchèrent donc pas de soutenir avec distinction une Thèse générale. Il l'ouvrit par un Discours Latin, *de Hominis physici dotibus*, qui fut très goûté.

Ses deux années de Philosophie achevées, M. Hérissant fut reçu Maître-ès-Arts au mois d'Août 1764. Son père charmé de trouver en son fils toutes les dispositions qu'il pouvoit souhaiter, eut sur lui les vues communes des pères ; il le destina à sa profession. Les élémens d'un Art dont il venoit de donner des préceptes ne plurent point au jeune Hérissant. Content d'avoir chanté les hommes qui s'étoient rendus célèbres dans l'Imprimerie, il ne se sentoit point destiné à marcher sur leurs traces. Un attrait invincible le portoit à l'étude de la Médecine, & c'étoit en partie pour faire connoître son goût, que dans son Poëme de l'Imprimerie, qu'il appelloit ses adieux à cet Art, il avoit loué Charles Estienne, qui fut tout à la fois Docteur-Régent de la Faculté de Médecine de Paris, & Imprimeur ; mais sa timidité naturelle, son respect pour les volontés d'un père tendre, dont la tendresse éclairée veilloit également sur l'établissement de tous ses enfans, l'empêchoient de manifester ses véritables intentions. C'étoit dans l'intérieur du cabinet ; c'étoit dans le sein de deux frères qui lui reſtoient, qu'il oſoit réclamer la liberté de décider de ſon ſort, & de choiſir ſon état. C'eſt dans ce temps, où il étoit incertain encore s'il ſeroit Médecin, ou s'il ſuivroit la profeſſion de ſon père, qu'il travailla à la partie de l'Hiſtoire Naturelle, dans la nouvelle édition de la *Bibliothéque Hiſtorique de la France*, par le Père le Long. Les recherches qu'exigeoit un ouvrage de cette eſpèce n'étoient pas capables de l'occuper entièrement. Décidé à prendre le parti de la Médecine, il faiſoit d'avance d'amples proviſions en tout genre. L'Hiſtoire Naturelle, proprement dite, étoit ſur-tout l'objet de ſes études. Il a laiſſé les matériaux d'un petit ouvrage Latin ſur les Inſectes. Son but étoit de travailler quelque jour à rendre plus utile une partie de l'Hiſtoire Naturelle, qui ne ſemble encore que curieuſe.

Occupé de ces travaux; réſolu de ne faire connoître ſon goût que par quelque coup d'éclat, il attendoit en ſilence l'occaſion favorable. L'Éloge de Gonthier d'Andernack, que la Faculté de Médecine propoſoit pour prix, la lui préſenta. Il travailla à cet Éloge avec une ardeur extrême : il le compoſa dans le plus grand ſecret; & l'ouvrage ne fut connu de ſa famille que par le prix qui le couronna : dès-lors il fut libre de ſatisfaire ſes deſirs & de ſe livrer entièrement à l'étude de la Médecine. Son père fut le premier à ſeconder de ſi heureuſes diſpoſitions : & comment auroit-on pu ſe refuſer à une vocation auſſi marquée ?

La Faculté vit avec plaiſir ſur ſes bancs un Candidat qui s'annonçoit par des triomphes. Les membres les plus illuſtres de cette Compagnie s'empreſſèrent à le féliciter ſur le prix qu'il venoit de remporter. M. Bertrand le jugea digne de l'aſſocier aux travaux de ſon père. Il avoit hérité de lui des Mémoires conſidérables ſur la vie des Médecins de la Faculté ; monument précieux dont M. Baron a fait une mention honorable, dans la Préface qu'il a miſe à la tête de l'Ouvrage qui a pour titre, *Queſtionum Medicarum ſeries Chronologica*. Des occupations plus utiles, la pratique qui le demandoit tout entier, ne lui permettant pas de travailler à ces Mémoires avec tout le ſoin qu'il auroit deſiré. M. Bertrand crut ne pouvoir être mieux remplacé que par M. Hériſſant. Il lui écrivit pour l'engager à mettre cet Ouvrage en état de paroître. C'eſt, diſoit-il dans ſa Lettre, » à l'eſtime que je fais de vous, Monſieur, à » l'attachement que j'ai pour la Médecine, & ſingulièrement pour ma Compagnie, que vous devez cette » Lettre, qui me produira toujours un bien ſi elle » me procure quelques liaiſons avec vous ». M. Hériſſant répondit à un choix auſſi flatteur. Il compoſa un Diſcours Hiſtorique ſur l'état de la Médecine chez les Gaulois, & ſous les deux premières Races ; c'eſt-à-dire, juſqu'à l'inſtitution de la Faculté. Il a laiſſé encore pluſieurs matériaux ſur les temps poſtérieurs.

La réputation que lui avoit juſtement acquiſe l'Éloge de Gonthier ne ſe borna pas à la Capitale. Cet Ouvrage le fit bien-tôt connoître dans les Provinces, & lui ouvrit une correſpondance avec pluſieurs Savans. L'Académie de Béziers deſira de le voir au nombre de ſes membres, & dès le mois de Janvier 1766, M. Boüillet,

Sécrétaire perpétuel de cette Compagnie, lui propoſa une place au nom de l'Académie.

Ces ſuccès dans la carrière des Lettres ne lui faiſoient point perdre de vue ſon but principal. Son état une fois décidé, il s'appliquoit avec ardeur à s'en rendre digne. Les Auteurs de Médecine devinrent ſa lecture familière; il puiſoit dans les ſources mêmes. Perſonne ne poſſédoit plus que lui l'eſprit de recherche & d'obſervation. Perſuadé que les erreurs des hommes célèbres font ſouvent plus pour les progrès des Arts, que les prétendues découvertes des demi Savans, il liſoit indiſtinctement, mais en critique éclairé, tous les Ouvrages des grands maîtres. Plein de leur lecture, riche de leurs découvertes, il compoſa en Latin, pour ſon propre uſage, un Cours complet de Médecine, dont la méthode mérite des éloges.

De toutes les parties de la Médecine, l'Anatomie étoit celle pour laquelle il avoit l'inclination la plus forte. Les liaiſons qu'il eut avec le Chirurgien Major des Hôpitaux, le mirent en état de ſatisfaire entièrement ſon goût. Il obtint par ſa recommandation la facilité d'avoir des cadavres à ſa diſpoſition dans la Maiſon de la Pitié. Ce fut dans cet Hôpital, qu'accompagné d'un ſeul de ſes amis, il paſſa l'Hyver de 1767 à étudier l'Anatomie dans le livre même de la nature Il ſuivoit en même temps les Cours de M. Petit, Docteur-Régent de la Faculté. Les graces du diſcours dont ce célèbre Anatomiſte ſait orner ſes démonſtrations; la ſéduiſante facilité avec laquelle il promène l'eſprit de ſes Auditeurs par les routes les plus eſcarpées, couvrant toujours de fleurs les épines qu'on y rencontre à chaque pas, dissipèrent entièrement une certaine impression d'horreur qu'éprouvoit M. Hérissant à l'aspect de l'humanité détruite, & dont la Philosophie même ne peut défendre une ame sensible. Il fut fort étonné de trouver agréable une science qui jusques-là n'avoit été pour lui que satisfaisante.

Ce fut cette même année 1767, que la Société des Sciences, Arts & Belles-Lettres d'Auxerre, l'adopta au nombre de ses Membres. Il reçut ce prix de ses travaux avec d'autant plus de plaisir, que les récompenses de cette espèce devenoient un puissant aiguillon pour lui. Il en étoit une sur-tout à laquelle il aspiroit ardemment; c'étoit une place à l'Académie des Sciences de Paris; & comment n'auroit-il pas été le confrère des Savans, de la plûpart desquels il étoit déja l'ami.

Il fut admis au Baccalaureat au mois de Mars 1768. La manière dont il répondit aux divers examens, dans lesquels la Faculté juge de la capacité des Candidats, ne démentit point & la réputation qu'il apportoit, & l'idée que d'après elle cette Compagnie s'étoit formée de son mérite. Les différentes épreuves par lesquelles il passa successivement, dans le peu de temps qu'il fut en Licence, ne servirent qu'à faire paroître ses talens dans un plus grand jour.

Au mois de Novembre, il soutint une Thèse de Physiologie, dont le sujet est: *An à terreæ substantiæ intra poros cartilaginum appulsu ossium durities.* Elle fut très-bien reçue; elle dut sa réputation, moins à la nouveauté du sujet, qu'à la saine érudition qu'on y trouve, au ſtyle pur, égal & correct dont elle eſt écrite. L'Auteur, d'après un grand nombre d'expériences très-ingénieuſes, faites par M. Hériſſant, de l'Académie des Sciences, ſon parent, y démontre que la ſtructure des os n'eſt point telle qu'on ſe l'imaginoit; que l'oſſification ne ſe fait point de la manière dont les Anatomiſtes ont prétendu juſqu'ici qu'elle ſe formoit; que tout ſon méchaniſme dépend d'une ſubſtance terreuſe, ſoluble dans les acides, qui eſt portée entre les pores du cartilage par la force de la circulation. Il fait remarquer la différence qu'il y a entre les os & les parties qui acquierrent une oſſification contre nature. Il prouve que dans celle-ci il n'y a pour ainſi dire qu'une accrétion, au lieu que dans les os il ſe fait une intuſuſception. Il falloit néceſſairement, pour établir ſa Thèſe, que M. Hériſſant combattît & renversât un ſyſtême adopté par tous les Anatomiſtes, & que la célèbrité de ſon Auteur ſembloit mettre hors d'attaque : il le fit, mais avec tous les égards qu'il devoit à l'âge & au métite de ſon adverſaire, ſans cependant rien faire perdre à la vérité qu'il annonçoit.

Cette Thèſe fut ſuivie d'une ſeconde, qui ne fut pas moins bien accueillie & qui le méritoit autant. Le ſujet eſt: *An corpora quæ lentè extenuata ſunt, lentè reficienda; quæ verò brevi, celeriter.* C'eſt un Commentaire détaillé de l'Aphoriſme d'Hyppocrate. L'éloge le plus grand qu'on puiſſe faire de cette Thèſe, c'eſt qu'après tous les bons Commentaires que de célèbres Auteurs nous ont donné ſur les Aphoriſmes d'Hyppocrate, elle parut neuve & ſe fit lire avec plaiſir.

Quoique fortement occupé de sa profession, il ne négligeoit pas de se livrer aux devoirs & même aux amusemens de la société. Sa circonspection à prononcer sur le mérite des autres, sa modestie, son extrême réserve à parler de lui-même, faisoient desirer son commerce; ses mœurs faciles, son esprit doux & liant le rendoient très-sûr. Plusieurs Membres illustres de la Faculté l'honoroient de leur amitié. Il étoit fort uni avec le célèbre M. de Jussieu. Un Ouvrage auquel il travailloit, auroit rendu cette liaison plus intime encore.

Il avoit entrepris de faire le Catalogue des Plantes du Jardin que M. Cochin, ancien Echevin, a formé à Châtillon près Paris; mais pour qu'il pût être plus utile, il avoit généralisé cette idée, & composoit un traité de Botanique, sous le titre de *Jardin des Curieux*: il est très-avancé, & même presqu'en état de paroître. L'Auteur s'est proposé dans cet Ouvrage de donner la culture, les usages des Plantes les plus curieuses, & de faire voir le parti qu'on peut en tirer pour l'ornement & la décoration des Jardins: il commence par celles qui viennent en pleine terre; il les divise en arbres, arbrisseaux, plantes vivaces & annuelles. Les Plantes des serres sont partagées en trois Sections: la première comprend toutes celles qui passent l'hyver dans l'Orangerie: la seconde, celles qui ont besoin de la serre chaude; & la troisième, celles qui ne peuvent être conservées que dans la tannée.

Ce fut au milieu de ces travaux qu'il fut enlevé par une mort aussi prompte qu'inattendue. Il suivoit exactement la visite des Médecins de l'Hôtel-Dieu, la petite vérole y fut très-commune pendant tout l'Eté ; en vain la tendresse inquiète de sa famille vouloit l'éloigner de la contagion ; en vain ses amis lui conseilloient de ne pas s'exposer imprudemment. Le zèle ardent & vif qu'il avoit pour sa profession, ne lui permit d'entendre pour cette fois seulement, ni les ordres paternels, ni la voix de ses amis. Il fut attaqué de la petite vérole le 6 Août. Les secours de l'Art furent impuissans. Il mourut le 10, agé de 24 ans, emportant avec lui les regrets de tous ceux qui l'avoient connu, & la satisfaction inexprimable de ne s'être jamais un instant écarté de la voie de la vertu.

Tel est le sujet que la République des Lettres s'est vu enlever à la fleur de son âge : tel est le Bachelier que la Faculté a perdu en la personne de M. Hérissant. Marchant sur les traces des grands hommes qu'elle a vu sortir de son sein & qu'il avoit pris pour modèle : animé de leur esprit, il eût comme eux contribué à la gloire de cet illustre Corps. Que ne devoit-il pas en attendre après un début aussi brillant ? Les regrets de cette Compagnie ont assez prouvé le cas singulier qu'elle en faisoit, & combien elle fut sensible à sa perte. Puisse-t-elle voir d'un œil favorable l'hommage que nous avons cru devoir rendre à la mémoire d'un confrère, d'un ami qui a trop peu vêcu pour nous, s'il a assez vêcu pour la gloire.

Pour qui compte les faits, les ans du jeune Achille l'égalent à Nestor.

ROUSSEAU, *Odes.*

DISCOURS

DISCOURS

Sur l'utilité de l'Hiſtoire Naturelle de la France, & la manière de l'étudier.

LA nature eſt comme ces vaſtes dépôts où des hommes laborieux vont chercher dans les différens livres les alimens de leur curioſité. La multiplicité des matières, le nombre infini des Auteurs qui en ont traité, la variété des langues, empêchent même les plus grands génies de connoître à fond tout ce qu'ils renferment. Obligé de fixer ſon étude à une très-petite partie des divers objets, l'homme prudent ne va pas ſe perdre dans ces ouvrages volumineux qu'il pourroit à peine débrouiller ; ſa raiſon lui fait choiſir ce qui peut le mener à des connoiſſances certaines & utiles : il rejette tout ce qui l'éloigneroit de ſon but : ainſi, celui qui veut tirer quelque avantage de l'étude des êtres naturels, ne doit point embraſſer à la fois toutes les parties de ce vaſte globe.

L'esprit de l'homme est resserré dans des bornes trop étroites, pour qu'il puisse observer à la fois toutes les beautés de l'univers. A quoi sert de savoir ce qui existe dans l'Asie ou dans l'Amérique, si le pays où nous vivons nous est inconnu ? N'imitons pas ces hommes étrangers à leur patrie, qui savent l'histoire des Grecs ou des Romains, lorsqu'ils ignorent les mœurs de leurs ancêtres, & souvent même les événemens arrivés presque sous leurs yeux.

Les objets qui nous environnent méritent les premiers notre application ; tout Citoyen doit à sa patrie le tribut de ses travaux & de ses veilles. Est-il pour un François une étude qui puisse le toucher davantage que celle de l'Histoire Naturelle de ce Royaume ?

I. Les Savans, ceux même dont l'esprit peut saisir à la fois les objets les plus variés, conviennent tous que l'Histoire générale de la nature est inépuisable dans les détails. Quelle foule innombrable de végétaux répandus çà & là sur la vaste étendue de notre terre ? Que de substances enfouies dans le sein des montagnes ? Les pays les plus incultes où le voyageur ne découvre que des précipices & des deserts, cachent une multitude de trésors qui doivent enrichir la Physique. Depuis le temps que des observateurs infatigables ont erré de contrées en contrées, pour chercher des curiosités nouvelles, nous sommes encore bien loin de pouvoir atteindre au terme de nos connoissances sur l'histoire Physique de l'Univers.

Au lieu de vouloir étendre ses recherches jusques dans les régions les moins habitées, si chacun se borne à étudier la partie de la terre qu'il habite, que de difficultés applanies! Les objets moins multipliés jettent dans l'esprit moins de confusion & exigent moins de temps pour les connoître. Les frais des voyages, & mille autres dépenses inévitables diminuent sensiblement. D'ailleurs les différentes substances viennent, pour ainsi dire, se présenter d'elles-mêmes au Naturaliste : il peut à son gré les soumettre à l'analyse ; & par une multitude d'expériences réitérées, connoître leur composition & découvrir leurs propriétés.

Si l'Histoire Naturelle de la patrie présente moins de difficultés, elle a aussi plus de certitude. En effet, quand on ne borne pas ses opérations aux seuls corps qui nous environnent, on est quelquefois obligé de se fier aux descriptions des voyageurs, qui en imposent presque toujours à ceux qui ne peuvent pas vérifier leur récit. Souvent, pour fruit de ses travaux & de ses peines, on n'a que des productions défigurées & altérées, des remédes peu appropriés aux differens tempéramens (1) de ceux qui vivent dans ces climats tempérés.

La facilité avec laquelle on peut étudier l'Histoire Naturelle de la France, & la certitude qu'il y a dans cette étude, ne seroient pas des motifs assez puissans pour fixer l'esprit des Physiciens, si d'ailleurs elle ne renfermoit des avantages réels. Quelle source de richesses pour la Médecine & les Arts! Croira-t-on en effet que la nature ait refusé à des peuples entiers des biens qu'elle a donnés à d'autres avec tant de profusion? Non, chaque pays a dans les plantes qu'il nourrit, des remédes propres aux maladies particulières à son climat. Chaque terre a dans ses productions de quoi fournir aux besoins, même aux plaisirs de ceux qui la cultivent. C'est à l'Art & à l'industrie de reconnoître & de perfectionner l'ouvrage de la nature.

Plusieurs Botanistes célèbres (2), après avoir long-temps parcouru la Grèce, l'Egypte, &

(1) La constitution des hommes est différente, suivant les contrées qu'ils habitent; aussi les effets des sudorifiques étrangers, tels que le Gayac, ont-ils souvent trompé en Europe l'attente des Médecins. La propriété intrinséque d'un remède ne change pas selon les climats, mais sa force augmente ou diminue; ce qui vient, ou de la substance même qui s'altère dans le transport, ou plus souvent de la disposition des corps auxquels on le donne.

(2) M M. Marchant & Tournefort.

une partie de l'Afrique, ont assuré de bonne foi que la France offroit à ses habitans un aussi grand nombre de plantes utiles, que les vastes pays qu'ils avoient traversé. Des effets constans ont convaincu les Praticiens, que parmi les plantes de ce Royaume, on trouve d'excellens purgatifs, des Emétiques, des Sudorifiques, des Vulnéraires, & beaucoup d'autres remédes, qui, employés prudemment, surpassent souvent les remédes étrangers. Quelques-uns, il est vrai, comme l'Epurge, le Cabaret, ne pourroient se donner sans correctifs; mais n'a-t-on pas uni long-temps la Scrophulaire au Séné, & sans un pareil (1) mêlange ne rebute-t-il pas par son amertume?

On va chercher jusques dans le Pérou l'écorce d'un arbrisseau pour chasser ces fièvres qui attaquent le malade dans des temps réglés; & souvent des plantes astringentes de notre pays, unies aux améres aromatiques, ont produit des effets semblables. Quelques Médecins (2) même ont osé préférer à ce spécifique les diverses préparations de notre petite Centaurée.

---

(1) Si l'on veut ôter au Séné cette saveur qui en dégoûte tant de personnes, il faut y joindre la Pimprenelle ou l'acide du Citron, &c. Ce mêlange, en déguisant son goût, ne nuit aucunement à ses effets.

(2) Mém. de l'Acad. Roy. des Sciences, an. 1701.

Des Savans, qui ont consacré leur vie à l'étude des plantes (1), assurent qu'on peut, avec le plus gtand succès substituer au Quinquina les Rubiacées jointes à la Sauge des bois (2), au Marrube, ou à des plantes analogues : elles remplissent précisément les mêmes indications ; elles sont aussi anti-septiques.

Les semences des Rubiacées de notre pays peuvent donner une liqueur semblable au Caffé (3). Enfin, l'Hépatique des bois (4) joint à la vertu du Thé ce goût aromatique que l'on n'a pu trouver dans les autres plantes diurétiques.

La santé des Citoyens n'est pas le seul avantage que l'on puisse retirer de ces expériences; les Arts peuvent aussi s'enrichir des découvertes que l'on fera sur les végétaux. Eclairé par la Chymie, l'art de la Teinture a trouvé dans les pétales du Carthame le couleur de chair,

---

(1) M. Bernard de Jussieu, &c.

(2) Cette plante est nommée dans le *Botanicon* de M. Vaillant, *Chamædris fruticosa sylvestris Melissæ folio.*

(3) Si cette liqueur n'a pas précisément les mêmes qualités que le Caffé de Moka, cela vient de ce que les graines de nos Rubiacées étant plus petites, elles se brûlent trop promptement : ne pourroit-on pas parvenir à les leur donner en retardant la torréfaction ?

(4) Cette plante est une espèce de Gratteron. Elle est connue, parmi les Botanistes, sous le nom d'*Aparine latifolia humilior montana.*

le couleur de rose, le ponceau, qui peuvent bien le disputer aux plus brillantes couleurs des Anciens. Quel heureux présage pour le progrès des Arts!

Les autres parties de l'Histoire Naturelle de la France, étudiées avec soin, pourront procurer d'aussi grands avantages. Pourquoi, disoit l'illustre Auteur de l'histoire des Insectes (1), ne point faire marcher d'un pas égal l'étude des plantes & celle des animaux qu'elles nourrissent? Pourquoi séparer ce que la nature a réuni? Y a-t-il plus de raison pour chercher des remédes utiles parmi les plantes que parmi les insectes?

On feroit une liste nombreuse de tous les insectes ou reptils bienfaisans. Les Vers de terre fournissent une huile excellente pour fortifier les nerfs. L'Hydropisie trouve dans les Cloportes un puissant reméde. Il est des maux funestes dans lesquels l'application des Cantharides & des Sangsues produit une dérivation utile. Des expériences réitérées ne pourroient-elles pas tirer de ces animaux d'autres services?

Mais quand la Médecine, à qui l'on reproche d'être surchargée de remédes inutiles, n'en

(1) Mém. sur l'Hist. des Insectes, par M. de Réaumur. *T.* 1. *M.* 1.

feroit aucun usage, l'économie & les Arts pourroient y gagner. La matière de nos plus riches habits est filée par un Insecte. Le Kermès, qui naît sur une espèce de Chêne verd du Languedoc, fournit aux Teinturiers une couleur rouge qui ne le céde point à celle que donne la Cochenille. C'est à des Insectes que nous devons la Cire & le Miel. Pourquoi l'utilité de ces animaux seroit-elle aussi bornée? De douze mille plantes que l'on connoît, à peine le dixième est-il employé, tant dans la Médecine, que dans les Arts; & malgré ce foible secours, on voit une foule d'Observateurs s'appliquer à une connoissance si vaste. Que n'en est-il de même pour les Insectes, & tant d'autres animaux, qui n'ont pas été uniquement créés pour amuser nos regards par leur variété, ou la beauté de leur parure.

La Minéralogie de la France n'offre pas aux Naturalistes de moindres avantages. On a démontré depuis long-temps qu'il existe dans différentes Provinces du Royaume des mines de Cuivre, de Plomb, d'Argent. Plusieurs rivières roulent l'Or avec le Sable. Strabon, Diodore de Sicile, César, Suétone, Tacite, parlent en beaucoup d'endroits des richesses immenses que les Romains trouvèrent dans les Gaules, quand ils en firent la conquête. Plusieurs Chymistes, en particulier

M. Hellot (1), assurent que les François trouveroient dans l'exploitation de ces mines autant de moyens de s'enrichir, qu'en eurent les Romains, sans le discrédit où elles sont tombées, vers le commencement du sixième siècle.

On a cru long-temps qu'il n'étoit utile d'exploiter que les mines de fer : mais il est démontré que la mine de plomb dépense moins de bois & rapporte davantage ; d'ailleurs, on peut la fondre sans perte au charbon de terre : on peut aussi se servir du même charbon pour rôtir & désouffrer les mines de cuivre, & il ne faut du charbon de bois que pour les fondre ensuite avec moins de perte. Quant aux mines d'or ou d'argent, il n'est pas croyable qu'elles soient encore épuisées. Les Anciens ignoroient l'usage de la poudre à canon. Ils se contentoient de calciner les rochers, & quand cette opération ne suffisoit pas pour les fendre, ils renonçoient au travail, ils abandonnoient le filon.

Ce n'est jamais que le zèle & la persévérance qui viennent à bout des entreprises utiles. Ainsi s'accroissent les richesses des particuliers & celles de l'Etat. Nous acheterions encore à grand prix les vases de la Chine & du

(1) Mem. de l'Acad. Roy. des Sciences, an. 1756, *p.* 134.

Japon, si des observations infatigables ne nous avoient enfin démontré que la matière de la Porcelaine, le Pétuntzé & le Kaolin (1) existent en France, & qu'on peut se les procurer à peu de frais. A voir maintenant l'ardeur avec laquelle les Chymistes François travaillent à la perfection de leur Art, il y a tout lieu d'espérer qu'ils découvriront dans les productions de leur pays des richesses dont nos derniers neveux profiteront avec reconnoissance.

L'Histoire Naturelle d'un pays ne se borne pas aux différentes substances qui composent ce qu'on appelle vulgairement les trois régnes de la nature. La qualité du terroir, la disposition des lieux, la température du climat sont des objets principaux, dont la connoissance peut fournir de puissans secours. L'Air, en effet, ce fluide qui nous environne, & dont la pureté est si nécessaire à la vie, l'air n'est pas par-tout cet élément primitif dégagé de tous corps étrangers; une multitude de causes concourent à varier ses effets. De quelle utilité ne sont donc pas des observations assidues sur les variations & les différens poids de l'athmosphère, sur les vents, les pluies, les météores, le chaud, le froid dans chaque année,

(1) Le Pétuntzé & le Kaolin ne suffisent point pour faire la Porcelaine. Les Indiens & les Chinois y mêlent encore quelques substances, mais celles-ci sont les principales.

dans chaque saison & chaque jour? Quelle lumière ne doit pas répandre sur la théorie de la végétation, & sur celle des maladies épidémiques, une comparaison exacte de toutes ces vicissitudes avec les productions de la terre & la constitution des peuples.

De telles observations, dit M. de Mairan (1), produiront vraisemblablement quelque jour une Agriculture & une Médecine, plus parfaites & plus sûres que tout ce qu'on pourroit espérer des spéculations les plus sublimes de la Physique dénuées de ce secours. En effet, ces connoissances mettent en état de prévoir les différentes circonstances qui peuvent arriver, & par conséquent de prévenir une partie des accidens, & de s'épargner bien des inquiétudes.

Je ne parle pas ici des avantages que peuvent procurer les prairies cultivées avec soin, les nouvelles plantations, la multiplication du bétail, la pêche mieux entendue sur différentes côtes. Tous ces objets regardent plutôt l'économie que l'Histoire Naturelle. Mais cependant, si l'on examine ces deux Sciences, on verra aisément qu'elles ont entr'elles un très-grand rapport, & que l'une fait connoître ce que l'autre rend utile.

---

(1) Hist. de l'Acad. Roy. des Sciences, an. 1743, p. 15.

Outre l'utilité que la Médecine & les Arts peuvent retirer de la connoissance de l'Histoire Naturelle de la France, il est encore d'autres secours que cette étude peut procurer en influant sur le Commerce. Que de branches utiles ignorées encore, & qui naîtront peut-être quelque jour ! On pourra vendre alors aux étrangers ce qu'on leur a long-temps payé si cher. Par-là les richesses extérieures de l'Etat sont considérablement accrues ; la nourriture est plus facile, les alimens meilleurs.

Après avoir détaillé les divers avantages que peut procurer à la France une étude réfléchie de tout ce qui a rapport à l'Histoire Naturelle de ce Royaume, qu'il me soit permis d'ajouter quelques vues sur la manière de hâter la découverte de connoissances aussi utiles.

II. Un Savant, formé par l'expérience de plusieurs siècles, fera peut-être un jour une Histoire complette de tous les êtres naturels que la France voit à sa surface, ou qu'elle renferme dans son sein. Avant que nous parvenions à cet âge d'or de la Physique Françoise, il reste encore un grand nombre d'objets à découvrir.

Pour dissiper les nuages qui les dérobent à nos yeux, pour étudier l'Histoire Naturelle de la France, on ne doit point se contenter de connoître la superficie des objets. Il faut passer rapidement ſur ce qui ne peut pas conduire à des avantages réels. Un Géographe qui veut décrire le cours d'une rivière, ne s'amuſe pas à cueillir des fleurs ſur ſes bords : mais il ne faut pas négliger non plus ce qui au premier aſpect ne paroît que frivole. Souvent la beauté n'eſt pas un vain appanage ; & la Roſe, la plus belle des fleurs, fournit dans bien des cas de puiſſans ſecours.

Le Phyſicien qui veut rendre l'Hiſtoire Naturelle de ſa patrie avantageuſe à ſes Concitoyens, ne doit donc négliger aucune recherche, aucune expérience : il doit deſcendre juſqu'au moindre détail ; ne point ſe rebuter du peu de réuſſite des premiers eſſais ; & ſur-tout obſerver la ſuite des réſultats que lui donneront ſes diverſes tentatives. Comme chaque partie exige une étude différente, jettons ſur chacune un coup d'œil rapide, & voyons la route que pourroit ſuivre un obſervateur.

L'Air, qui eſt un des objets les moins approfondis, mérite le premier l'attention du Naturaliſte. Depuis quelques années, il eſt vrai, d'habiles Phyſiciens ont fait des obſervations utiles ſur les variations de l'athmoſphère ; mais ces obſervations ne ſont pas encore aſſez multipliées pour qu'on puiſſe connoître entièrement la température des différentes parties du Royaume. Il ſeroit à deſirer qu'on en fît de semblables dans toutes les villes de la France. Il faudroit encore que tous les instrumens qui serviroient aux observations fussent construits d'après les mêmes principes ; qu'on en plaçât plusieurs dans différentes expositions, & qu'on prévît jusqu'aux plus petites causes qui pourroient faire douter de leur exactitude. Je ne parle pas du soin qu'on doit avoir d'éviter les différentes réflexions du Soleil, la chaleur des poëles voisins, l'humidité des emplacemens. Tout le monde sait que de telles causes en imposent toujours sur les effets des Thermomètres ou des Hygromètres.

L'exemple que M. Duhamel a donné de comparer les influences du climat avec les productions de la terre, n'a pas encore été suivi par beaucoup de Physiciens : il n'y a cependant que de telles comparaisons qui puissent produire les avantages déja démontrés. Les plantes, comme les animaux, dépendent de l'air qui nous environne ; il est le soutien principal de leur vie. On doit donc accompagner les Tables Météorologiques d'observations Botaniques & Nosologiques dans lesquelles l'on entre jusques dans les moindres détails sur l'Agriculture & sur les maladies.

Peu importe de connoître les maux qui ont affligé une Ville ou une Province pendant telle saison, si on ignore les remédes employés par les différens Médecins pour les guérir. Quoique dans la Médecine il y ait des remédes particuliers pour certains maux, cependant les divers Médecins emploient ſouvent avec ſuccès des remèdes différens ; & c'eſt cette différence qu'il eſt important de connoître : d'ailleurs, l'effet des remédes dépend quelquefois de la température actuelle de l'air, & ſouvent on ne tire aucun ſecours d'un médicament, qui dans d'autres circonſtances auroit produit la guériſon ; de là l'utilité des détails pour établir une théorie sûre des maladies endémiques & épidémiques.

Il en eſt de même à l'égard de la végétation. Les plantes ont leurs maladies ; elles doivent avoir auſſi des remédes appropriés à leur nature. Ce n'eſt que par un examen réfléchi de l'influence de l'air, de leur propre conſtitution, de la qualité bonne ou mauvaiſe du terrein, & des moyens de la changer, que l'on hâtera les progrès de l'Agriculture, & des différentes branches qui en dépendent.

Les objets qui après l'air paroiſſent devoir occuper le Phyſicien, ſont les montagnes. C'eſt ſouvent dans ces lieux que la nature recèle ſes plus grandes beautés : mais ſans fouiller encore dans leurs entrailles, on peut bien trouver dans ces maſſes entières des ſujets d'obſervations.

Plusieurs montagnes des Provinces méridionales ont autrefois vomi le feu comme l'Etna & le Vésuve. Les pierres ponces que l'on trouve aux environs de ces volcans éteints en sont une preuve. Ne pourroit-on pas étudier ce qu'ils ont produit, la nature des laves qui couvrent souvent deux ou trois lieues de pays, & d'autres matières semblables : outre cela il faudroit s'attacher à connoître parfaitement la situation des différentes montagnes, fixer leur hauteur, déterminer leur étendue, chercher quelque manière de les rendre utiles aux Provinces qui les renferment.

C'est dans l'intérieur des montagnes que se trouvent les plus riches fossiles. M. Dallet (1) a donné, il y a quelques années, un projet pour faire connoître en moins d'un mois toutes celles de ces substances qui existent en France. Les Seigneurs auroient donné leurs soins pour que les ouvriers ramassassent dans les mines, carrières & différentes fouilles de la terre, des échantillons de chaque espèce de productions qui s'y trouvent. Ces fossiles auroient été envoyés à l'Académie des Sciences pour y être traités par les différentes voies que nous fournit l'analyse la plus exacte. M. de Réaumur avoit fait ramasser autrefois ces différentes

---

(1) Voyez ci-après l'article de la Minéralogie, p. 105.

substances.

ſubſtances ; & cette Collection eſt encore conſervée au Cabinet du Roi ; mais des objets ſi vaſtes ne peuvent être étudiés rapidement : ce n'eſt qu'avec le temps qu'on vient à bout de toutes ces recherches. Ce n'eſt point à des mercenaires qu'on doit s'en rapporter pour avoir les échantillons ; il n'y a que des Phyſiciens inſtruits qui ſoient en état de faire des recherches ſatisfaiſantes & de prévenir toute erreur. M. Guettard, qui conſacre ſes veilles à l'utilité de ſes compatriotes, a déja fait un travail immenſe ſur les minéraux de diverſes Provinces. Si l'on ſuit la route qu'il a tracée, cette partie de l'Hiſtoire Naturelle de la France ſera bientôt éclaircie.

Le ſein des montagnes ne cache pas ſeulement des productions foſſiles. C'eſt là que les eaux du ciel, filtrées à travers les différentes couches de terre, forment les ſources. C'eſt là que naiſſent ces fleuves majeſtueux qui coulent à travers les campagnes, & vont porter l'abondance dans les Villes. Les eaux thermales ſont auprès des montagnes. Tous ces objets ne ſont certainement pas encore aſſez connus.

La nature de l'eau des rivières & des fleuves intéreſſe néceſſairement la vie des Citoyens. Il ſeroit à deſirer qu'on en fît une analyſe exacte dans toute l'étendue du Royaume ; & celle de la petite rivière d'Yvette, faite par MM. Macquer & Hellot pourroit ſervir de modèle.

Il faudroit sur-tout examiner la pesanteur des différentes eaux ; & l'épreuve pourroit se faire avec des Aréométres semblables à celui dont M. de Lavoisier de l'Académie des Sciences vient de donner une nouvelle construction.

Il n'y a point en France de substance naturelle sur laquelle on ait tant écrit que sur les eaux minérales. Le Physicien le plus novice a cru se donner du mérite en étalant avec emphâse les vertus d'une source quelconque dont il avoit bien ou mal fait l'analyse. Il faut assurément beaucoup diminuer de toutes ces prétendues merveilles que l'on dit avoir été opérées par ces eaux ; mais il ne faut pas non plus les rejetter toutes : il en est que des expériences multipliées ont confirmé, & qui d'ailleurs sont appuyées sur des principes incontestables.

Dans une si grande multitude de faits, pour distinguer la vérité de l'erreur, il faudroit que des Chymistes habiles fissent de nouveau l'analyse de toutes les eaux minérales qui peuvent exister en France, & que des Juges savans & impartiaux tinssent une liste exacte de tous les malades guéris. Le Médecin qui envoie aux eaux donneroit un détail circonstancié de la maladie ; ceux qui présideroient aux sources détailleroient la guérison, donneroient des certificats ; & ils auroient soin d'observer si cette guérison n'est point l'effet du voyage plutôt que celui des eaux mêmes.

Si de l'étude des eaux minérales, on passe à celle des plantes, quelle nouvelle carrière pour le Physicien ? Il reste encore beaucoup de plantes indigênes à connoître, sur-tout vers les montagnes : mais quand toutes les espèces seroient découvertes, quand elles auroient été rangées dans les classes qui leur conviennent, & qu'on les auroit désignées par des phrases particulières, on n'auroit pas droit de conclure pour cela qu'il ne reste plus de recherches à faire sur les végétaux de ce Royaume.

La Botanique n'est pas seulement une science vagabonde. Il ne suffit pas de courir les montagnes & les forêts; de gravir contre des rochers inaccessibles : il faut analyser dans le repos ce qu'on a ramassé au milieu des fatigues. Il faut, dans l'ombre du cabinet, raisonner sur les principes qu'on a retiré de ces végétaux, sur leurs caractères particuliers, sur les vertus des espèces analogues. Ce sont des essais utiles que l'on doit faire maintenant sur les plantes de ce Royaume, & non de sèches nomenclatures, copiées pour la plupart d'après les ouvrages volumineux du plus grand Naturaliste de la Suéde.

Les insectes ne sont pas aussi connus que les plantes. M. de Réaumur est, pour ainsi dire, le premier qui ait travaillé à rendre intéressante l'Histoire générale de ces animaux. Les Physiciens qui ont travaillé après ce grand homme, ont cru qu'il n'y avoit plus rien à observer sur les insectes de notre pays. Ils ont passé les mers pour chercher ceux qui pouvoient parer le Cabinet des curieux, sans songer aux richesses que la France renferme dans son sein.

M. Geoffroi, Docteur en Médecine de la Faculté de Paris, vient de développer depuis quelques années celles qui se trouvent dans les environs de cette grande Ville ; les observations immenses qu'il a données prouvent combien il en reste encore à faire dans les autres parties du Royaume. Il seroit à desirer qu'on suivit son exemple dans toutes les Provinces, & que les recherches fussent faites par des Physiciens aussi laborieux.

Pour rendre cette étude utile à ses compatriotes, un Observateur ne doit pas examiner si une espèce a dans l'antenne un poil ou un anneau de plus ou de moins qu'un autre. Ces détails peuvent bien servir à la formation des genres & des espèces ; mais ils ne doivent pas être seuls. Il faut s'attacher sur-tout à connoître ces familles malfaisantes qui ruinent l'espérance des plus belles récoltes. Il faut rechercher celles dont les opérations enrichissent l'Etat, étudier leur origine & leur nourriture, afin de les multiplier.

C'eſt en travaillant ſur la nature de quelques coquillages, qu'on a trouvé les Perles, la Nacre, &c. Des recherches plus étendues ne pourroient elles pas conduire à des découvertes auſſi importantes? Les idées données par les Naturaliſtes qui nous ont précédé, peuvent en faire naître d'autres. En étudiant leurs principes, & en les appliquant à des eſpèces analogues à celles qu'ils ont connu, on peut rendre l'hiſtoire des Inſectes plus digne de l'attention des hommes. La ſubſtance que file le vers à ſoie approche de la nature du vernis. Les Guêpes font des nids de carton. L'induſtrie peut, d'après une telle théorie, enrichir beaucoup les Manufactures.

De toutes les parties de l'Hiſtoire Naturelle de la France, celle qui eſt la plus éclaircie maintenant, c'eſt l'Hiſtoire des quadrupèdes. L'ouvrage de MM. de Buffon & d'Aubenton réunit ſur ce point les obſervations les plus curieuſes & les plus utiles. Les vues qu'il renferme peuvent beaucoup contribuer à la multiplication des eſpèces profitables.

Il n'en eſt point de même de l'hiſtoire des Poiſſons, ni de celle des Oiſeaux. Les premiers ne ſervent guères qu'à la nourriture; & il paroît qu'on s'embarraſſe peu de les employer à d'autres uſages. C'eſt cependant d'un petit poiſſon, très-commun dans nos rivières, que

M. de Réaumur a fait voir qu'on tiroit la matière des fausses perles.

L'effet inattendu que produisit l'année dernière le fiel du Barbeau sur des yeux privés de la vue (1), ne pourroit-il pas faire naître l'idée de quelques autres expériences nouvelles ?

Parmi les oiseaux, les uns nous servent comme alimens, les autres recréent la vue par la beauté de leur plumage. Mais un Naturaliste doit-il se contenter d'admirer la parure du Paon, & mettre à son étude des bornes aussi étroites ? Il n'est pas vraisemblable que quelques espèces n'aient été créées que pour dévorer nos grains, ou détruire le gibier : elles ont, sans doute, une utilité réelle, dont la connoissance nous est encore cachée.

Ce seroit un travail utile que d'étudier avec un soin plus particulier ces oiseaux que le froid chasse tous les ans de nos contrées ; ceux, qui, endormis pendant le jour, ne quittent que la nuit les cavernes dont l'obscurité les défend contre les traits de la lumière ; ces amphibies, qui vivent dans deux élémens, & participent de la nature des oiseaux & des poissons. C'est en les considérant sous d'autres points de vue que pourra fournir l'expérience, sans se bor-

(1) Voyez les Affiches de Provinces, an. 1767, n°. 40, p. 159.

ner à la figure de leur bec & au nombre de leurs doigts, qu'on parviendra à perfectionner leur Histoire, & à la rendre plus intéressante pour ceux qui ne sont pas simplement curieux.

Pour que l'Histoire Naturelle de la France puisse faire les progrès que l'utilité commune semble exiger, il faut encore que plusieurs causes concourent à procurer cet heureux avancement. Une voix publique (1), dit un Ecrivain Philosophe, s'est élevée depuis long-temps contre ce grand nombre d'Académies dont nos Provinces sont inondées, & qui, par la manière dont elles remplissent leurs fonctions, font perdre des hommes à l'Etat sans en faire acquérir aux Lettres. A quoi sert à l'humanité cette foule d'Odes, de Poëmes & autres ouvrages qui ne souffrent point de médiocrité.

Toutes les Académies établies dans les Provinces ne sont pas, il est vrai, de simples sociétés de beaux esprits. Quelques Savans ont connu l'utilité des recherches Physiques. Ils ont pensé que la plus simple expérience étoit préférable à des vers qui n'amusent qu'un instant; & dès lors plusieurs Provinces ont vu s'élever dans leur sein des Académies des Sciences & des Sociétés d'Agriculture. Il seroit à desirer que l'Histoire Naturelle de la patrie fut le prin-

(1) M. Dalambert, Mél. de Litt.

cipal objet des recherches de ces Compagnies. Des hommes consacrés par état à l'observation, examineroient, sans doute, les différentes parties avec un soin plus particulier, & leur découverte auroit pour but quelqu'avantage.

Le travail & le zèle concourent aux progrès des Sciences, mais les récompenses en accélèrent la marche. Alexandre le Grand fournit à Aristote tout ce qui lui étoit nécessaire pour travailler à l'Histoire des Animaux. Il fit des dépenses considérables pour ramasser les espèces des différens pays; & il mit son maître en état de les bien observer. Aussi, dit M. de Buffon, cet ouvrage est peut-être encore aujourd'hui ce que nous avons de mieux fait en ce genre. Si les vues d'Alexandre n'eussent pas été si étendues; & si ses récompenses avoient été employées à faire étudier l'Histoire Naturelle de son pays, on auroit maintenant tout ce qu'on peut desirer sur les plantes & sur les minéraux de la Grèce. Il est peu d'objet plus digne de la libéralité d'un Souverain que l'Histoire Naturelle de son Royaume. Des bienfaits accordés aux Physiciens qui l'étudient, ne peuvent servir qu'à procurer la grandeur de l'État & le bonheur des Sujets, en avançant les progrès d'une science qui multiplie les richesses intérieures.

HISTOIRE NATURELLE DU ROYAUME *DE FRANCE.*

PARMI les Auteurs qui ont écrit ſur l'Hiſtoire Naturelle de la France, les uns ont jetté un coup d'œil général ſur toutes ſes parties; les autres ont borné leurs recherches à en éclaircir quelqu'une. Pour ne point les confondre, on a été obligé d'indiquer, en deux Articles ſéparés, les Traités généraux, & ceux qui regardent particulièrement la qualité de notre climat, nos montagnes, nos fleuves & nos fontaines, ce qui croît, végète & reſpire dans nos Provinces.

Les Traités ſur l'Hiſtoire Naturelle des Poſſeſſions Françoiſes, anciennes & modernes, situées hors du Royaume, sont rangés, à cause du petit nombre qu'on en connoît, dans les divers Articles, au milieu des Provinces mêmes.

ARTICLE PREMIER.

Traités généraux sur l'Histoire Naturelle de la France, & de ses diverses parties.

SECTION PREMIERE.

Histoire Naturelle de la France en général.

1. DE Cœli, Solique Gallici Chorographicâ ratione; auctore Roberto CŒNALI.

Ces Observations sur l'Histoire Naturelle de la France sont le second Livre de l'Ouvrage du même Auteur, intitulé, *Gallica Historia in duos dissecta tomos : Parisiis*, 1557, *in-fol.* On y trouve une Description des Fleuves, des Animaux, & des différentes productions du Royaume. L'Auteur vivoit dans un siècle où la saine Physique étoit encore au berceau. Il est mort à Paris sa Patrie, en 1560, après avoir été successivement Evêque de Vence, de Riez & d'Avranches.

2. * Recens, nec anteà sic visa Galliæ politica-medica Descriptio, in quâ de qualitatibus ejus, Academiis celebrioribus, urbibus præcipuis, fluviis dignioribus, aquis medicatis, fontibus mirabilibus, plantis &

herbis rarioribus, aliisque notatu dignissimis rebus à nemine adhuc publiciter emissis, ingenuè disseritur; à Joanne Stephano STROBELBERGERO, illustris aulæ Swanbergicæ, Medico ordinario: *Ienæ*, Beithman, 1620, *in*-12.]

Eadem: *Ienæ*, Beithman, 1621, *in*-12.

Le fonds de cet Ouvrage ne répond pas aux promesses fastueuses de son titre. Il n'y a que trois Sections qui aient rapport à l'Histoire Naturelle. Dans la première on lit une énumération fort succincte des productions les plus communes aux environs de Paris, & dans presque tout le Royaume. La troisième renferme une courte indication des Fleuves & Rivières, avec le lieu de leur source, & le nom des principales Villes qu'ils baignent, les Fontaines & Eaux minérales du Royaume, leur distance de la Ville la plus voisine, leurs qualités, & les maladies contre lesquelles elles sont ou peuvent être employées. La cinquième est un Catalogue fort imparfait des Plantes de la France, indiquées le plus souvent par le nom générique seul, quelquefois avec le lieu où elles viennent naturellement. Strobelberger étoit venu en France en 1613, & s'étoit fait recevoir Médecin à Montpellier. On ne peut pas le regarder comme habile Botaniste. Souvent il compte au rang des Plantes rares des espèces fort communes; & il n'en a pas trouvé de nouvelles dans des pays où on en a tant reconnu après lui, & même de son tems. Il paroît avoir pris dans les Ouvrages de Matthias Lobel, ce qu'il dit des Plantes des Provinces Méridionales.

3. De Mirabilibus Galliæ Locis & Belgii; auctore Philippo BRIETIO.

Ce sont les Chapitres 12 du Liv. VII. & 4 du Liv. VIII. de la seconde Partie du tom. I. de l'Ouvrage de ce Jésuite, intitulé, *Parallela Geographica : Parisiis*, 1648, *in-4. pag.* 468-477, & 511-512.

L'Auteur a divisé ces merveilles naturelles par Provinces. On trouve au-dessous de chaque nom les prétendus prodiges que les Auteurs de tous les pays, & une Tradition populaire ont appris au Père Briet, comme étant arrivés, ou existans alors dans ces Provinces. L'Auteur a eu soin de citer ses garans ; mais on regrette qu'il n'ait pas eu plus de critique sur cette partie, & que ce sçavant Géographe ait grossi le nombre des Auteurs qui ont rapporté toutes ces faussetés. Briet, né à Abbeville en 1600, est mort à Paris en 1668.

4. Quid ad Historiam Naturalem spectans observatum sit in Itinere Galliæ interioris, ann. 1677, 1678, 1679, ab Olao BORRICHIO. *Act. Hafniens. tom. V. art.* 84. *pag.* 201-208.

Les mêmes Observations, traduites en François. *Collection Academ. de Dijon, tom. IV. pag.* 350.

Cette Relation fort courte d'un Voyage de Borrichius, célèbre Chymiste Danois, roule sur quelques singularités animales, végétales, minérales, de la Provence, du Dauphiné, du Lyonnois & du Languedoc. Ce Mémoire mérite d'être lu, quoiqu'il n'y ait que des indications. Borrichius, né l'an 1626, est mort en 1690, après avoir professé avec beaucoup de réputation la Médecine à Coppenhague.

5. Gervasii Tilsburiensis Otiorum Imperialium tertia decisio, continens mirabilia

uniuscujusque Provinciæ, non omnia; sed ex omnibus aliqua.

Cet Ouvrage a été publié par Leibnitz, dans sa Collection des *Scriptores rerum Brunswicensium*, *tom. I. pag.* 960. Les articles 9, 10, 20, 21, 22, 36, 39, 40, 42, 43, 48, 55, 56, 57, contiennent des singularités, des prodiges, des fables, très-peu d'observations vraies & de bonnes descriptions. Elles regardent principalement les Provinces méridionales de la France. On n'y trouve non plus aucun raisonnement physique; l'objet de l'Auteur étoit seulement de dissiper l'ennui de l'Empereur Othon IV. auquel il étoit attaché, & qui l'avoit fait Maréchal du Royaume d'Arles. M. l'Abbé Lebeuf rapporte quelques essais des Observations dont il s'agit, dans sa Dissertation sur l'*Etat des Sciences en France depuis la mort du Roi Robert*, couronnée en 1740, à l'Académie des Belles-Lettres, & publiée avec les autres Dissertations de ce sçavant sur l'*Histoire de Paris*, *tom. II. pag.* 187.

Il y a à Paris, dans la Bibliothèque du Roi, sous le N.° 4905[3], autrefois Baluz. 209, un Manuscrit des *Otia Imperialia*, qu'on croit de Gervais même, & qui est, sur-tout pour la partie III, plus exact que celui qu'a fait copier Leibnitz.

6. Observations d'Histoire Naturelle faites dans les Provinces méridionales de la France, pendant l'année 1739; par M. LE MONNIER, Docteur en Médecine, & de l'Académie Royale des Sciences.

Ces Observations roulent sur les Provinces de Berri, d'Auvergne, & du Roussillon. Elles se trouvent à la fin de l'Ouvrage de M. Cassini de Thury, sur la Méridienne de l'Obſervatoire Royal de Paris, qui forme la ſuite des Mémoires de l'Académie des Sciences : année 1740.

SECTION II.

Hiſtoire Naturelle (générale) *des diverſes parties de la France, rangée ſuivant l'ordre alphabétique de chaque lieu.*

A

7. Mſ. Hiſtoire Naturelle de la Province d'Alſace, où après avoir décrit ſa ſituation, les Montagnes qui l'environnent, les Etangs, les Marais & les Rivières qui l'arroſent, les Forêts qui la couvrent, on examine quelle en peut être la qualité de l'air, & celle des alimens, d'où on déduit les tempéramens, les inclinations, les mœurs des habitans, & les maladies les plus communes dans ce climat, avec la Deſcription des animaux, des végétaux, des minéraux, des pétrifications, des eaux communes, & des minérales, &c. par Benoît MAUGUE, Docteur en Médecine, Inſpecteur général des Hôpitaux du Roi, Archiâtre d'Alſace, Chevalier de l'Ordre de Saint-Michel : *in-fol.* 2 vol.

Cet Ouvrage eſt dans la Bibliothèque de M. Benoît Duvernin, petit neveu de l'Auteur, & ancien Médecin des Hôpitaux d'armée, Médecin aggrégé au Collége de Médecine de Clermont-Ferrand, résidant en cette Ville, qui étoit aussi la patrie de M. Maugue. Sa qualité d'Archiâtre (ou de premier Médecin) de la Province d'Alsace, l'avoit fixé dans ce Pays, où il a demeuré 40 ans. C'est pendant ce long espace de tems que ce Naturaliste laborieux a fait des remarques sur tous les objets qui lui ont paru dignes d'attention. M. Schoepflin, célèbre Professeur de Strasbourg, à qui M. Maugue avoit communiqué son Ouvrage, dit qu'il renferme beaucoup de choses très-intéressantes. Les Figures qui s'y trouvent en grand nombre, sont enluminées & très-bien dessinées : plusieurs sont nécessaires pour l'intelligence du Livre; d'autres représentent les instrumens & les machines particulières qui sont en usage dans la Province, les bas reliefs, & anciens Monumens qu'on y voit.

8. Conspectus generalis Alsatiæ; auctore Joan. Dan. SCHOEPFLINO. *Alsat. illustrat. tom. I. pag.* 1-31.

C'est une Description des montagnes, forêts, végétaux, animaux, minéraux, fleuves, rivières, torrens, ruisseaux, lacs, fontaines, qui se trouvent dans la Province d'Alsace. Quelques Naturalistes auroient desiré que M. Schoepflin eût traité cette partie avec l'étendue & l'érudition qu'on admire dans le reste de son Ouvrage. L'Histoire de l'Alsace auroit été la plus complette qu'on pût désirer, & auroit servi de modèle à tous ceux qui écrivent l'Histoire d'un Pays.

9. Histoire Naturelle des possessions Françoises dans l'Amérique Septentrionale & Méridionale; contenant la Description du climat, du sol, des minéraux, des animaux, des végétaux, &c. enrichie de Car-

tes. Le tout recueilli des meilleurs Auteurs, & gravé par Th. JEFFERYS, Géographe de ſon Alteſſe Royale le Prince de Galles: *Londres*, Jefferys, 1760, *in-fol.* (en Anglois.)

Ce n'eſt guères qu'une compilation faite preſque ſans choix des Ouvrages de Charlevoix, Labat, du Tertre, &c. On y trouve ce qui regarde le Canada, la Louiſiane, une partie des Iſles Saint-Domingue, Saint-Martin, Saint-Barthélemi, la Guadeloupe, la Martinique, la Grenade, & Cayenne.

10. Diſcours ſur l'utilité de l'Hiſtoire Naturelle de la Province d'Anjou; par M. BERTHELOT DU PATY, Docteur Médecin de l'Univerſité d'Angers.

Ce Diſcours eſt imprimé dans un Recueil de Littérature: *Angers*, Boſſard, 1748.

11. Hiſtoire Naturelle & Morale des Iſles Antilles de l'Amérique; par Céſar de ROCHEFORT: *Roterdam*, Leers, 1658: *Rouen*, 1665, *in-4*. *Paris*, 1666: *Lyon*, Fourmy, 1667, *in-12*. *Roterdam*, Leers, 1681, *in-4*.

La même, traduite en Allemand: *Francfort*, 1668, *in-12*.

Cette Hiſtoire eſt diviſée en deux Livres. Le premier offre dans XXIV. Chapitres, la ſituation, la température de l'air, & les différentes productions des Antilles. Les Chapitres VI. VII. VIII. IX. traitent des Arbres & des Arbriſſeaux qui peuvent être employés dans la nourriture, les Arts, & la Médecine. Le X. & le XI. ſont

ſont conſacrés aux Herbages & aux Légumes. On voit dans le XII. les Quadrupédes, dans le XIII. les Reptiles, dans le XIV. les Inſectes, dans le XV. les Oiſeaux, dans les XVI. XVII. XVIII. XIX. XX. outre les Poiſſons, les Coquillages & les productions Marines. Le XXI. & le XXII. contiennent la Deſcription de quelques Animaux amphibies, & de pluſieurs ſortes de Crabes que l'on trouve communément ſur la terre des Antilles. Les Tonnères, les tremblemens de Terre, les Tempêtes qui arrivent dans ces Iſles, quelques autres incommodités du Pays, & les remèdes qu'on peut y apporter, ſont le ſujet des deux derniers Chapitres. Le ſecond Livre renferme différens Chapitres relatifs au Commerce & à l'Economie.

12. Hiſtoire Naturelle des Antilles; par le P. DU TERTRE.

C'eſt le ſecond volume de l'*Hiſtoire générale des Antilles*, du même Auteur.

Il eſt diviſé en huit Parties, qui traitent, 1.° des Antilles habitées par les François; 2.° du flux & reflux de la Mer, de la température de l'Air, des Pierreries & des Minéraux des Antilles; 3.° des Plantes & des Arbres; 4.° des Poiſſons; 5.° des Animaux de l'Air; 6.° des Animaux de la Terre; 7.° des Habitans des Antilles; 8.° des Eſclaves & de tout ce qui les concerne.

13. Le Patriote Artéſien; par M. DE *** (NEUF-EGLISE) ancien Officier de Cavalerie: *Paris*, Deſpilly, 1761, *in-8.*

La première Partie traite de l'Agriculture, & des productions du Pays, tant végétales qu'animales. Il eſt parlé dans la ſeconde, des Minéraux utiles, & des uſages des individus de chaque règne. S'il n'y a pas de Deſcription qui puiſſe inſtruire un Naturaliſte, il apprendra du moins qu'il existe en Artois différentes substances qu'il connoît déja, en quelle quantité elles s'y trouvent, & quel profit on en retire.

On assure que M. COLOMBIER de Toul, Docteur en Médecine de la Faculté de Reims, travaille à une Histoire Naturelle complette de l'Artois, pour laquelle plusieurs membres de la Société Littéraire d'Arras font aussi des recherches.

14. Histoire Naturelle du Pays d'Aunis, de ses Côtes, & des Provinces limitrophes; par M. ARCERE.

Ce sont les Articles II. & III. du Discours Préliminaire que ce sçavant Oratorien a mis à la tête de son *Histoire de la Rochelle : Paris*, 1757, *in*-4. L'Auteur présente, sur-tout dans le second Article, un Tableau abrégé, mais élégant, des diverses productions du Pays. On trouve encore quelques détails sur cette matière, dans la *Description Chorographique*, *pag.* 55 & *suiv.* *du tom. I.* & sur le sel de la même Généralité, le vin, le bois, &c. *tom. II. pag.* 459 & *suiv.*

15. Ms. Discours sur l'Histoire Naturelle en général, & sur celle d'Auvergne en particulier; par M. DUVERNIN, Médecin.

16. Ms. Discours sur la Chymie en général, & sur plusieurs articles de l'Histoire Naturelle de la Province d'Auvergne; par M. OZY, Apothicaire de Clermont-Ferrand.

Ces deux Discours, lus à l'Assemblée publique de la Société Littéraire de Clermont, le 25 Août 1747, sont dans les Registres de cette Société.

17. Mſ. Proſpectus d'une Hiſtoire Naturelle particulière à l'Auvergne ; par M. OZY ; avec la Deſcription du Ver-Lion, inſecte découvert & obſervé par l'Auteur.

Ce Proſpectus ſe trouve dans les Regiſtres de la même Société, & eſt inſéré par extrait dans le *Mercure*, 1755, *Juin*, *pag.* 77-82, 1 vol.

18. Ode ſur l'Hiſtoire Naturelle d'Auvergne ; par Dom LE FEVRE, Bénédictin de la Congrégation de Saint Maur. *Journal de Verdun*, 1765, *Octobre*, *pag.* 298-305.

L'Auteur ne fait qu'indiquer en deux mots quelques-unes des ſingularités naturelles que l'on voit dans les Montagnes d'Auvergne ; la Poëſie ne lui permettoit pas d'entrer dans aucun détail. Cette Pièce a mérité à Dom le Fevre une place à l'Académie de Clermont-Ferrand.

B

19. Mémoire (Phyſique & Economique) ſur le Beaujolois ; par M. BRISSON, Inſpecteur des Manufactures, Académicien de Ville-Franche en Beaujolois. *Journal Economique*, 1761, *Juin*, *pag.* 265-272.

Ce Mémoire, ſuivant l'Auteur lui-même, n'eſt deſtiné qu'à donner une idée légère du Beaujolois, & des choſes les plus faciles à imaginer pour l'accroiſſement de ſon induſtrie. On y indique en peu de mots la ſituation du Pays, la température du climat, la nature & la culture des Terres, les productions, les Manufactures, les Minéraux, les Pierres.

20. Obſervations d'Hiſtoire Naturelle faites aux environs de Beauvais; par M. DESMARS, Docteur en Médecine. *Mercure de France*, 1749, *Juin, pag.* 90-95, 1 vol.

Ces Obſervations ſe trouvent encore dans les *Mélanges d'Hiſtoire Naturelle;* par M. Dulac : *Lyon*, Duplain, 1765, *in*-12. *tom. I. pag.* 190-196. Elles roulent ſur quelques Plantes particulières du Beauvoiſis, ſur les Sources Minérales d'un Marais ſitué derrière le Parc de l'Abbaye de Saint-Paul, ſur l'air qu'on reſpire au-deſſus de ce Marais, ſur la nature des Terres, & les Minéraux d'où ſortent les Sources.

21. Extrait de Lettres de M. BOUILLET, Docteur en Médecine, & Secrétaire de l'Académie des Sciences & Belles-Lettres de Béſiers, ſur pluſieurs particularités de l'Hiſtoire Naturelle des environs de cette Ville, & quelques-uns des Auteurs qui en ont parlé.

Cet Extrait eſt dans le tome I. des *Nouvelles Recherches ſur la France : Paris*, 1766, *in*-12.

22. Mſ. Diſcours ſur la Chartre & Deſcription du Comté de Bitche; par Thierri ALIX DE VERONCOURT, Préſident à la Chambre des Comptes de Lorraine.

Il eſt à la ſuite de ſon *Hiſtoire* (manuſcrite) *de Lorraine*, ci-après, N.° 50. Il regarde preſque tout entier l'Hiſtoire Naturelle. L'Auteur y donne une Deſcription fort détaillée, des Ruiſſeaux, des Etangs, des Forêts, & n'oublie pas même les aires des Oiſeaux de proie.

23. Lettre de M. N***, Echevin de Bolbec (dans le Pays de Caux) ſur l'Hiſtoire Naturelle des environs de ce Bourg. *Mercure*, 1760, *Juillet*, *pag.* 106-117.

Elle ſe trouve encore dans les *Mélanges d'Hiſtoire Naturelle;* par M. Dulac : *Lyon*, Duplain, 1765, *t. III. pag.* 123-133. Elle a pour objet principal la nature du terrein, les ſables, les pierres, les différentes eſpèces de ſol, &c. On y parle auſſi en peu de mots, des vignes, des beſtiaux, &c. L'Auteur n'entre dans aucun détail circonſtancié.

24. Mémoire ſur l'air, la terre & les eaux de Boulogne-ſur-Mer, & ſes environs; par M. DESMARS, Docteur en Médecine & Penſionnaire de cette Ville : *Amiens*, 1759, *in*-12. 38 pages.

Le même, corrigé conſidérablement, & augmenté de la conſtitution épidémique obſervée ſuivant les principes d'Hippocrate, à Boulogne-ſur-Mer, en 1759, & de Diſſertations ſur la maladie noire, les eaux du Mont-Lambert, & l'origine des fontaines en général : *Paris*, Veuve Pierres, 1761, *in*-12.

Ce Mémoire n'eſt qu'un Sommaire & une eſpèce de *Proſpectus* d'un plus grand Ouvrage. L'ordre que l'Auteur a ſuivi eſt ſimple & naturel. Il parcourt ſucceſſivement la ſituation du Pays, la nature du terrein, les eaux des puits & des fontaines, les qualités de l'air, le caractère des habitans, les quadrupédes, les poiſſons, les cruſtacées, les coquillages, les poiſſons d'eau douce, les arbres, les bleds, les fruits, le régime des habitans de la Campagne & leurs mœurs, le portrait des matelots & leurs maladies, le régime des habitans de la Ville, les maladies endémiques & épidémiques du Pays, & le traitement de ces maladies.

25. Lettre à M. B***, ſur quelques particularités de l'Hiſtoire Naturelle du Boulonnois. *Mercure*, 1760, *Août*, *p.* 136-139.

Elle ſe trouve encore dans les *Mélanges d'Hiſtoire Naturelle*; par M. Dulac : *Lyon*, Duplain, 1765, *in*-12. *tom. III. pag.* 140-144. Elle ne contient preſque que des Obſervations de Botanique, & en particulier l'Hiſtoire d'un Chou qui croît abondamment dans les falaiſes de Blanés, vis-à-vis celles de Douvres. On ne l'a indiquée ici que pour ne rien omettre.

26. Diſcours ſur l'Hiſtoire Naturelle de l'Iſle de Bourbon; par M. D'HEGUERTY, Commandant pour le Roi dans cette Iſle. *Mémoires de la Société de Nancy*, *tom. I. pag.* 73-91.

27. Mſ. Hiſtoire Phyſique de Breſſe, ou, Hiſtoire de la nature & des productions de la Province de Breſſe; par Philibert COLLET, Avocat, Maire de la Ville de Châtillon-lès-Dombes, & Subſtitut de M. le Procureur-Général du Parlement de Dombes.

Cet Ouvrage, qui eſt conſidérable, contient la Deſcription du Pays & des Plantes particulières qui y croiſſent. Quelques-unes ſont deſſinées & enluminées. Les affaires dont l'Auteur fut chargé pendant les dernières années de ſa vie, l'ont empêché de finir cette Hiſtoire,

Le Manuſcrit original eſt entre les mains de M. Monnier l'aîné, Avocat au Préſidial de Bourg-en-Breſſe, arrière-petit-neveu de l'Auteur.

Philibert Collet, né à Châtillon le 26 Février 1643, y eſt mort le 31 Mars 1718.

M. DE LA LANDE, de l'Académie des Sciences, qui a publié des Etrennes Hiſtoriques de Breſſe ſa Patrie, pour l'année 1756, y a inſéré (*pag.* 28-36) quelques indications ſur l'Hiſtoire Naturelle de cette Province. Il avoit réſervé tous les détails pour une autre année; mais cet Ouvrage n'a point encore paru.

28. Mſ. Hiſtoire Naturelle de la Province de Bretagne, examinée dans tous ſes objets; par feu M. le Préſident DE ROBIEN, de l'Académie des Sciences & Belles-Lettres de Berlin.

C'eſt la troiſième Partie de ſon Abrégé de l'*Hiſtoire ancienne de Bretagne*, qui eſt conſervée dans le Cabinet de M. le Préſident de Robien, fils de l'Auteur.

C

29. Mſ. Obſervations d'Hiſtoire Naturelle, de Phyſique & de Météorologie, faites à Cadillac ſur la Garonne & dans les environs, en 1717, 1718, 1719, 1720 & 1729; par M. l'Abbé BELLET, Chanoine de Cadillac, & Aſſocié de l'Académie de Bordeaux.

Ces Obſervations ſont au dépôt de cette Académie.

30. Hiſtoire véritable & naturelle des mœurs & productions du Pays de la Nouvelle Fran-

ce, vulgairement dite le Canada; par Pierre BOUCHER, Gouverneur des trois Rivières: *Paris*, Lambert, 1664, *in*-12.

Cette Histoire est divisée en quinze Chapitres. Les huit premiers présentent la Description des terres & des arbres, les noms des animaux, des oiseaux, des poissons, des grains, &c. L'Auteur avoue lui-même qu'il ne dit rien de neuf, qu'il n'a fait, pour ainsi dire, qu'extraire les Relations des Jésuites, & les Voyages du Sieur de Champlain; mais on doit toujours lui sçavoir gré de son travail.

31. Description géographique & historique des Côtes de l'Amérique Septentrionale (ou du Canada) avec l'histoire naturelle du Pays; par M. DENYS, Gouverneur, &c. *Paris*, Barbin, 1672, *in*-12. 2 vol.

C'est dans le second volume que se trouve ce qui regarde l'Histoire Naturelle, & en particulier tout ce qui concerne la pêche des Morues.

32. Histoire & Description générale de la Nouvelle France (ou du Canada & de la Louisiane) avec le Journal historique d'un Voyage, par le P. DE CHARLEVOIX: *Paris*, Didot, 1744, *in*-12. 6 vol.

On y trouve, *pag.* 299-376, *du tom. IV.* la Description des Plantes principales de l'Amérique Septentrionale ou de la Nouvelle France. Il y a aussi dans les V & VI. qui renferment le Journal du Voyage de l'Auteur, beaucoup de choses sur les autres parties de l'Histoire Naturelle du Canada & de la Louisiane, comme on peut le voir par les Tables des matières de ces Volumes.

33.

33. * Les antiquités, raretés, plantes, minéraux, & autres choses considérables de la Ville & Comté de Castres, en Albigeois, & des Lieux qui sont aux environs avec l'Histoire de ses Comtes, Evêques, &c. & un Recueil des Inscriptions Romaines, & autres antiquités du Languedoc & de Provence, avec la Liste des principaux Cabinets, & autres raretés de l'Europe; par Pierre BOREL, Docteur en Médecine : *Castres*, Colomiez, 1649, *in*-8.]

Cet Ouvrage est partagé en deux Livres. Les Chapitres XIV. XV. XVI. XVII. XVIII. du second, sont les seuls où l'Auteur se soit occupé de l'Histoire Naturelle. Ils présentent quelques détails sur les rivières & fontaines, les pierres & autres minéraux, le roc qui tremble, les végétaux, les animaux, les monstres & autres singularités des environs de Castres. On trouve encore des indications extrêmement courtes sur plusieurs merveilles naturelles dans les Chapitres XII & XXI.

34. Observations sur l'Histoire Naturelle de Cayenne; par le P. J. B. LABAT, Dominicain.

Ce sont les Chapitres VI. VII. VIII. IX. X. du tom. III. des *Voyages du Chevalier des Marchais, en Guinée & à Cayenne* (*pag.* 134-336) : *Paris*, Osmont, 1730, *in*-12. 4 vol.

X35. Maison Rustique, à l'usage des habitans de la partie de la France Equinoxiale, connue sous le nom de *Cayenne;* par M. DE PRÉFONTAINE, Commandant de la partie du Nord de la Guyane : *Paris*, Bauche, 1763, *in*-8.

Cet Ouvrage eſt une Hiſtoire Naturelle & Economique de l'Iſle de Cayenne. Voyez encore ci-après, *France Equinoxiale*.

36. Remarques hiſtoriques ſur les productions de la Champagne, & de la Ville de Reims; par M. DESTABLES, Avocat au Préſidial de Reims.

Ces remarques qui ſont fort courtes, ſe trouvent dans l'*Almanach de Reims*, pour l'année 1757 : *Reims*, de Laiſtre, *in*-24.

37. Abrégé de l'Hiſtoire Naturelle de Champagne.

Il ſe trouve dans le tom. I. des *Nouvelles Recherches ſur la France* : *Paris*, 1766, *in*-12. 2 vol. Ce Mémoire quoique fort concis, renferme cependant plus d'objets que le précédent.

E

38. Remarques ſur l'Hiſtoire Naturelle, &c. du Comté d'Eu (en Normandie) ; par M. CAPPERON, ancien Doyen de Saint Maxent. *Mercure*, 1730, *Juillet*, *pag.* 1541-1544.

Ces courtes Remarques roulent ſur une fontaine ſingulière ; ſur un puits dans lequel l'eau deſcend quand la mer monte ; ſur une montagne qui fume pendant la pluie, & qui renferme une très-grande quantité de coquillages foſſiles.

F

39. Essai sur l'Histoire Naturelle de la France Equinoxiale, ou Dénombrement des plantes, des animaux & des minéraux qui se trouvent dans l'Isle de Cayenne, les Isles de Rémire, sur les côtes de la Mer, & dans le continent de la Guyane, avec leurs noms différens, Latins, François & Italiens, & quelques Observations sur leur usage dans la Médecine & dans les Arts; par M. P. BARRERE, Correspondant de l'Académie des Sciences de Paris, Docteur & Professeur en Médecine dans l'Université de Perpignan, &c. *Paris*, Piget, 1741, *in*-12.

En 1743 le même Auteur a donné une nouvelle Relation de la France Equinoxiale, *in*-12. où il décrit le commerce des habitans, les divers changemens arrivés dans le Pays, &c.

40. Mſ. Mémoire pour servir à l'Histoire Naturelle de Franche-Comté; par le P. FLORENCE de Pontarlier, Capucin.

41. Mſ. Recherches de M. BARBAUD de Pontarlier, Avocat au Parlement, sur le même sujet.

Ces deux Mémoires, qui ont été présentés à l'Académie de Besançon, sont conservés dans ses Registres.

Jean-Maurice TISSOT, Président de la Chambre des Comptes de Dôle, & Inspecteur des Arsenaux dans le

Comté de Bourgogne, a traité de l'Hiſtoire Naturelle de cette Province dans la première Partie de ſon Ouvrage, intitulé, *Comitatûs Burgundiæ Chorographica ſinomilia*, dont l'original eſt conſervé parmi les Manuſcrits de Dom Coquelin, Bénédictin, Abbé de Faverney dans le Diocèſe de Beſançon. M. Tiſſot vivoit vers le milieu du ſiècle dernier.

G

42. Diſcours pour ſervir de Plan à l'Hiſtoire Naturelle du Gévaudan, lu à l'Aſſemblée des Etats de ce Diocèſe; par Samuel BLANQUET, Docteur en Médecine de la Faculté de Montpellier, le 13 Février 1730, *in*-4. (ſans date ni lieu d'impreſſion.)

H

43. Obſervations d'Hiſtoire Naturelle, ſur quelques particularités des environs du Havre-de-Grace; par M. DU BOCAGE DE BLEVILLE, de l'Académie des Sciences & Belles-Lettres de Rouen.

Ces Obſervations forment la ſeconde Partie de ſes *Mémoires ſur le Port, la Navigation, & le Commerce du Havre, &c. Havre-de-Grace*, Faure, 1753, *in*-8. Elles roulent, 1.° ſur un banc pétrifié qu'on trouve à un quart de lieue du Havre, au pied de la Côte de la Héve, où il s'étend ſur une longueur d'environ 800 toiſes, en formant une portion de cercle à peu près parallele à la Côte; 2.° ſur des mines de fer, eaux minérales, cail-

Ioux d'Angleterre & autres, qu'on voit dans le Pays de Caux ; 3.° sur le Cancre, appellé le Soldat, ou Bernard-l'Hermite, que nos Côtes fournissent en abondance ; 4.° enfin, sur une Fontaine pétrifiante d'Orcher, Château situé le long de la Seine, sur une Falaise fort escarpée, précisément vis-à-vis Honfleur, à deux lieues & demie du Havre, & à une petite de Harfleur.

I

44. Voyage aux Isles de l'Amérique, contenant l'Histoire Naturelle de ce Pays, &c. par le P. J. B. LABAT, Dominicain : *Paris*, Cavelier, 1722, *in*-12.

Cet Ouvrage est un des plus complets de tous ceux qui ont paru sur les mêmes Isles. Le P. Labat s'est appliqué à montrer les usages que l'on tire de leurs productions. Il est mort à Paris en 1738.

L

45. Ms. Histoire Naturelle du Diocèse de Langres ; par M. l'Abbé CHARLET.

Cet Ouvrage, où l'Auteur s'étend jusqu'à Chaumont, Dijon, &c. fait partie de l'*Histoire* générale du même Diocèse, qu'il a composée. *Mélanges de M. Michault*, *tom. II. pag.* 44 : *Paris*, Tilliard, 1754, *in*-12.

46. Mémoire de la Société Royale des Sciences de Montpellier au sujet de l'Histoire Naturelle de la Province de Languedoc ; (par Jean ASTRUC, Docteur en Médecine) : *Montpellier*, Martel, 1726, *in*-4.

M. Aſtruc, alors réſident à Montpellier, avoit entrepris l'Hiſtoire Naturelle de ſa Province. Les Etats avoient adopté ſon projet, & l'avoient chargé de le remplir. Mais fixé peu après à Paris par la place que le Roi lui donna au Collége Royal, il abandonna cette commiſſion que l'exercice de ſon art lui interdiſoit d'ailleurs, & il s'eſt borné à mettre en ordre les Mémoires ſuivans, dont il avoit lu la plupart dans les Aſſemblées de la Société Royale.

47. Mémoires pour l'Hiſtoire Naturelle de la Province de Languedoc ; (par le même) ; diviſés en trois Parties, & ornés de Figures & de Cartes en taille-douce : *Paris*, Cavelier, 1737, *in*-4.

Des trois parties qui compoſent cet Ouvrage, la première traite de l'ancien état du Pays, & la dernière contient pluſieurs recherches littéraires. La ſeconde ſeule eſt conſacrée à la Phyſique. On y trouve des choſes curieuſes ſur l'air, les vents, les fontaines, les eaux minérales, quelques végétaux. Ce qu'on lit ſur les animaux & les foſſiles, eſt très-court.

Voyez ſur ces Mémoires, *Obſervations ſur les Ecrits modernes, Lettres* 127, 129, 133. = *Journal de Verdun*, 1738, *Août*. = *Mémoires de Trévoux*, 1737, *Décembre, &* 1738, *Janvier*. = *Journal des Sçavans*, 1737, *Août & Septembre*. = *Bibliothèque raiſonnée, tom. XXII. pag.* 374, *tom. XXIII. pag.* 86. = *Réflexions ſur les Ouvrages de Littérature, tom. III. pag.* 193-265.

48. Etat Phyſique & Agricole de la Lorraine ; par Charles Léopold ANDREU DE BILISTEIN.

C'eſt ce qui compoſe le I. & le VI. Chapitre de ſon

Essai sur les Duchés de Lorraine & de Bar: Amsterdam, 1762, *in*-8. L'Etat Physique roule sur le climat, les productions de cette Province, sur ses montagnes, & les différens travaux qui s'y exécutent, ainsi que sur le logement, l'habillement, & la nourriture des habitans. L'état Agricole y est traité avec beaucoup de détail. On y trouve tout ce qui regarde les grains, racines, &c. les différentes boissons, les bestiaux, & le commerce des productions de la Lorraine & du Barrois.

Dans le Chapitre XIII. qui est une suite de ce que l'Auteur a dit sur le Commerce dans les précédens, il donne un tableau des exportations des deux Duchés, d'après les trois règnes de la nature.

49. Singularia in Lotharingia reperta; auctore Symphoriano CHAMPERIO.

Ces singularités se trouvent à la fin d'un Chapitre sur les différentes actions des Lorrains, qui peut servir comme de troisième partie à l'Ouvrage du même Auteur, intitulé, *Medicinale bellum inter Galenum & Aristotelem*, 1516, *in*-12. L'article que l'on indique ici ne consiste qu'en huit paragraphes, qui font environ une page, où l'Auteur dit qu'il y a des mines d'argent dans les Pyrénées, un sel blanc qu'on vend très-cher, un sable dont on fait des miroirs; des perles, du bétail, de bons chevaux, &c. Champier étoit de Lyon, & fut Echevin de cette Ville en 1520 & 1533. Il fut aggrégé le 9 Octobre 1515, à l'Université de Pavie. On ignore les dates de sa naissance & de sa mort.

50. Ms. Histoire du Pays & Duché de Lorraine, avec le Dénombrement des Villes, &c. des Mines d'or & d'argent, & autres; des Rivières, Montagnes, Véneries, raretés & singularités qui se rencontrent audit Pays;

par Thierri ALIX DE VERONCOURT, Président en la Chambre des Comptes de Lorraine : 1594, *in-fol.*

Ce Manuſcrit eſt conſervé à Nancy dans la Bibliothèque du Duc de Lorraine; & il y en a une Copie à Paris dans l'Abbaye de Saint Germain-des-Prés, num. 1650, parmi les Manuſcrits du Préſident Séguier.

51. Mémoires pour ſervir à l'Hiſtoire Naturelle des Provinces de Lyonnois, Forez & Beaujolois; par M. ALLEON DULAC, Avocat en Parlement & aux Cours de Lyon : *Lyon*, Cizeron, 1765, *in-12.* 2 vol.

Le premier Tome contient, un Mémoire général ſur ces trois Provinces, l'Hiſtoire Naturelle des quadrupédes (ou pour mieux dire des chevaux) des poiſſons & des oiſeaux qu'on y trouve, avec quelques obſervations ſur les rivières & fontaines, & ſur la montagne de Pila. Le ſecond Tome eſt preſque tout entier conſacré à la Minéralogie. Il eſt terminé par un Mémoire ſur les Vignes du Lyonnois. M. Dulac cite dans ſa Préface les Auteurs où il a puiſé les matériaux de ſon Ouvrage.

M

52. Mſ. Mémoires de Jean & Pierre ROBERT, Lieutenans-Généraux au Siége Royal & Principal de la Baſſe Marche, en la Ville du Dorat, au XVIe & XVIIe ſiècle, pour ſervir à l'Hiſtoire Naturelle de la Province de la Marche.

Ces Mémoires, joints à d'autres qui concernent

l'Hiſtoire

l'Histoire Civile de la même Province, font partie d'une Bibliothèque fort ancienne, appartenant autrefois aux Sieurs Jean & Pierre Robert, père & fils. Ils sont aujourd'hui entre les mains de Madame de la Guéronniere leur héritière en partie, & dans son Château de Villemartin, près le Dorat, Election & Diocèse de Limoges.

Ils sont divisés en deux Parties. Dans la première, qui est sur la Haute-Marche, on trouve des détails, 1.° sur les rivières de ce Pays; 2.° sur les principales plantes qui y croissent; 3.° sur les maladies qui y sont les plus communes. Dans la seconde Partie, qui traite de la Basse-Marche, sont les Pièces suivantes; 1.° les Rivières de cette partie; 2.° les Eaux Minérales du Bourg d'Availly; 3.° la découverte desdites Eaux en 1623; la nature d'icelles, leurs effets, à quelles maladies elles sont propres.

53. Diverses Observations sur la Physique, l'Histoire Naturelle, l'Agriculture, les mœurs & les usages de la Martinique, faites en 1751 & dans les années suivantes; par M. Thibault DE CHANVALON.

Ces Observations lues à l'Académie Royale des Sciences en 1761, composent une grande partie de son *Voyage à la Martinique : Paris*, Bauche, 1763, *in*-4. Elles y sont répandues suivant l'ordre des tems, dans lesquelles elles ont été faites. On peut néanmoins les regarder comme divisées en trois parties.

La première, qui est Météréologique, forme un Recueil d'Observations sur le baromètre, le thermomètre, la pluie, les vents, le tonnerre, les tempêtes, &c.

La seconde, qui est Physique, donne une Description de la Martinique, de la situation de ses côtes, de la nature des différens terreins, & des choses auxquelles ils ſont propres; des montagnes; des rivières, &c. des animaux particuliers de cette Iſle, & de ceux qu'on y a transportés; des différens inſectes, & des moyens de les détruire. Ce qui regarde l'Agriculture, y eſt auſſi traité avec beaucoup de ſoin. On y voit les moyens de multiplier & d'augmenter les productions de la Martinique.

La troiſième Partie, qui eſt hiſtorique, eſt un tableau intéreſſant des mœurs des habitans de cette Iſle, tant des Européens, que des Negres & des Caraïbes, qui l'occupoient ſeuls autrefois.

54. Gaſpardi Joannis RENÉ, Doctoris Medici, Monſpelienſis, Quæſtio de aere, aquis, & locis ſub-Monſpelienſibus.

C'eſt la neuvième queſtion des Triduanes que ce Médecin publia en 1761 à Montpellier, pour diſputer une chaire vacante dans l'Univerſité de cette Ville. M. René avoue avec M. Pitot (*Mémoires de l'Académie des Sciences*, 1746) que les lieux voiſins de la mer ſont mal ſains, & que ceux au contraire qui ſont proche des montagnes ſont très-ſalubres.

N

55. Obſervations ſur l'Hiſtoire Naturelle de Niſmes; par M. MENARD, Conſeiller au Préſidial de la même Ville, de l'Académie Royale des Inſcriptions & Belles-Lettres.

Ces Obſervations ſe trouvent dans l'*Hiſt. Civile, Eccléſiaſtique & Militaire de Niſmes*, par le même, *tom. VII. pag.* 511. Elles embraſſent les minéraux, & divers articles ſéparés qui roulent ſur ce que la nature préſente de curieux & d'intéreſſant dans les environs de Niſmes. Elles renferment auſſi les Météores, où l'on traite des vents du Pays. L'Auteur y comprend le dégré de froid & de chaud, la quantité de pluie tombée dans la Ville, ainsi que la hauteur du baromètre. A la faveur de ce morceau curieux, on est en état de connoître la qualité positive du climat de Nismes. M. Ménard ne traite ni des animaux, ni des végétaux, parties qui, selon lui, sont trop étendues, trop générales même, & trop communes à une infinité d'autres contrées du Royaume, pour être renfermées dans les bornes étroites de son Ouvrage. Ces Observations sont suivies d'une Notice des Vigueries de Nismes & de Beaucaire, où l'Auteur rapporte les traits d'Histoire Naturelle qui peuvent leur être propres.

O

56. Observations sur l'Etat & Principauté d'Orange, où l'on traite de son climat, de ses confins, des beautés de la Campagne, &c. par Joseph DE LA PISE.

Ces Remarques se trouvent à la tête du *Tableau de l'Histoire des Princes & Principauté d'Orange : La Haye*, 1639, *in-fol.*

57. Pæan Aurelianus, seu de Laudibus salubritatis Cœli, & Soli Aureliani, atque consessûs Collegii Medicorum Carmen; auctore Raymundo MASSACO, Doctore Medico.

Ce Poëme de Massac est la quatrième pièce du *Recueil de Poëmes & Panégyriques de la Ville d'Orléans, &c. Orléans*, 1646, *in*-4. Il est de plus de cinq cens vers. Dans les cent premiers, l'Auteur célèbre l'heureuse température du climat d'Orléans, la pureté de l'air qu'on y respire, la fertilité de son sol, la salubrité de ses productions, & divers avantages naturels qui rendent ses habitans d'une complexion saine & robuste, qui leur procurent une santé vigoureuse, & les font parvenir à une heureuse vieillesse, que l'Auteur a vu prolonger quelquefois jusqu'à six-vingts ans. Le reste est l'éloge du Collége de Médecine & des Membres qui s'y sont distingués par leur science & leurs talens.

Massac mourut à Orléans, Doyen de la Faculté. On ne sçait précisément dans quelle année. Il étoit très-connu de Henri III & de Henri IV. il aimoit autant la Poësie que la Médecine. Ovide remplissoit les intervalles que l'exercice de son art lui laissoit libres.

P

58. Manuel du Naturaliste, pour Paris & ses environs, contenant une Description des animaux, végétaux & minéraux qui s'y trouvent, telle qu'elle est nécessaire pour les faire reconnoître; avec les particularités intéressantes de leur Histoire, principalement leurs usages dans les Arts & la Médecine; précédé d'un Mémoire sur l'air, la terre & les eaux du Pays; sur la constitution, les mœurs & les maladies de ses habitans; sur l'agriculture, &c. terminé par un Essai sur l'Histoire Naturelle des autres Contrées du Royaume; recueilli & mis dans un ordre commode; par A.G.L.B.D.P.D.M.P. (Achille-Guillaume LE BEGUE DE PRESLE,

Docteur de la Faculté de Médecine de Paris) : *Paris*, Briasson, 1766, *in*-8.

Cet Ouvrage est un précis de ce qui a été composé de plus exact sur les trois règnes de la nature. Au-devant de chacun, l'Auteur expose les systêmes les plus reçus qu'il a adoptés. Chaque production est indiquée par les phrases des plus habiles Naturalistes ; mais elles sont dégagées de cette abondance de mots propre seulement à fatiguer la mémoire. M. le Begue donne aussi des Descriptions plus amples, qui sont suivies des usages auxquels la Médecine & les Arts emploient les animaux, les plantes & les minéraux. Tous ces détails sont très-intéressans, & quelques additions suffiroient pour rendre commune à toute la France cette Histoire particulière des environs de la Capitale. Cependant l'Auteur en a mis à la fin de son Ouvrage le plus qu'il a pu connoître, laissant aux Naturalistes de chaque Province à substituer ce qu'il n'a pu voir par lui-même.

59. Ms. Discours sur l'Histoire Naturelle de la Province de Picardie ; par M. d'Esmery, Docteur en Médecine, & de l'Académie des Sciences d'Amiens.

Ce Discours est dans les Registres de cette Académie.

60. Ms. Recherches sur l'Histoire Naturelle, & sur celle des Arts & Manufactures de Picardie ; par M. Sellier, Professeur des Arts, & de l'Académie des Sciences d'Amiens.

Cet Ouvrage se trouve aussi dans les Registres de cette Académie.

61. Remarques pour l'Histoire Naturelle du

Bailliage de Pontarlier ; par M. DROZ, Avocat.

Ces remarques forment le chap. XXIV. *pag.* 233-249. des *Mémoires* du même Auteur, *pour servir à l'Histoire de la Ville de Pontarlier : Besançon*, Daclin, 1760, *in*-8. On n'y trouve guères que des indications ; mais le dessein de l'Auteur ne lui permettoit pas un plus long détail.

62. Petri QUIQUERANI BELLO-JOCANI, Episcopi Senecensis, de laudibus Provinciæ libri tres, &c. *Parisiis*, Dodu, 1539, *in-fol.* *Ibid.* 1551, *in*-4. *Lugduni*, 1565, *in*-4. *Ibid.* 1614, *in*-8.

Le même, traduit, sous ce titre, La Nouvelle Agriculture, ou Instruction générale pour ensemencer toutes sortes d'arbres fruitiers, avec l'usage & propriété d'iceux ; ensemble la vertu d'un nombre de fleurs, & le moyen de les conserver, avec divers traités des couleurs & du naturel des animaux ; traduit du Latin de Pierre de Quiqueran, Evêque de Sénès, par François DE CLARET, Archidiacre d'Arles : *Arles*, 1613, Tournon, 1614, 1616, *in*-8.

La plus grande partie de cet Eloge de la Provence, est une Histoire Naturelle abrégée des arbres, animaux & autres productions de cette Province, qui étoit la patrie de l'Auteur. C'est principalement dans le second Livre que l'on trouve l'Histoire succincte de ses singularités. Le premier renferme quelques chapitres sur le Rhône, plusieurs étangs, & la fertilité des terres de la

Provence. Cet Ouvrage, quoique d'un ſiécle un peu crédule, mérite cependant d'être lu.

Quiqueran, que ſon mérite avoit fait nommer Evêque à l'âge de dix-huit ans, mourut à vingt-quatre en 1550.

63. ✻ Joannes Scholaſticus PITTON (Doctor Medicus) de conſcribendâ hiſtoriâ Rerum naturalium Provinciæ ad Conſules Sexti-Aquenſes : *Aquis-Sextiis*, David, 1672, *in*-8.]

L'Auteur ne donne ici que le plan d'une Hiſtoire Naturelle de Provence. Les objets indiqués ne ſont que les Sommaires d'un plus grand Ouvrage qu'il méditoit. Il a ajouté à la fin pluſieurs Diſſertations qui ne regardent point l'Hiſtoire Naturelle, pour groſſir, comme il le dit lui-même, ſa petite Brochure, & pour faire voir apparemment à ſes ennemis qu'il n'ignoroit pas le Latin.

Pitton mourut en 1690.

64. Obſervations ſur l'Hiſtoire Naturelle de Provence; par Honoré BOUCHE, Docteur en Théologie.

C'eſt le Livre I. de ſa *Chorographie*, ou Deſcription de Provence : *Aix*, David, 1674, *in-fol.* 2 vol.

M. LIEUTAUD, Médecin des Enfans de France, a ramaſſé beaucoup de matériaux ſur l'Hiſtoire Naturelle de Provence. Ils regardent les animaux & les minéraux. Son Ouvrage eſt en Latin; mais il eſt encore trop informe pour qu'on puiſſe ſçavoir quel titre lui conviendra. Ce ne ſeront au reſte que des Mémoires pour ſervir à l'Hiſtoire Naturelle du Pays : Mémoires qui peuvent cependant être de quelque prix, parcequ'ils viennent, pour la principale partie, de feu M. Garidel, oncle de l'Auteur. *Note manuſcrite de M. Lieutaud.*

R

65. Mſ. Mémoire pour ſervir à l'Hiſtoire Naturelle des environs de Rouen; par M. LE CAT, Secrétaire perpétuel de l'Académie des Sciences de Rouen.

Ce Mémoire, qui eſt dans les Regiſtres de cette Académie, contient un grand nombre de recherches ſur diverſes contrées du terrein de la Haute-Normandie, ſes minéraux, ſes coquillages, foſſiles, &c. L'Auteur donne l'explication phyſique de la formation des cailloux, des ſtalactites, & cryſtalliſations qu'on y trouve en grande quantité, principalement dans les grottes du Château d'Orcher, près du Havre, & dans les carrières de Caumont, près de Rouen.

S

66. Mémoire ſur l'Hiſtoire Naturelle du Soiſſonnois, & des environs de Laon; par M. JARDEL; Officier du Roi.

Il fait partie des *Nouvelles Recherches ſur la France: Paris*, 1766, *in*-12. Les Obſervations que l'Auteur de ce Mémoire a faites lui-même, roulent principalement ſur quelques eaux minérales, & ſur les foſſiles dont il a formé un cabinet curieux à Braine, où il réſide.

67. Georgii Valent. HOLZBERGER, Diſſertatio

tatio de Aere, Aquis, & Locis Argentinæ : *Argentorati*, 1758, *in*-4.

M. Holzberger, Elève de M. Spielman, Professeur en Médecine dans l'Université de Strasbourg, a inséré en différens endroits de sa Dissertation, des Observations de son Maître, en particulier les Analyses que ce sçavant a faites des eaux de puits qu'on boit à Strasbourg.

T

68. Observations physiques sur la situation de Troyes, la distribution des eaux de la Seine, &c.

M. Grosley a inséré ces Observations, qui sont (dit-il) de bonne main, dans les *Ephémérides Troyennes* de 1757, 1758 & 1759. Les dernières années offrent des détails un peu plus circonstanciés que la première.

V

69. Histoire Naturelle, propriétés & productions des différens territoires du Duché de Valois; par M. l'Abbé CARLIER, Prieur d'Andresy.

Tous ces objets sont traités par l'Auteur dans son *Histoire du Duché de Valois : Paris*, 1764, *in*-4. 3 vol. La troisième partie de l'*Introduction*, qui est à la tête du tome I. avec une addition qui est au tome III. *pag.* 369, roule sur différentes particularités de l'Histoire Naturelle de ce Pays, sur les rivières qui y coulent, & sur quelques-unes de ses productions. Ce dernier point est exposé d'une manière plus étendue, & souvent économique, dans les *Considérations du tom. III.* où M. Carlier montre (*pag.* 284-318 & 455-457) les qualités & propriétés des terres incultes & cultivées, répandues dans ces Cantons. Il parle ensuite (*pag.* 325-328) de quelques objets de commerce qui ne sont pas étrangers à l'Histoire Naturelle, sçavoir du bétail & de la volaille du Pays. On voit aussi (*pag.* 263-273) des détails sur le gibier, les poissons qui s'y trouvent, & sur les différentes natures de bois que les forêts y produisent. En parlant (*pag.* 244 & *suiv.*) des chemins publics & particuliers du Valois, M. Carlier indique les carrières du canton où l'on tire les pavés, & autres matières propres à leur construction.

Y

70. * Description des Isles d'Yéres (sur la côte de Provence) & des Villages qui sont situés en icelles; ensemble de toutes sortes d'herbes, plantes, fleurs, fruits, arbres, bêtes, & autres animaux de toute espèce qui sont èsdites Isles; par HERMENTAIRE, Religieux du Monastère de Lérins.

Ce Religieux est mort en 1408, & sa Description est citée par la Croix du Maine dans sa Bibliothèque Françoise.]

SECTION III.

Mélanges d'Histoire Naturelle, ou Liste de divers Ouvrages qui renferment des notions générales sur l'Histoire Naturelle de la France.

Trois sortes de Livres sont indiqués dans cette Section, que l'on a ajoutée d'après l'avis de plusieurs personnes éclairées; 1.° quelques Ouvrages généraux sur la France, qui outre plusieurs remarques historiques & géographiques, contiennent sur notre Histoire Naturelle des Observations souvent importantes, & qu'on chercheroit vainement ailleurs; 2.° plusieurs Recueils physiques & économiques dont les Auteurs indiquent principalement les productions de leur patrie; 3.° les Catalogues des différens Cabinets, ou Collections de curiosités, qui ont appartenu à des François. La plupart des objets qu'ils renferment étant tirés de la France, ou des Colonies, on ne peut, ce semble, leur refuser une place dans l'Histoire Naturelle de ce Royaume.

71. ✻ Jani Cæcilii FREY, admiranda Galliarum compendio indicata : *Parisiis*, 1628, 1645, *in*-8.

Ce Livre traite en général de la Religion, des effets de la nature & de l'art, & des Rois de France.]

On lit dans le Chapitre VII. sur les animaux, dans le VIII. sur les plantes, & dans le IX. sur l'air, la terre, l'eau, des prodiges & des fables qui prouvent l'ignorance & la crédulité excessive de l'Auteur, dont l'Ouvrage ne se trouve indiqué ici que pour détromper ceux à qui le titre auroit pu en donner une toute autre idée.

72. Mſ. Mémoires des Généralités de France, contenant l'étendue du Pays, la température de l'air, &c. où il eſt traité des terres conſidérables, des bois, des eaux & forêts, des fruits principaux, &c. &c. &c. *in-fol.* 10. vol.

Ces Mémoires ſont conſervés dans la Bibliothéque du Roi. Ils ſe trouvent auſſi en pluſieurs volumes *in-fol.* ou *in*-4. dans d'autres Bibliothéques & Cabinets de cette Ville. Ils ont été dreſſés par ordre de la Cour, pour l'inſtruction de Monſeigneur le Duc de Bourgogne, en 1698, 1699 & 1700. Comme ils viennent de différentes mains, ils ne ſont pas tous également travaillés, & il y en a quelques-uns beaucoup plus exacts que les autres. M. le Comte de Boulainvilliers en a fait un abrégé dans ſon *Etat de la France, &c. Londres*, 1727, *in-fol.* 3 vol. *Londres* (*Rouen*) 1737, *in*-12, 6 vol. *Londres*, Wood & Palmer, 1752, *in*-12, 8 vol.

73. Deſcription Hiſtorique & Géographique de la France; par (Jean) PIGANIOL DE LA FORCE: *Paris*, 1715, *in*-12, 5 vol. 1718, *in*-12, 6 vol. 1753 & 1754, *in*-12, 13 vol.

L'Auteur entre très-ſouvent dans des détails intéreſſans ſur les productions des différentes Provinces qu'il décrit.

74. Nouvelles Recherches ſur la France, ou Recueil de Mémoires & de Lettres ſur quelques Villes & Provinces du Royaume; Ouvrage qui peut ſervir de ſuite à l'Etat de la

France de M. de Boulainvilliers, & à la Description de Piganiol : *Paris*, J. Th. Herissant, 1766, *in*-12, 2 vol.

Il y a dans ce Recueil plusieurs Mémoires sur l'Histoire Naturelle de la France, qui ont été indiqués chacun à leur place. Dans les autres, qui renferment principalement des détails historiques, on trouve quelques notions sur le même objet.

75. Dictionnaire Géographique, Historique & Politique, des Gaules & de la France ; par M. l'Abbé EXPILLY : *Paris* (*Avignon*) 1762, & suiv. *in-fol.* 6 vol.

Cet Ouvrage renferme une infinité d'articles très-étendus, quelquefois même des Mémoires entiers sur les singularités naturelles de ce Royaume.

76. Dictionnaire raisonné de la France, contenant une Description Géographique des Provinces, &c. avec quelques détails sur plusieurs singularités naturelles, &c. par M. ROBERT, Inspecteur de MM. les Elèves de l'Ecole Royale Militaire : *Paris*, 1767, *in*-8. 6 vol.

On a rassemblé dans cet Ouvrage tout ce qui peut intéresser les Naturels & les Etrangers. Il est terminé par une Table où l'Auteur fait mention des Manufactures, des Mines, des Eaux minérales & autres objets relatifs au Commerce, à l'Histoire Naturelle, &c.

77. Mſ. La France curieuse, où l'on rapporte les plus beaux édifices & les effets surprenans

de la nature, qui se trouvent dans chaque Province du Royaume: *in-fol.*

Ce Manuscrit est conservé à S. Germain-des-Prés, parmi ceux du Chancelier Séguier, N.° 632

L'Auteur y décrit les curiosités naturelles qui l'ont frappé dans différentes Provinces, principalement les fontaines & les lacs.

78. Joannis Jacobi SCHEUCHZERI itinera per Helvetiæ alpinas regiones, anno 1703-1711: *Lugd. Batav.* Vander Aa, *in*-4. 4 vol.

On peut consulter cet Ouvrage sur l'Histoire Naturelle des Frontières de la France.

79. ✠ Essai d'Antoine FROMENT, Avocat au Parlement de Dauphiné, & Conseiller élu en l'Election de Briançon, sur l'incendie de sa Patrie (en 1624, le 1 Décembre) les singularités des Alpes en la Principauté de Briançonnois, avec plusieurs autres curieuses remarques sur le passage du Roi (Louis XIII.) en Italie; ravage des loups, pestes, famines, avalanches, & embrâsemens de plusieurs Villages, y servant de suite: *Grenoble*, Verdier, 1639, *in*-4.]

Cet Ouvrage n'est qu'un fatras d'érudition. Il est plein d'allégories qui font disparoître à tout moment la suite de la relation. Le style de l'Auteur est diffus, très-obscur, pour ne pas dire inintelligible, à cause de ses expressions figurées.

80. Athanasii KIRCHERI mundus subterraneus, in duodecim libros digestus, quo

divinum ſubterreſtris mundi opificium, mira ergaſteriorum naturæ in eo diſtributio, verbo παντάμορφον Protei regnum, univerſæ denique naturæ majeſtas & divitiæ ſummâ rerum varietate exponuntur, abditorum effectuum cauſæ acri indagine inquiſitæ demonſtrantur; cognitæ per artis & naturæ conjugium ad humanæ vitæ neceſſarium uſum, vario experimentorum apparatu, necnon novo modo & ratione, applicantur: *Amſtelod.* Janſſon, 1665, *in-fol.* 2 vol. fig.

Un Naturaliſte laborieux trouvera dans cet Ouvrage, outre des connoiſſances générales, pluſieurs obſervations particulières ſur le Royaume & ſes Frontières.

81. Mélanges d'Hiſtoire Naturelle; par M. ALLEON DULAC, Avocat en Parlement & aux Cours de Lyon: *Lyon*, Duplain, 1762, *in*-8. 2 vol.

Les mêmes, conſidérablement augmentés: *Lyon*, Duplain, 1765, *in*-8. 6 vol.

Les différentes Pièces qui compoſent ces Mélanges, ou ont paru ſucceſſivement dans les Ouvrages périodiques, ou ont été lûes dans différentes Académies de l'Europe. L'Auteur a raſſemblé en un ſeul corps, ce qui étoit épars dans une infinité de volumes. Son entrepriſe peut être de quelqu'utilité aux Amateurs de notre Hiſtoire Naturelle. On deſireroit ſouvent moins d'extraits de Livres, & un meilleur choix dans les autres Pièces.

82. La Bibliothèque des Philoſophes & des

Sçavans, tant anciens que modernes, avec les merveilles de la nature, où l'on voit leurs opinions sur toutes sortes de matières physiques, &c. par le Sieur H. GAUTIER, Architecte-Ingénieur, & Inspecteur des grands Chemins, Ponts & Chaussées du Royaume: *Paris*, Cailleau, 1723, *in*-8. 3 vol.

Malgré le grand désordre de cet Ouvrage, qui ne répond point à son titre, il peut être consulté utilement sur la France, par un Naturaliste qui ne veut rien négliger. On y trouve plusieurs extraits d'Ouvrages sur les singularités du Royaume, & des Observations faites par l'Auteur lui-même, dans les différentes Provinces qu'il a parcourues comme Ingénieur.

83. Joannis Baptistæ DUHAMEL Regiæ Scientiarum Academiæ Historia: *Parisiis*, Michalet, 1698, *in*-4. *Lipsiæ*, Fritsch, 1700, *in*-4.

Eadem; auctior: *Paris.* Delespine, 1701, *in*-4.

84. Histoire & Mémoires de l'Académie Royale des Sciences, depuis son établissement en 1666, jusques & compris 1698; (par MM. DE FONTENELLE & GODIN): *Paris*, 1733 & *suiv.* *in*-4. 11 vol.

Cet Ouvrage n'a paru qu'après une partie du suivant. M. de Fontenelle avoit commencé son Histoire françoise immédiatement où finit le latin de M. Duhamel, & ce n'est que dans la suite qu'on songea à donner dans la même langue le détail des premières années de l'Académie.

85. Histoire & Mémoires de l'Académie Royale

Royale des Sciences, depuis 1699 jusqu'à présent; (par MM. DE FONTENELLE, DE MAIRAN, DE FOUCHY, &c. *Paris*, 1703 & *suiv. in*-4. 68 vol. y compris les Tables.

86. Mémoires de Mathématiques & de Physique, présentés à l'Académie des Sciences par plusieurs Sçavans étrangers: *Paris*, Imprimerie Royale, 1750 & *suiv. in*-4. 4 vol.

On a indiqué dans les différentes Sections de ce Chapitre, les Mémoires ou quelques morceaux considérables de la partie historique de ces trois Recueils, qui ont rapport aux diverses branches de l'Histoire Naturelle de la France. Quelques autres Observations sur le même objet sont répandues non-seulement dans la portion de l'Histoire, mais encore dans des Mémoires généraux. Leur peu de longueur n'ayant pas permis de les détailler dans des articles séparés, on a cru devoir faire une annonce générale des Collections importantes qui les contiennent, & qui sont si utiles aux progrès de l'Histoire Naturelle, par l'heureux accord qu'elles offrent du raisonnement & de l'expérience.

Outre les Volumes indiqués ici, il y en a encore plusieurs intermédiaires faits par des Membres de l'Académie, mais qui regardent les Mathématiques ou l'Astronomie. Il n'y a sur l'Histoire Naturelle de la France, que les Observations de M. le Monnier qui se trouvent à la suite de la Méridienne de M. Cassini, & qui sont indiquées ci-devant, N.° 6.

87. Economie générale de la Campagne, ou Nouvelle Maison rustique; par Louis LIGER: *Paris*, de Sercy, 1700, *in*-4. 2 vol. fig.

La même : *Paris*, Prudhomme, 1708, 1721, 1732, *in*-4. 2 vol. fig.

La même, huitième édition, augmentée considérablement, & mise en meilleur ordre ; par M***: *Paris*, Savoye, 1762, *in*-4. 2 vol.

Plusieurs Auteurs, avant Liger, avoient mis la main à cet Ouvrage, qu'ils regardoient comme nécessaire dans un Royaume tel que la France, où la nature s'est plu à répandre tant de productions utiles. Charles Estienne, Liébaut & de Serres, Médecins, firent imprimer dans le commencement du siècle passé, des Remarques sur l'Agriculture, auxquelles ils donnèrent le nom de *Maison rustique* & de *Théâtre d'Agriculture*. Ces Ouvrages, malgré la confusion & l'inexactitude qu'on trouve dans bien des endroits, ont cependant mérité quinze ou seize éditions, sous les noms de ces Auteurs, sans compter un plus grand nombre d'autres, auxquelles des plagiaires n'avoient fait d'autres corrections que de déguiser le titre, pour cacher aux yeux du Public un larcin trop ordinaire. Tels sont les fondemens sur lesquels Liger a élevé un édifice plus durable, quoiqu'encore éloigné de la perfection. Les quatre parties qui le composent, renferment des Remarques intéressantes sur les bâtimens, les provisions, l'économie intérieure d'une maison de campagne, les volailles, les chevaux, & autres bêtes de somme ; les bêtes à cornes, celles à laine, les mouches à miel & les vers à soie ; les terres labourables, les eaux & forêts, les plants champêtres, les jardins utiles ou agréables, les vignes & les boissons, les étangs, la pêche, la chasse, &c.

88. Dictionnaire économique, contenant divers moyens d'augmenter son bien, & de conserver sa santé, avec plusieurs remèdes

éprouvés; quantité de moyens pour élever les animaux domestiques, la façon de faire des filets; des découvertes dans le jardinage, la botanique & l'agriculture, &c. par Noël CHOMEL, Curé de Saint Vincent de Lyon : *Lyon*, 1709, *in-fol.* 2 vol. *Ibid.* 1718, *in-fol.* 2 vol.

Le même, revu par Jean MARET, Docteur en Médecine, avec des figures de Picart : *Amsterdam*, Mortier, 1732, *in-fol.* 2 vol.

Supplément au Dictionnaire économique, par divers Auteurs : *Paris*, 1743, *in-fol.* 2 vol.

Le même Dictionnaire, revu, corrigé & enrichi d'Observations nouvelles ; par M. DE LA MARE : *Paris*, les Frères Estienne, 1767, *in-fol.* 3 vol.

Les Observations de l'Auteur, & des différens Editeurs, qui tous étoient François, roulent principalement sur leur patrie ; & on peut en tirer des Notes utiles sur l'Histoire Naturelle du Royaume. La Botanique est sur-tout perfectionnée dans cette nouvelle édition, d'où on a banni une foule de préceptes moraux, qui grossissoient inutilement les précédentes.

89. Dictionnaire universel de Commerce, contenant tout ce qui concerne le commerce qui se fait dans les quatre parties du Monde, &c. les productions qui croissent, & qui se trouvent dans tous les lieux où les Nations de l'Europe exercent leur commerce ; comme les métaux, minéraux, pierreries,

drogues, épiceries, grains, sels, vins, bierres & autres boissons, huiles, gommes, fruits, poissons, bois, soies, laines, cotons, &c. pelleteries, cuirs, &c. les ouvrages & manufactures d'or & d'argent, avec la Description des métaux propres à y travailler, &c. par Jacques SAVARY DES BRULONS, Inspecteur général des Manufactures pour le Roi à la Douane de Paris; continué sur les Mémoires de l'Auteur, & donné au Public; par Philémon-Louis SAVARY, Chanoine de l'Eglise Royale de Saint Maur-des-Fossés, son frère : *Paris*, Estienne, 1723, *in-fol.* 2 vol.

Supplément à ce Dictionnaire; par Philémon-Louis SAVARY: *Paris*, Estienne, 1730, *in-fol.*

Nouvelle édition de ce Dictionnaire : *Paris*, veuve Estienne, 1748, *in-fol.* 3 vol.

Le même, augmenté : *Coppenhague*, Philibert, 17 . . , *in-fol.* 5 vol.

Le premier tome est précédé d'un état général du Commerce de l'Univers. L'article de la France occupe plus de deux cens pages. On y trouve la Note des productions de ses diverses parties.

Le détail où l'on entre dans cet article & dans plusieurs autres, qui en sont des dépendances, est tiré principalement des Etats dressés en 1692 & 1693, par les Inspecteurs du Commerce, & des Mémoires rédigés en 1698 par les Intendans. Ces secours avoient été communiqués aux Auteurs, par ordre du Conseil du Commerce, qui s'intéressoit vivement à la publication & à l'exactitude de cette importante compilation.

M. MORELLET travaille maintenant à donner une nouvelle édition de cet Ouvrage, à Paris, chez les Frères Estienne. Elle pourra former trois ou quatre volumes *in-fol.* Le grand nombre des Articles refaits en entier, donneront à ce Livre un lustre nouveau, & étendront son utilité.

90. Dictionnaire universel des Drogues simples, contenant leurs noms, origine, choix, principes, vertus, étymologies, & ce qu'il y a de particulier dans les animaux, dans les végétaux & dans les minéraux; par Nicolas LEMERY, de l'Académie Royale des Sciences, & Docteur en Médecine: *Paris*, d'Houry, 1698: *Ibid.* 1714: *Amsterdam*, 1716: *Roterdam*, 1727: *Paris*, 1733 & 1759, *in-4.*

Une grande partie des Drogues dont traite ce Livre, est tirée du Royaume.

91. Encyclopédie, ou Dictionnaire raisonné des Sciences & des Arts; par une Société de Gens de Lettres: mis en ordre par MM. D'ALEMBERT & DIDEROT: *Paris* & *Neuf-Châtel*, 1751-1767, *in-fol.* 24 vol. y compris 6 vol. de Planches.

Les censures qui ont été faites de ce Livre, ne regardent que la partie Théologique & la Morale. On trouve dans les articles d'Histoire Naturelle quelques détails intéressans sur les productions du Royaume.

92. Journal économique, ou Mémoires, Notes & Avis sur l'agriculture, les arts, le

commerce, & tout ce qui peut avoir rapport à la ſanté, ainſi qu'à l'augmentation des biens des familles, &c. (par MM. BOUDET, DE QUERLON, LE CAMUS, &c.) *Paris*, Boudet, 1751 *& ſuiv.* Depuis Janvier 1751, juſqu'en Décembre 1757, 60 vol. *in*-12. & depuis 1758 juſqu'à préſent, 14 vol. *in*-8.

Cet Ouvrage périodique eſt preſque tout conſacré à la France; à la fin de chaque Journal, il y a pluſieurs feuillets deſtinés aux Pays étrangers. L'abondance & la variété des matières que cet Ouvrage embraſſe, lui donnent une utilité réelle.

93. Recueil périodique d'Obſervations de Médecine, de Chirurgie, de Pharmacie, d'Hiſtoire Naturelle, &c. par MM. VANDERMONDE & ROUX, Docteurs en Médecine de la Faculté de Paris: *Paris*, 1754 *& ſuiv.* 24 vol. *in*-12.

Outre des extraits d'Ouvrages ſur la Médecine & l'Hiſtoire Naturelle, ce Journal contient encore un grand nombre de Pièces utiles ſur diverſes productions du Royaume, & en particulier ſur les eaux Minérales. M. Vandermonde eſt mort à la fin de Mai 1762.

94. Bibliothèque choiſie de Médecine, tirée des Ouvrages périodiques François & Etrangers, avec pluſieurs Pièces rares & des Remarques; par M. PLANQUE, Docteur en Médecine: *Paris*, 1748 *& ſuiv.* *in*-4. 8 vol.

La même: *in*-12. 24 vol.

On trouve dans cette Bibliothèque pluſieurs Mémoires sur des animaux & des minéraux de la France, auxquels l'Auteur a ajouté des remarques intéressantes, ou de lui-même, ou tirées de différens Naturalistes.

M. Planque est mort en 1765.

95. Dictionnaire raisonné universel d'Histoire Naturelle, contenant l'histoire des animaux, des végétaux & des minéraux, &c. par M. VALMONT DE BOMARE, Démonstrateur d'Histoire Naturelle : *Paris*, Didot, 1764, *in*-8. 5 vol.

Ce Dictionnaire n'est qu'une compilation des meilleurs Ouvrages qui ont été faits sur l'Histoire Naturelle, & dont les différens articles ont été tronqués en bien des endroits. On reproche à l'Auteur de n'avoir pas rendu assez de justice aux Savans, dont il a emprunté bien des fois jusqu'aux expressions. C'est cependant un des plus complets que l'on ait encore sur cette matière. Il entre assez souvent dans des détails intéressans sur les différentes productions du Royaume.

96. Histoire Naturelle générale & particulière, avec la Description du Cabinet du Roi; par MM. DE BUFFON & D'AUBENTON : *Paris*, Imprimerie Royale, 1749 *& suiv.* 13 vol. *in*-4. avec fig.

La même : *Paris*, Imprimerie Royale, *in*-12. 19 vol.

Cette Histoire, dont on desire extrêmement la suite, ne comprend encore que celle des quadrupèdes : les autres parties n'offriront pas d'aussi longs détails.

Le Cabinet du Roi, formé d'abord de celui de Tournefort, a été augmenté dans la suite, des libéralités de plusieurs Naturalistes, dont quelques-uns vivent encore. Il s'est accru aussi à la mort de M. de Reaumur, des riches possessions de ce Sçavant. Son Cabinet étoit principalement composé de ce que l'on trouve de singulier parmi les matières minérales qui sont dans le Royaume, comme terres, pierres, marcassites, &c.

97. Catalogue des choses rares qui sont dans le Cabinet de Maître Pierre BOREL, Médecin de Castres, au haut Languedoc : 16 . . .

Le même, considérablement augmenté, à la suite des *Antiquités de Castres;* par le même Auteur: *Castres*, Colomiez, 1649, *in*-8.

98. Musæum Brackenofferianum; à Joanne Joachimo BOCKENOFFER delineatum: *Argentorati*, 1677, *in*-4.

Le même, en Allemand, 1683.

Le Cabinet de M. Brackenoffer, Magistrat de Strasbourg, a été partagé entre ses héritiers.

99. Le Cabinet de la Bibliothèque de l'Abbaye de Sainte Geneviève, divisé en deux parties, contenant les Antiquités de la Religion des Chrétiens, des Egyptiens, des Romains, &c. les minéraux & les animaux les plus rares & les plus singuliers, des coquilles les plus considérables, des fruits étrangers, & quelques plantes exquises; par Claude DU MOULINET, Chanoine Régulier: *Paris*, Dezallier, 1692, *in fol.*]

100. Le Cabinet sur l'Histoire Naturelle, du

du Sieur Chevalier, Ingénieur à Marseille : 1731, *in-fol.*]

101. Mſ. Catalogue des plantes & animaux peints en miniature, qui sont dans le Cabinet de la Bibliothèque du Roi : *in-fol.*

102. Catalogue raisonné de coquilles, insectes, plantes marines, & autres curiosités naturelles ; par Edme-François GERSAINT : *Paris*, Flahault, 1736, *in-12.*

On a joint à la tête de ce Catalogue quelques Observations générales sur les coquilles, avec une liste des principaux Cabinets qui s'en trouvent, tant dans la France que dans la Hollande ; une autre liste des Auteurs les plus rares qui ont traité de cette matière, & une table alphabétique des noms arbitraires, tant françois que francisés, attribués aux Coquilles par les Curieux.

103. Catalogue d'une Collection considérable de Curiosités de différens genres ; par le même : *Paris*, Prault fils, 1737, *in-12.*

Ces Curiosités consistent dans des estampes, &c. des coquillages, des madrepores, & autres plantes marines ; des minéraux, des animaux, des papillons, &c.

104. Catalogue raisonné d'une Collection considérable de diverses Curiosités en tous genres, contenues dans les Cabinets de feu M. Bonnier de la Mosson, Bailly, & Capitaine des Chasses de la Varenne des Thuilleries, & ancien Colonel du Régiment Dau-

phin; par le même : *Paris*, Barois, 1744, *in*-12.

Ce Catalogue indique entr'autres choſes, des animaux en phiole, des animaux deſſéchés, des inſectes, des foſſiles, minéraux, cryſtalliſations, des madrepores, & autres plantes marines; des coquilles, un herbier, avec un grand nombre d'Eſtampes qui ont rapport aux coquilles, & à d'autres parties de l'Hiſtoire Naturelle.

105. Catalogue d'une Collection de coquilles, conſidérable dans le nombre, & des plus précieuſes dans le choix, &c. par le même : *Paris*, Prault, 1749, *in*-8.

106. Catalogue raiſonné des minéraux, coquilles, & autres curioſités naturelles contenues dans le Cabinet de feu M. Geoffroy, de l'Académie des Sciences; (par M. GEOFFROY, Docteur en Médecine de la Faculté de Paris) : *Paris*, Guérin, 1753, *in*-12.

107. Lettre de M. DE TRESSAN, Lieutenant-Général des Armées du Roi, & Membre de la plûpart des Académies de l'Europe, ſur quelques ſujets de l'Hiſtoire Naturelle.

Cette Lettre eſt une critique du Catalogue précédent. Elle eſt inſérée dans les *Mélanges d'Hiſtoire Naturelle* de M. Alléon Dulac, *tom. I. pag.* 266-281.

108. Mémoire ſur pluſieurs morceaux d'Hiſtoire Naturelle, tirés du Cabinet de S. A. S. M. le Duc d'Orléans; par M. GUETTARD,

Mémoires de l'Académie des Sciences, année 1753.

Les morceaux dont il s'agit dans ce Mémoire, ont été apportés des Isles de Bourbon, de France, &c.

109. Catalogue des Collections de desseins & estampes d'Histoire Naturelle, de coquilles & machines, de M. l'Abbé de Fleury, Chanoine de l'Eglise de Paris: *Paris*, Martin, 1756, *in*-12.

Ce Catalogue contient entr'autres des pétrifications, des crystallisations & minéraux; une collection de pierres distinguées, comme marbres, jaspes, agathes, &c. des pierres précieuses, &c. mais sur-tout des dendrites & des opales de la plus grande beauté; les coquilles sont des plus rares.

110. Catalogue raisonné d'une Collection considérable de coquilles rares & choisies, du Cabinet de M. le ***; par les Sieurs HELLE & REMY: *Paris*, Didot, 1757, *in*-12.

111. Catalogue d'une très-belle Collection de bronzes, &c. de coquilles, plantes marines, poissons, mines d'or, &c. tirée du Cabinet de feu M. le Duc de Sully, Pair de France; par les mêmes: *Paris*, Didot, 1762, *in*-12.

112. Le Cabinet de Courtagnon, Poëme, dédié à Madame la Douairière de Courtagnon; (par Dom DIEU-DONNÉ, Bénédictin): *Chaalons*, Seneuze, 1763, *in*-4.

Ce Poëme, qui est très-médiocre, contient l'éloge des Curiosités naturelles que Madame de Courtagnon a ramassées elle-même aux environs de Reims, & principalement à sa Terre.

113. Catalogue d'une Collection de belles coquilles, de madrepores, litophytes, cailloux, agathes, pétrifications, & autres morceaux qui ont rapport à l'Histoire Naturelle; de poissons, oiseaux, serpens, & autres animaux, &c. par les Sieurs HELLE & REMY: *Paris*, Didot, 1763, *in*-12.

Quoique cette collection ait appartenu à des Hollandois, on n'a pas cru devoir l'omettre, parcequ'elle renferme plusieurs productions de la France.

114. Catalogue de différens Effets précieux, tant sur l'Histoire Naturelle, que sur plusieurs autres genres de curiosités; par le S. P. C. A. HELLE: *Paris*, Prault, 1763, *in*-12.

115. Catalogue raisonné des fossiles, coquilles, minéraux, pierres précieuses, diamans, & autres curiosités qui composent le Cabinet de feu M. Babault; par les Sieurs PICARD & GLOMY: *Paris*, Tabarie, 1763, *in*-12.

116. Catalogue d'une Collection de très-belles coquilles, madrepores, stalactites, litophytes, pétrifications, crystallisations, mines, plaques & cailloux agathisés & crys-

tallisés; plaques d'agathe, pierres figurées très-singulières, pierres fines montées & non montées, agathes arborisées, bois pétrifié, agathifié & en nature, animaux, oiseaux, bijoux, & autres morceaux qui composoient le Cabinet de feue M[de] de B*** (de Bure); par Pierre REMY : *Paris*, Didot, 1763, *in*-12.

117. Catalogue raisonné, des minéraux, crystallisations, cailloux, jaspes, agathes arborisées, pierres fines montées & non montées, &c. pièces de méchanique & de physique, & autres effets curieux, de la succession de M. Savalete de Buchelai, Fermier Général; par Pierre REMY : *Paris*, Didot, 1764, *in*-12.

* 117. Catalogue raisonné des Tableaux, Estampes, Coquilles & autres curiosités, après le décès de feu M. Dezallier d'Argenville, Maître des Comptes & membre des Sociétés Royales des Sciences de Londres & de Montpellier; par Pierre REMY : *Paris*, Didot l'aîné, 1766, *in*-12.

M. Dezallier est mort le 29 Novembre 1765, âgé de 85 ans.

ARTICLE II.

Traités particuliers sur l'Histoire Naturelle de la France, & de ses diverses parties.

SECTION PREMIERE.

Traités du climat des différentes Villes ou Provinces ; de l'air & de ses influences sur les Habitans, &c. rangés suivant l'ordre alphabétique.

PARMI les Traités d'Histoire Naturelle, indiqués dans cette Section, on n'a point fait difficulté de placer les Observations météorologiques faites dans le Royaume, ainsi que les Pièces sur les maladies attachées à certains lieux, & même sur des épidémies, dont les ravages, produits par quelque vice de l'air, ont désolé la France en différens tems. Toutes ces Pièces, celles même où l'on ne s'étend pas sur la qualité de l'élément que nous respirons, deviennent, entre les mains d'un habile Physicien, des matériaux nécessaires pour connoître & fixer, d'une manière précise, la température de nos climats. On trouvera la même utilité dans l'indication de plusieurs Thèses, ou Dissertations de Médecine, dont les titres ne paroîtront déplacés qu'à ceux qui ne feront point attention que les matières dont elles traitent, dépendent nécessairement des influences de l'air sur certains Pays. D'ailleurs, les raisonnemens des Auteurs sont fondés sur cette connoissance importante, & par-là peuvent aider la composition d'une Histoire Naturelle complette de quelques Provinces de France.

Quoique les ouragans & les orages, arrivés dans quelques endroits de la France, soient des effets de l'air, sur les lieux qui les ont vu arriver, on a cru devoir les placer, avec les tremblemens de terre, dans la dernière Section, qui est consacrée à ces effets momentanés.

A

118. Observations météorologiques faites à *Aix*, par M. DE MONTVALON, Conseiller au Parlement de cette Ville, comparées avec celles qui ont été faites à Paris; par M. CASSINI. *Mémoires de l'Académie des Sciences*, *année* 1730, *pag.* 1-3. 1731, *pag.* 1-7.

119. Relation abrégée de ce qui s'est passé en la Ville d'*Arles* en Provence, pendant la contagion de 1721; par une Dame de la même Ville. *Mercure*, 1722, *Février*, *pag.* 62-74.

120. Observations annuelles sur le Baromètre, le Thermomètre, la quantité des pluies, des neiges, &c. pour connoître & déterminer la température du pays d'*Artois*, par M. l'Abbé DE LYS.

Elles se trouvent imprimées dans les *Almanachs historiques & géographiques d'Artois : Amiens*, veuve Godard, *in-24*.

On trouvera encore quelques remarques sur le même objet, dans une Lettre que le même Auteur a publiée sur le Baromètre. *Journal de Verdun*, 1758, *Avril*, *pag*. 281-291 ; & dans les trois *Critiques* qui en ont été faites par M. Rigaud. *Ibid. Juillet*, *pag*. 43-54. *Novembre*, *pag*. 350-366 ; & 1760, *Janvier*, *pag*. 48-54.

121. Observation sur la maladie épidémique qui a régné à Douay, Arras, Béthune, & plus particulièrement dans les environs de la Ville de Lens en *Artois* ; par M. A. D. *Journal de Médecine*, *tom. III*. 1755, *Août*, *pag*. 117-122.

122. Ms. Les causes naturelles, & les raisons de la singulière salubrité de la Cité d'*Autun*, par sa situation, son air & ses vents ; par Edme THOMAS, Chantre de l'Eglise Cathédrale d'Autun.

C'est le Livre V. de son *Histoire de l'antique Cité d'Autun*, dont la plus grande partie, & spécialement celle dont il s'agit ici, est restée manuscrite. L'original est à Dijon, dans le Cabinet de M. Thomas, Seigneur d'Illans, & parent de l'Auteur. M. de Bourbonne, Président au Parlement de Dijon, en a une copie qu'il conserve parmi les manuscrits de la Bibliothèque de M. le Président Bouhier, dont il est possesseur.

123. Discours sur le climat de la Province d'*Auvergne* ; par M. DUVERNIN, Médecin,

decin, & de la Société Littéraire de Clermont. *Recueil de Littérature, &c. Clermont-Ferrand*, 1748, *in*-8.

La position de cette Province, suivant ses dégrés de latitude & de longitude, ses montagnes, ses plaines, les rivières & les petites sources qui l'arrosent, la direction des montagnes, leur hauteur, les vents qui règnent dans certaines saisons, & leurs effets, la fertilité des terres & la qualité des productions, sont les principaux points traités dans ce Mémoire. De leur comparaison, l'Auteur déduit la qualité du climat de la Province.

124. Ms. Observations météorologiques & botaniques faites à *Auxerre*, depuis l'année 1750 jusqu'en 1761 inclusivement; par M. ROBINET DE PONTAGNY, de la Société des Sciences & Belles-Lettres d'Auxerre.

Ces Observations, qui sont en huit cahiers dans le Dépôt de la Société, ont été faites avec beaucoup d'attention. A la fin de chaque année, il y a un court résumé, & une comparaison avec l'année précédente.

125. Histoire des Fièvres catarrhales putrides qui ont régné à *Auxerre*, depuis l'année 1756 jusqu'en 1759; par M. HOUSSET, de la Société Royale des Sciences, Médecin des Hôpitaux, &c. *Journal de Médecine, tom. XXIV. Janvier, pag.* 38-48.

126. Dissertatio Academica, an Phthisi Anglorum incipienti Clima *Avenionense*; à

Joan. Baptistâ GASTALDI : *Avenione*, Mallard, 1716, *in*-12.

Voyez les *Mémoires de Trévoux*, 1717, *Février*, *pag.* 321-325.

B

127. Observations météorologiques faites à *Bayeux*; par M. l'Abbé OUTHIER, Correspondant de l'Académie des Sciences. *Mémoires présentés à l'Académie*, *tom.* *IV*. *pag.* 612.

128. Description d'une Esquinancie inflammatoire gangréneuse, qui a régné à *Beaumont*, à une lieue & demie de Ham en Picardie, à la fin de l'année 1758, & au commencement de l'été de 1759; par M. DE BERGE, Docteur en Médecine. *Journal de Médecine*, *tom.* *XII*. *pag.* 159-166.

129. Méthode indiquée par M. BOYER, Médecin ordinaire du Roi, contre la maladie épidémique qui vient de régner à *Beauvais*: *Paris*, Imprimerie Royale, 1750, *in*-4. 10 pages.

130. Description d'une maladie particulière des glandes, endémique, à *Belle-Isle* en mer; par M. ROCHARD, Chirurgien-Major de l'Hôpital de Belle-Isle. *Journal de Médecine*, *tom.* *VII*. *pag.* 379-384.

131. Mſ. Mémoire ſur l'origine & la cauſe des vents, & particulièrement de ceux qui ſont le plus ordinaires dans le Diocèſe de *Béſiers;* par M. ASTIER le cadet, de l'Académie de Béſiers.

Cé Mémoire eſt entre les mains du Secrétaire de l'Académie. L'Auteur explique d'abord la cauſe générale des vents par la théorie du mouvement de la terre, & applique ces principes aux vents particuliers de ſon Pays, dont il explique les phénomènes.

132. Obſervations météorologiques faites à *Béſiers*, depuis le commencement de 1725; juſqu'à la fin de 1733, communiquées à l'Académie des Sciences; par M. DE MAIRAN. *Mémoires de l'Académie des Sciences, année* 1733, *pag.* 499-508.

133. Du climat de *Béſiers*, & en général des maladies qui y ſont les plus fréquentes, avec le détail des maladies particulières qui ont régné, depuis 1730 juſques & compris 1742; par M. BOUILLET, Docteur en Médecine, & Secrétaire perpétuel de l'Académie de Béſiers.

Ces Obſervations intéreſſantes ſe trouvent au commencement de la quatrième partie des *Elémens de Médecine-pratique*, du même Auteur: *Béſiers*, Barbut, 1744, *pag.* 136; & dans le *Supplément*, à la quatrième partie, *pag.* 90. Elles ne ſont pas ſeulement utiles pour l'exercice de la Médecine: un Naturaliſte, qui voudra traiter cette partie comme elle le mérite, trouvera de puissans secours dans cet Ouvrage, qui a dû coûter beaucoup de travail à son Auteur.]

134. Mémoire sur quelques maladies qui règnent fréquemment dans la Ville de *Bésiers*, & que l'on appelle vulgairement Coups-de-vent; par le même : *Bésiers*, Barbut, 1736, *in*-4.

Le même, dans la quatrième partie des Elémens de Médecine du même Auteur, *p.* 202 *& suiv.*

L'Auteur pense, avec raison, que les maladies dont il s'agit ici, viennent de la situation de la Ville, de l'air qu'on y respire, des vents qui y règnent, de la qualité des alimens dont on s'y nourrit, & du tempérament de ses habitans. Ces réflexions sont suivies de la description exacte de chaque maladie, & on voit les remèdes qui ont été employés pour les guérir.

135. Descriptions des maladies épidémiques qui ont régné à *Bitche*, en 1757, 1758 & 1760; par M. LANDEUTE, Médecin de Nancy. *Journal de Médecine*, *tom. VIII. pag.* 464-470. = *Tom. XIII. pag.* 165-175.

136. Description de quelques Dyssenteries épidémiques qui ont régné à l'Abbaye de *Bival*, près Amiens; par M. MARTEAU DE GRANDVILLIERS, Médecin à Aumale. *Journal de Médecine*, *tom. XII. pag.* 543-551.

137. Maladies épidémiques qui ont régné à *Boiscommun*, pendant les mois de Février & de Mars 1758; par M. DE BUCCIERE, Docteur en Médecine. *Journal de Médecine*, *tom. IX. pag.* 81-86.

138. Petri Eligii DOAZAN, D. M. Monspeliensis, Quæstio Medica pro Cathedrâ vacante; an salubris aer *Burdigalensis?* Aff. *Burdigalæ*, Brun, 1757, *in*-4.

139. Ms. Observations météorologiques (mêlées de quelques remarques d'Histoire Naturelle sur le climat de *Bordeaux*) depuis & compris l'année 1719 jusques & compris l'année 1758; par MM. SARRAU DE VERIS & SARRAU DE BOYNET, de l'Académie de Bordeaux : 11 vol. *in-fol.*

Ces Observations sont dans le Dépôt de l'Académie de Bordeaux.

140. Ms. Observations météorologiques faites à *Bordeaux*, en 1763 & 1764, comparées avec les constitutions des maladies qui ont régné dans chaque saison; par M. Pierre-Eloy DOAZAN.

Elles sont aussi dans le Dépôt de l'Académie de cette Ville.

141. Exposition de l'état des saisons & des maladies observées à *Boulogne-sur-mer*, pendant les années 1756, 1757 & 1758;

par M. DESMARS, Médecin de la même Ville. *Journal de Méd. tom. X. pag.* 71-82. = 361-370.

= Conſtitution épidémique obſervée, ſuivant les principes d'Hippocrate, à *Boulogne-ſur-mer*, en 1759; par M. DESMARS.

Elle ſe trouve à la ſuite de la ſeconde édition de ſon Mémoire ſur l'air, la terre, &c. ci-devant, N.° 24.

142. Obſervation ſur la maladie qui a régné à *Bourbon-Lancy*, & aux environs, depuis le commencement de Décembre 1754; par M. PINOT, Médecin du Roi en la Ville & Bailliage de Bourbon-Lancy. *Journal de Médecine, tom. III.* 1755, *pag.* 122-137.

143. Des maladies les plus communes, auxquelles ſont ſujets les habitans de l'Iſle de *Bourbon*; par M. COUZIER, ci-devant Conſeiller-Médecin du Roi à l'Iſle de Bourbon. *Journal de Médecine, tom. VII. pag.* 401-410.

144. Avis ſur la peſte reconnue en quelques endroits de la *Bourgogne*, avec choix des remèdes propres pour la préſervation & guériſon de cette maladie; par Vincent ROBIN : *Dijon*, Spirinx, 1628, *in*-8.

145. Joannis MORELLI de febre purpuratâ, epidemiâ, & peſtilenti in *Burgundiam*, & omnes fere Galliæ Provincias ab

aliquot annis miserè debacchante, Medica Dissertatio, &c. *Lugduni*, Huguetan, 1641, *in*-8. *Cabilloni*, Tan, 1654, *in*-8.

146. Joannis MARCHANTII de febre purpuratâ, anno 1666, per *Burgundiam* grassante, ejusque causâ proximâ & verâ curatione, Tractatus: *Divione*, Palliot, 1666, *in*-12.

Voyez sur cet Ouvrage, le *Journal des Sçavans*, 1666, *Juillet*, *pag.* 354.

147. Relation d'une maladie épidémique & contagieuse, qui a régné l'été & l'automne 1757, sur les animaux de différentes espèces, dans quelques Villes & plus de soixante Paroisses de la *Brie*; où l'on voit que cette maladie est relative à certaines épidémies qui arrivent aux hommes, &c. par M. H. AUDOIN DE CHAIGNEBRUN, Médecin: *Paris*, Prault, 1762, *in*-12.

C

== Observations de météorologie faites à *Cadillac*, ci-devant, N.° 29.

148. Détail des maladies épidémiques qui ont régné, en 1750 & 1751, à *Caillan* & aux environs; par M. DARLUC, Médecin à Caillan. *Journal de Médecine*, *tom. VII*, *pag.* 55-65.

149. Dissertation sur plusieurs maladies populaires qui ont régné depuis quelque tems à *Châlons-sur-Marne*, &c. par M. NAVIER: *Paris*, 1753, *in*-12.

150. Observations économiques & météorologiques faites à *Châlons-sur-Marne*, pendant les années 1757 & 1758, avec l'indication des maladies qui y ont régné; par M. l'Abbé SUICER, ancien Secrétaire perpétuel de la Société Littéraire de Châlons.

Elles sont dans les *Tablettes historiques* de cette Ville, qu'il a publiées pendant les années indiquées: *Châlons*, veuve Bouchart, *in*-12.

151. Abrégé historique sur le mal de gorge gangréneux & épidémique qui a régné à *Charon* (près la Rochelle) pendant l'été de 1762; par M. DUPUY DE LA PORCHERIE, Médecin de la Rochelle. *Journal de Médecine*, *tom. XVIII. pag.* 496-509.

152. Ms. Essai sur l'estimation des dégrés de chaleur & de froid qui doivent dominer sur l'horizon de *Clermont* (en Auvergne) aux quatre saisons de l'anneé.

Cet Essai se trouve dans les Registres de la Société Littéraire de Clermont-Ferrand.

D

153. Méthode générale pour traiter les maladies

dies qui règnent dans cette Province (le *Dauphiné*) sous le nom de rhume; par M. BEYLIÉ, Conseiller-Médecin ordinaire du Roi, Aggrégé & Professeur ordinaire de Médecine de Grenoble: *Grenoble*, veuve Giroud, 1743, *in*-8. 20 pages.

L'examen que l'Auteur a fait des alimens en usage dans le Pays, l'a convaincu que l'air seul étoit la cause première de cette épidémie. On trouve un extrait de son Ouvrage dans le *Journal des Sçavans : année* 1743, *pag*. 283-285.

154. Essai sur les maladies de *Dunkerque*; par M. TULLY: *Dunkerque*, de Boubers, 1760, *in*-12.

L'Auteur expose d'abord la situation de la Ville de Dunkerque & des environs, la nature de son air & de ses eaux, le tempérament, les mœurs & la manière de vivre de ses habitans; il examine ensuite comment les qualités de l'atmosphère influent sur la santé, après quoi il offre un détail succinct des maladies de cette Ville, selon l'ordre où elles se sont présentées depuis le premier Août 1754, jusqu'à la fin de Juillet 1758.

E

155. Lettre de M. MEYSEREY, Médecin ordinaire du Roi, au sujet des maladies qui ont régné à *Etampes*, pendant l'hyver de 1753, & au commencement du printems de 1754. *Journal de Médecine*, *tom. I.* 1754, *Octobre*, *pag*. 262-268.

F

156. Détail d'une maladie épidémique qui a régné dans une partie de la *Flandre* Françoise, & sur-tout à Séclin, en 1756 ; par MM. DE HENNE & DE CYSSAU, Médecins à Lille ; MARTIN & DUEZ, Médecins à Séclin. *Journal de Médecine, tom. VII. pag.* 207-221.

157. Essai sur les causes des maladies contagieuses, avec des Observations sur la peste qui ravage maintenant la *France* : *Londres*, 1721, *in*-8. (en Anglois).

158. Réflexions sur la cause de l'intempérie régnante sur le climat de la *France*, depuis le mois de Septembre 1756, jusqu'au 17 Juin 1757 ; par M. JUVET, Scrutateur des Vérités naturelles : *Paris*, Valleyre, 1757, *in*-12.

Voyez sur cet Ouvrage l'*Année Littéraire*, 1757, *tom. V. pag.* 165-169.

159. Observations sur les différentes espèces de fièvres qui ont régné en *Franche-Comté* : *Paris*, 1743, *in*-8.

G

160. Relation & Dissertations sur la peste

du *Gévaudan*; par M. GOIFFON: *Lyon*, 1722, *in*-8.

161. Mſ. Relation de ce qui s'eſt paſſé en *Gévaudan*, pendant la contagion, en 1721; par M. DE LADEVEZE, Colonel d'Infanterie, & Brigadier des Armées du Roi, Commandant en Vivarez.

Elle ſe trouve parmi les manuſcrits de M. le Marquis d'Aubais, en ſon Château, près Niſmes.

162. Mſ. Journal hiſtorique de la peſte (du *Gévaudan*) pendant les années 1720, 1721 & 1722; par M. GIBERTAIN, Chevalier de Saint-Louis.

Il eſt auſſi parmi les manuſcrits de M. le Marquis d'Aubais.

163. Deſcription d'une fièvre putride maligne, vulgairement nommée la Suette, qui a régné à *Guiſe* en Juin & Juillet 1759; par M. VANDERMONDE, Médecin à Guiſe. *Journal de Médecine, tom. XII. pag.* 354-369.

H

164. Deſcription d'une fièvre putride vermineuſe, épidémique, obſervée à *Ham* en Picardie, dans les mois de Juillet, Août & Septembre 1756; par M. DE BERGE, Docteur en Médecine, & Médecin de l'Hô-

pital de Ham. *Journal de Médecine, t. VII, pag.* 372-378.

L

165. Détail d'une maladie épidémique qui a régné à *Lambesc* & aux environs, au mois de Janvier & Février 1758; par M. ROUSTAN, Médecin à Lambesc en Provence. *Journal de Médecine, t. IX. p.* 269-275.

166. Mémoire sur les vents particuliers qui règnent dans le *Languedoc*, sur leurs directions, & sur les causes qui les produisent; par M. ASTRUC, de la Société Royale de Montpellier.

Ce Mémoire se trouve *pag.* 337 *& suiv.* de ses *Mémoires pour l'Histoire Naturelle du Languedoc*; ci-devant, N.° 47.

Les vents dont il est question, sont, 1.° le Cers, ou *Circius*, qui balaye la partie méridionale du Languedoc dans toute sa longueur, depuis Toulouse jusqu'à la mer Méditerranée; 2.° l'Autan, ainsi nommé, parcequ'il souffle de la mer *ab alto*; 3.° celui que Strabon appelle *Melamboreas*, ou le Boréas noir, & qui est connu aujourd'hui sous le nom de Bise; 4.° le Vent marin, qui s'étend du côté occidental du Rhône, dans le Diocèse d'Usèz, & principalement dans le Vivarais; 5.° enfin le Garbin, décrit par les anciens sous le nom de vents Etésiens, c'est-à-dire qui reviennent régulièrement tous les ans. M. Astruc, *pag.* 252 du même Ouvrage, donne l'histoire d'un Vent de passage, appellé pour cette raison le *Vent du Pas*, & qui sort du creux de la montagne de Blaud, dans le Diocèse de Mirepoix, auprès des Pyrénées.

167. Description abrégée du climat de la Ville de *Lille* en Flandre; par M. BOUCHER, Médecin à Lille. *Journal de Médecine, tom. VII. pag.* 234 : *Paris*, 1757, *in*-12.

168. Précis des Observations Météorologiques faites à *Lille*, depuis le mois de Juin 1757, jusqu'en 1765; par le même. *Journal de Médecine, tom. VII. & suiv.*

Les différentes parties de ce Précis sont vers la fin de chaque mois des années indiquées, & elles sont toujours suivies d'autres Observations sur les maladies qui ont régné dans la même Ville.

169. Observations sur une maladie épidémique qui a régné à *Linière-la-Doucelle*, au bas Maine, depuis Avril 1756, jusqu'en Septembre 1758; par M. KEUSE, Docteur en Médecine. *Journal de Médecine, tom. IX. pag.* 456-461.

170. Dissertation sur la maladie épidémique qui a régné à *Lodève*, & autres Villes du Royaume, en 1751; par M. Jean-Joseph CHASSANIS, Conseiller & Médecin du Roi, Docteur en l'Université de Médecine de Montpellier, & Médecin de l'Hôpital & de

la Miséricorde de la Ville de Lodève : *Avignon*, 1753, *in*-12. *pag.* 167.

M. Chassanis est mort depuis quelques années.

171. Serenissimo Principi à Lotharingiâ Thesis Medica, de temperatura diversorum *Lotharingiæ* tractuum, pro Doctoratu propugnanda à Joanne Francisco Pays, Nanceiano; præside (& auctore) Mauritio GRANDCLAS, Facultatis Medicæ Pontimussanæ Decano : *Nanceii*, Antoine, 1728, *in*-4. *p.* 23.

Cette Thèse est fort utile par les détails curieux où entre l'Auteur.

172. Discours sur la contagion de la peste, qui a été en la Ville de *Lyon* l'année 1577, contenant les causes d'icelle, l'ordre, moyen & police tenus pour en purger & nettoyer la Ville; par Claude DE RUBIS : *Lyon*, d'Ogerolles, 1577.

173. Joannis GRILLOTII Societatis Jesu, *Lugdunum* lue affectum & refectum; sive narratio rerum memoriâ dignarum Lugduni gestarum, ab Augusto mense 1628, ad Octobrem 1629 : *Lugduni*, 1629, *in*-8.

Lyon affligé de contagion, ou Narré de ce qui s'est passé de plus mémorable en cette Ville, depuis le mois d'Août de l'an 1628, jusqu'au mois d'Octobre 1629; par Jean GRILLOT : *Lyon*, de la Bottière, 1629, *in*-8.

174. Réflexions sur l'état présent des maladies qui règnent dans la Ville de *Lyon*, dans ce Royaume, & en diverses parties de l'Europe, depuis la fin de l'année 1693, jusqu'à présent (1695); par Jean PANTHOT: *Lyon*, Guerrier, 1695, *in*-12.

Une des causes de cette maladie, suivant M. Panthot, c'est le froid excessif qu'il avoit fait pendant l'hyver de 1693. On trouve un extrait de cet Ouvrage dans le *Journal des Sçavans*, 1695, *pag.* 101-104.

175. Observation de l'eau qui est tombée à *Lyon* pendant l'année 1708, communiquée à l'Académie des Sciences; par le P. FULCHIRON, Jésuite. *Mémoires de l'Académie des Sciences, année* 1709, *pag.* 8.

176. Mf. Observations Météorologiques faites à l'Observatoire de *Lyon* pendant l'année 1748; par le P. BERAUD, Jésuite.

Ces Observations sont dans le dépôt de la Société Royale, qui a été réunie à l'Académie des Sciences de la même Ville. On en trouve l'extrait dans le *Journal de Trévoux*, 1750, *Février*, *pag.* 472-475, 2 vol.

M

177. Mf. Mémoire sur les maladies les plus communes dans la Province de la *Marche*.

Il fait partie des Mémoires de MM. Jean & Pierre ROBERT, Lieutenans-Généraux en la Ville de Dorat: ci-devant, N.° 52.

178. Conftitution épidémique obfervée à *Marignane* (en Baffe-Provence) pendant les mois de Mars & d'Avril 1758; par M. SUMER, Docteur en Médecine. *Journal de Médecine, tom. IX. pag.* 155-179.

179. Avis de précaution contre la maladie contagieufe de *Marfeille*, qui contient une idée complette de la pefte & de fes accidens; par Jérôme-Jean PESTALOSSI : *Lyon*, 1721, *in*-12. 203 pages.

L'Auteur recommande principalement que dans l'application des différens remèdes, on ait égard au tems, à la faifon, & à la température du climat où règne la contagion. On trouve un extrait de fon Ouvrage dans le *Journal des Sçavans*, 1721, *pag.* 229-232.

180. Relation fuccinte touchant les accidens de la pefte de *Marfeille*, fon prognoftic, & fa curation; (par MM. CHICOYNEAU, VERNY & SOULLIER, Médecins de Montpellier) : *Paris*, Simon, 1720, *in*-8. 31 pages.

On en trouve un extrait dans le *Journal des Sçavans*, 1721, *pag.* 86.

181. Joannis-Jacobi SCHEUCHZERI Λοιμογραφια *Maffilienfis* : *Tiguri*, 1720, *in*-8.

182. Lettere fulla pefte di *Maffilia* : *Milano*, 1720, *in*-8.

183. Lettres de M. CHICOYNEAU, ſur ſon Ouvrage ſur la peſte de *Marſeille : Lyon*, 1721, *in*-12.

184. Obſervations & réflexions touchant la nature, les événemens, & le traitement de la peſte de *Marſeille*, pour confirmer ce qui eſt avancé dans la relation touchant les accidens de la peſte, ſon prognoſtic, & ſa curation, du 10 Décembre 1720; par MM. CHICOYNEAU, VERNY & SOULLIER, Députés de la Cour à Marſeille & à Aix; avec un Avertiſſement & une réponſe de M. GOIFON : *Lyon*, Bruyſſet, 1721, *in*-12. 338 pages.

Quoique les Auteurs prétendent dans cet Ouvrage qu'*il ne faille pas promener ſon imagination dans le vague des airs, ni monter, pour ainſi dire, au-deſſus des nues, pour découvrir la ſource de cette affreuſe mortalité, qui, en tems de peſte, déſole les Provinces*, ils n'excluent point cependant les influences des ſaiſons. Ils veulent ſeulement prouver qu'elles ne ſont pas l'unique cauſe d'un mal auſſi funeſte. On trouve un extrait de cet Ouvrage dans le *Journal des Sçavans*, 1721, *pag.* 417-423.

185. Conſidérations ſur la peſte de *Marſeille*; par Richard BRADLEY : *Londres*, 1721, *in*-8. (en Anglois).

L'Auteur prétend qu'elle doit ſon origine à une multitude de petits animaux que l'air avoit apportés de Tartarie.

186. Recueil des Obſervations qui ont été faites ſur la maladie de *Marſeille*, avec diverſes Lettres ſur la peſte ; miſes en ordre par Jean BOECLER, Médecin à Straſbourg : 1721, *in*-8.

187. Lettre de M. CHICOYNEAU, écrite à M. de la Monière, Doyen du Collége des Médecins de Lyon, pour prouver ce qu'il a avancé dans ſes Obſervations & Réflexions touchant la nature, les événemens & le traitement de la peſte de *Marſeille* & d'Aix, du 10 Décembre 1720 : *Lyon*, Bruyſſet, 1721, *in*-12. 32 pages.

Le deſſein de l'Auteur eſt de prouver, d'une manière plus étendue, que la peſte n'eſt point contagieuſe. On trouve un extrait de cette Lettre dans le *Journal des Sçavans*, 1722, *pag.* 49-55.

188. Relation hiſtorique de la peſte de *Marſeille* en 1720 : *Cologne*, 1721, *in*-12. 512 pages.

L'Auteur avertit, avec raiſon, dans ſa Préface, qu'il eſt peu verſé dans les matières de Médecine. Voyez le *Journal des Sçavans*, 1722, *pag.* 509-511.

189. Lettre aux Journaliſtes des Sçavans ſur cette Relation : *La Haye*, *in*-12. 30 pages.

On en trouve un extrait dans le *Journal des Sçavans*, 1722, *pag.* 673-679.

190. Lettre écrite à M. Calvet, Médecin du

Roi, avec des Observations sur la maladie pestilentielle de *Marseille;* par M. MAILHES, Conseiller-Médecin du Roi, & Professeur Royal en l'Université de Cahors : *Lyon*, Bruysset, 1721, *in*-12.

On en trouve un extrait dans le *Journal des Sçavans*, 1722, *pag.* 241-244.

191. Lettre de M. DEIDIER sur la peste de *Marseille* : 1721, *in*-12. 13 pages.

Cette Lettre, qui est fort courte, renferme dans sa briéveté bien des observations utiles. On en trouve un extrait dans le *Journal des Sçavans*, 1721, *pag.* 439-445.

192. Relation historique de tout ce qui s'est passé à *Marseille* pendant la dernière peste : *Lyon*, Duplain, *in*-12. 472 pages.

293. Journal abrégé de ce qui s'est passé en la Ville de *Marseille* pendant la dernière peste, tiré du Mémorial de la Chambre du Conseil de l'Hôtel-de-Ville ; tenu par le Sieur PICHATTY DE CROIS-SAINTE, Conseil & Orateur de la Communauté, & Procureur du Roi de la Police : *Rouen*, veuve Vaultier, 1721, *in*-4.

On en trouve un extrait dans le *Journal des Sçavans*, 1721, *pag.* 606-608.

194. Claudii Jos. NORMAND, Theses de pestis *Massiliensis* contagione & remediis : *Vesontione*, 1722, *in*-8.

195. Traité des cauſes, des accidens, & de la cure de la peſte, avec un Recueil d'Obſervations, & un détail circonſtancié des précautions qu'on a priſes pour ſubvenir aux beſoins des peuples affligés de cette maladie, ou pour la prévenir dans les lieux qui en ſont menacés : *Paris*, 1744, *in*-4.

Cet Ouvrage, qui a été fait par ordre du Roi, contient une partie des Pièces déja citées ſur la peſte de *Marſeille*.

On peut rapporter encore à la peſte de Marſeille les Pièces citées ci-après, ſur la maladie de Provence.

196. Diſſertation ſur l'air maritime ; (par M. BERTRAND, Médecin à Marſeille) : *Marſeille*, Boy, *in*-4. 20 pages.

Cette pièce, qui eſt proprement ſur l'air de Marſeille, quoique les expreſſions de l'Auteur ſemblent plus générales, a été faite pour raſſurer les habitans de cette Ville maritime, contre le préjugé où l'on eſt ordinairement, que les Pays ſitués ſur le bord de la Mer ſont mal ſains, parceque l'air y étant imprégné du ſel marin, altère les poumons, deſſéche le corps, ruine l'embonpoint. M. Bertrand eſpère que ſes raiſons pourront dans la ſuite faire rendre à Marſeille le crédit qu'elle avoit dans l'eſprit des anciens, & qu'on la regardera comme un aſyle sûr contre les maladies les plus déſeſpérées.

197. Réponſe à cette Diſſertation : *Marſeille*, Brébion, *in*-4. 17 pages.

L'Auteur dit qu'en liſant le ſyſtême de M. Bertrand, on croiroit être ſous un autre ciel, ſi une fatale expérience pouvoit nous faire douter de la vérité. Mais il ſemble, ajoute-t-il, qu'il n'y a que de la nouveauté dans ſes idées, rien à eſpérer pour l'Auteur, & tout à craindre pour les Phthiſiques.

198. Mſ. Mémoire ſur la maladie épidémique qui a régné aux *Martres-de-Verre* en 1762, & les cauſes de cette maladie déduites de la ſituation des lieux, & des vents qui ont dominé dans les ſaiſons précédentes; par M. DUVERNIN, Docteur en Médecine, & de la Société Littéraire de Clermont.

Ce Mémoire, lu à l'Aſſemblée publique de 1763, eſt conſervé dans les Regiſtres de cette Société.

199. Diſſertation ſur la maladie épidémique qui règne dans le Pays *Meſſin*; par C. G. PACQUOTTE : *Pont-à-Mouſſon, in*-8.

200. Obſervations ſur la maladie épidémique qui a régné à *Monceau*, Village ſitué à deux grandes lieues Eſt-Sud-Eſt de la Fère, dans le printems & au commencement de l'été de 1764; par M. RENARD, Docteur en Médecine. *Journal de Médecine, tom. XXII. pag.* 540-552.

== De aere *ſub-Monſpelienſi* : ci-devant, N.° 54.

201. Traité politique & médical de la peſte, avec l'Hiſtoire de la peſte de *Montpellier*, en 1629 & 1630; par François RANCHIN, Médecin, & le remède contre la peſte

du feu Curé de Colonge : *Liége*, 1721, *in*-12.

Cet Ouvrage a paru au sujet de la peste de Marseille de 1720.

N

202. Observations sur la guérison de quelques maladies, auxquelles on a joint l'Histoire de quelques maladies arrivées à *Nancy* & dans les environs, avec la méthode employée pour les guérir ; par M. F. N. MARQUET, Doyen des Médecins de Nancy : *Paris*, Briasson, 1750, *in*-12.

203. Mémoire sur les rhumes épidémiques qui ont régné à *Nismes* pendant l'été de 1762 ; par M. RAZOUX, Médecin de l'Hôtel-Dieu de Nismes. *Journal de Médecine*, *tom. XVIII. pag.* 112-126 & 215-224.

204. Observations Météorologiques faites à Nismes pendant dix années consécutives (depuis 1746, jusques & compris 1755 ; par M. BAUX le fils, Médecin à Nismes.)

M. Ménard a inséré ces Observations dans son *Histoire de Nismes*, *tom. VII. pag.* 525-594. Elles sont suivies d'autres Observations sur la hauteur du Baromètre dans cette même Ville, depuis 1752 jusques & compris 1755 (*pag.* 594-596) & de la comparaison du plus grand froid, du plus grand chaud, & de la quantité de pluie de Nismes & de Paris, depuis 1746-1755 (*pag.* 597-

600.) Ce Tableau de comparaison est cité comme un Mémoire du même M. Baux, envoyé à l'Académie des Sciences au mois de Janvier 1757.

205. Idée de la fièvre épidémique de *Nismes*, en 1666; par Pierre TONNI, *in*-12.

206. ✱ Relation particulière de *Nyhons*, dit le Ponthias en Dauphiné, appellé Mont-Ventoux.

Cette Relation se trouve dans le Volume 488 des *Manuscrits* de M. Dupuy, à la Bibliothèque du Roi.]

207. ✱ Histoire Naturelle ou Relation du vent particulier de la Ville de *Nyhons* en Dauphiné, dit le vent Saint-Césaré d'Arles, & le Ponthias; où sont insérées plusieurs remarques curieuses de Géographie & d'Histoire, notamment sur les vents Topiques; par Gabriel BOULE, Marseillois : *Orange*, Raban, 1647, *in*-8.]

Un Diaire des effets & propriétés de ce vent, que l'Auteur dit avoir tenu sur le lieu même durant toute une année, fait la base de cette Relation, où l'on desireroit trouver moins d'érudition & plus de critique. L'examen de ce que Gervais de Tillbury a écrit (*Otia Imperialia*, partie III.) sur les causes de ce Météore, dont l'origine est attribuée à un miracle de Saint Césaire, Evêque d'Arles, occupe un long Chapitre; & la haute naissance de cet Ecrivain paroît à Boule une raison suffisante pour regarder comme probable une partie de son récit fabuleux.

C'étoit le célèbre Fabri de Peiresc, Conseiller au

Parlement d'Aix, qui avoit engagé l'Auteur à rechercher l'origine de ce phénomène; & même ce qui en est dit par Gassendi, dans la Vie Latine de ce sçavant Magistrat, *pag.* 176, est tiré d'une autre Relation plus sommaire, & par conséquent préférable, que Boule lui avoit adressée avec une vue figurée du territoire de Nyhons.

P

208. Discours des maladies épidémiques ou contagieuses advenues à *Paris* ès années 1596 & 1597, & 1606, 1607 & 1619; utile & nécessaire au public pour s'en préserver; par Guillaume POTEL, Chirurgien: *Paris*, Callemont, 1623, *in*-8.

209. Guill. BALLONII, D. M. P. Epidemiorum & Ephemeridum Libri duo: *Parisiis*, Quesnel, 1640, *in*-4.

Ces deux Livres sont une suite d'Observations sur les maladies qui eurent le plus de cours à Paris, depuis 1570 jusqu'en 1579. Quoiqu'ils semblent ne présenter que le tableau des maladies accidentelles, on peut cependant les regarder comme un précis historique des différentes maladies qui arrivent ordinairement sous le climat de la Capitale. C'est à ce titre que M. Bouillet, Docteur en Médecine, & Secrétaire perpétuel de l'Académie de Béziers, les a fait réimprimer presque en entier dans ses *Elémens de Médecine pratique, III*e *partie, pag.* 83 *& suiv.*]

210. Le préservatif des fièvres malignes de ce tems; par RODOLPHE LE MAISTRE: *Paris*, l'Angelier, 1619, *in*-12.

211. Quæstio Medica, an aer *Parisinus* salubris? propugnata anno 1684, in Universitate Parisiensi; à Bertr. Sim. DIEUXIVOYE filio, Præside Bertr. Dieuxivoye : *Lutetiæ*, 1684, *in*-4.

L'Auteur, après quelques propositions générales sur la nécessité d'un air salutaire pour jouir d'une santé parfaite, prouve très-bien, par la situation & la disposition de la Ville de Paris, que l'air y est très-propre à procurer cet avantage aux habitans.

212. Discours physique sur les fiévres qui ont régné les années dernières; par Pierre HUNAULD : *Paris*, d'Houry, 1696, *in*-12.

213. Observations sur les maladies épidémiques qui ont régné à *Paris* depuis 1707 jusqu'en 1747 ; par un ancien Médecin de la Faculté de Paris (M. BERTRAND.) *Journal de Médecine, tom. XVIII. pag.* 73, 177, 359, 471, 551.=*Tom. XIX. p.* 76, 81, 178, 270, 366, 461, 555.=*Tom. XX. p.* 75, 176, 266, 364, 45[illegible], 555.=*Tom. XXI. p.* 68, 169, 265, 356, 433.=*Tom. XXII. pag.* 169, 264, 361.

Il seroit à souhaiter que l'on eût sur toutes les Provinces une suite complette d'Observations aussi-bien faites que celles de cet habile Médecin.

214. Dissertations sur les fiévres malignes de l'été & de l'automne, & particulièrement de celles de l'an 1710; par Pierre HUNAULD : *Angers*, Hubault, 1710, *in*-12.

215. Petit traité de la maladie épidémique de ce tems, vulgairement connue ſous les noms de fiévre maligne, ou pourprée, contenant la deſcription de cette maladie, la méthode générale de la traiter, & les moyens de la prévenir : *Paris*, d'Houry, 1710, *in*-12.

216. Mémoire ſur la cauſe générale du froid en hyver & de la chaleur en été, (relativement au climat de *Paris*); par M. DE MAIRAN, de l'Académie Royale des Sciences. *Mémoires de l'Académie Royale des Sciences*, 1719, *pag*. 104-135.

L'Auteur y concilie, avec ſa propre théorie, les Obſervations Météorologiques de M. AMONTONS, ſur le climat de la Capitale.

217. Obſervations du Baromètre, du Thermomètre, & de la quantité d'eau de pluie, & de neige fondue, qui eſt tombée à *Paris*, dans l'Obſervatoire Royal depuis l'année 1699, juſqu'en 1718; par M. Philippe DE LA HIRE. *Mém. de l'Académie des Sciences*, 1700-1719.

218. Obſervations Météorologiques faites à *Paris* depuis l'année 1720, juſqu'en 1743; par MM. MARALDI & CASSINI, *Mém. de l'Académie des Sciences*, 1721, 1724-1743.

M. Caſſini a fait les Obſervations pour l'année 1738.

219. Observations Météorologiques faites à l'Observatoire Royal (de *Paris*) ; par M. GRAND-JEAN DE FOUCHY, depuis 1744, jusqu'en 1754. *Mém. de l'Académie des Sciences*, 1744-1754.

220. Quæstio Medica an sit urbis & agri *Parisiensis* aer saluberrimus ? propugnata anno 1718, in Universitate Parisiensi à Ludovico Claudio BOURDELIN, Præside Joanne Peschard : *Parisiis*, Quillau, 1718, *in*-4.

221. Observations du Thermomètre faites à *Paris*, & comparées avee d'autres de différens Pays, depuis l'année 1732, jusqu'à l'année 1739 ; par M. DE REAUMUR. *Mém. de l'Académie des Sciences*, 1733-1740.

Les Observations de l'année suivante, par M. de Reaumur, ont été mêlées avec celles de M. MARALDI, de la même année.

222. Observations du Thermomètre, Baromètre, &c. faites à *Paris* depuis l'année 1753, jusqu'en 1765 ; (par M. LE CAMUS, Docteur en Médecine de la Faculté de Paris). *Journal Econom.* 1753-1764.

Ces Observations se trouvent dans chaque mois, depuis l'année 1753 jusqu'à présent. Elles sont suivies des maladies qui ont régné dans le mois où les Observations ont été faites.

223. Histoire des maladies épidémiques observées à *Paris* en même-tems que les différentes températures de l'air, depuis 1746, jusqu'en 1754; par M. MALOUIN. *Mem. de l'Acad. des Sciences*, 1746-1754.

224. Observations Météorologiques faites à *Paris* depuis l'année 1756, jusqu'en 1766; par MM. (ADANSON & ARCET). *Journal de Médecine, tom. VI. & suiv.*

On lit ces Observations vers la fin de chaque Journal. Les Auteurs y ont joint un état des maladies qui ont été les plus communes dans les années indiquées.

225. Constitution de l'air de *Paris. Journal Economique*, 1753, *Février*, *p.* 132-149.

L'Auteur se propose d'examiner dans ce Mémoire d'où vient la salubrité de l'air que l'on respire dans cette Capitale. Après avoir prouvé, par sa situation, que l'air en général est sain dans tous ses quartiers, & qu'il ne doit y régner presque jamais des maladies contagieuses au premier degré, il cherche pourquoi ce même air n'est pas partout de la même salubrité. Cet effet, selon lui, ne dépend pas de sa constitution générale dans un tel climat, mais de certaines circonstances particulières qui, comme causes secondes, le modifient différemment. Il explique ensuite, par des raisons physiques, pourquoi les pluies sont plus fréquentes à Paris que dans beaucoup d'autres endroits de la France.

226. Quæstio Medica, an Diæta omnibus necessaria, magis tamen *Lutetiæ Parisiorum* incolis? propugnata, an. 1755, in Universitate Parisiensi; à P. Josepho MORIZOT.

DESLANDES, præside J. Alberto Hazon, D. M. *Parisiis*, Quillau, 1755, *in*-4.

La même traduite en François; par M. VANDERMONDE, avec le texte Latin. *Journal de Médecine*, *tom. III. pag.* 165 & 243.

227. Quæstio Medica, an *Parisinis* Variolarum inoculatio? propugnata, ann. 1755, in Universitate Parisiensi; à Petro Josepho MORIZOT DESLANDES, præside Joanne Nicolao Millin de la Courvault: *Parisiis*, Quillau, 1755, *in*-4.

On trouve un extrait de cette Thèse dans le *Journal de Médecine*, par M. Vandermonde, *tom. IV. pag.* 153, *année* 1756, *in*-12.

228. Quæstio Medica, an *Parisinis* præsertim, interdùm rusticari? propugnata ann. 1763, in Universitate Parisiensi, à Carolo Ludovico ANDRY, præside Henrico Michaele Missa: *Parisiis*, 1763, *in*-4.

229. Fr. LA MURE, Quæstio Medica, an Vulnera Capitis sint periculosiora Parisiis quàm Monspelii; Vulnera verò Tibiarum sint periculosiora Monspelii quàm Parisiis?

C'est la quatrième question des Triduanes que ce Médecin fit imprimer à Montpellier en 1749, *in*-4. pour disputer une Chaire vacante dans l'Université de cette Ville.

230. Joan. Bapt. Alexandri MAIGRET, Quæstio Medica, an consueta *Parisinis*, ca-

pitis & pectoris perpetua fere Nudatio, sit noxia? propugnata anno 1763, in Universitate Parisiensi : *Parisiis*, 1763, *in*-4.

231. Fr. THIERRY DE BUSSY, Quæstio Medica, an Siccitas aeris *Parisini* salubris, si diuturnior, insalubris? propugnata anno 1763, in Universitate Parisiensi : *Parisiis*, 1763, *in*-4.

232. Méthode à suivre dans le traitement des différentes maladies épidémiques qui règnent le plus ordinairement dans la Généralité de *Paris* ; par M. BOYER, Chevalier de l'ordre du Roi, l'un de ses Médecins ordinaires, Inspecteur des Hôpitaux Militaires du Royaume, &c. *Paris*, Imprimerie Royale, 1761, *in*-12.

233. Dissertations sur les fiévres malignes & épidémiques qui règnent tous les ans dans plusieurs Villages aux environs de *Paris* ; par M. DONNET, Docteur en Médecine.

Cette Dissertation est imprimée à la suite du Traité des Eaux de Forges du même Auteur : *Paris*, 1751, *in*-12.

234. Dangers de l'air des grandes Villes : *Paris* pris pour exemple ; par M. LE BEGUE DE PRESLE, Docteur en Médecine.

Ces remarques se trouvent aux pages 24-40, du *Conservateur de la santé*; par le même : *Paris*, Didot, 1763, *in*-12. Après avoir rapporté les causes qui rendent l'air de Paris mal sain, & après être entré dans quelque détail sur ses funestes effets, l'Auteur donne les moyens d'empêcher & de corriger la corruption, & de se garantir des maux qui en sont la suite.

235. Histoire d'une dyssenterie épidémique qui a régné en 1750 en quelques endroits de *Picardie*, & à *Aumale*; par M. MARTEAU. *Journal de Médecine*, *tom. XVIII. pag.* 42-59.

236. Mémoire sur la Maladie contagieuse qui a régné en 1757 à *Plenée-Jugon* (en Bretagne) & dans les Paroisses circonvoisines; par M. MOUSSET, Médecin. *Journal de Médecine*, *tom. II. pag.* 57-73.

237. Observations Botanico-Météorologiques faites aux environs de *Pluviers*, en Gâtinois, depuis 1740 jusqu'en 1757; par M. DUHAMEL, de l'Académie des Sciences. *Mém. de l'Académie des Sciences*, 1741-1758.

238. Dissertation sur la peste de *Provence*; (par M. ASTRUC): 1720, *in*-8.

La même : *Montpellier*, Pech, 1722, *in*-8.

La même traduite en Latin; par Jean-Jacques SCHEUCHZER, Docteur en Médecine : *Zurich*, 1721, *in*-4. 62 *pag.*

On trouve un extrait de l'Ouvrage & de la Traduction, dans le *Journal des Sçavans*, 1722, *pag.* 136-143.

239. Lettre de M. B** (BAUX) Médecin de Nismes, au sujet de la maladie de *Provence : Nismes*, 1721, *in*-4.

240. Consultation sur la maladie de *Provence ;* par C. V. (VALLANT) : *Lyon*, 1721, *in*-8.

Il s'agit dans cet Ouvrage de la peste de Marseille.

241. Observations sur quelques maladies épidémiques qui ont régné dans la *Provence* depuis 1748, & en 1755 & 1761 ; par M. DARLUC, Docteur en Médecine à Caillan. *Journal de Médecine*, *tom. VI.* 1757, *Janvier*, *pag.* 64-75.=*Tom. VIII. pag.* 357-373.=*Tom. XVI. pag.* 347-372.

Les détails où entre l'Auteur sont intéressans & écrits avec élégance.

Q

242. Observations Botanico-Météorologiques faites à *Québec* (en Canada) pendant les mois d'Octobre, Novembre & Décembre, 1744, & les mois de Janvier, Février, Mars, Avril & Mai, 1745 ; communiquées à l'Académie des Sciences par M. DUHAMEL. *Mémoires de l'Académie des Sciences*, 1746, *pag.* 88.=1747, *pag.* 466.=1750, *pag.* 309.

R

243. P. JOSNET, Quæſtio Medica, an *Remenſis* Aer ſalubris ? in Univerſitate Remenſi habita : *Remis*, 1756, *in*-4.

244. Conſeil divin touchant la maladie divine & peſte en la Ville de la *Rochelle ;* par Olivier POUPARD : *La Rochelle*, 1583, *in*-12.

245. Mſ. Obſervations Météorologiques & Noſologiques faites à *Rouen ;* par M. LE CAT, depuis l'année 1747 juſqu'en 1758.

Ces Obſervations ſont conſervées dans les *Regiſtres de l'Académie de Rouen.*

246. Mſ. Mémoire ſur la ſituation & le climat de *Rouen ;* par M. BOISDUVAL, de l'Académie des Sciences de Rouen.

Il eſt dans les Regiſtres de cette Académie.

S

247. Traité des fiévres de l'Iſle de *Saint-Domingue ;* (par M. POISSONIER DESPERRIERES) : *Paris*, Cavelier, 1763, *in*-12.

Cet Ouvrage embraſſe trois objets ; 1.° la maniére dont doivent ſe conduire les Européens, & particuliérement les François, dans leur traverſée à l'Iſle de Saint-Domingue ; 2.° le régime auquel ils doivent s'aſtreindre à leur arrivée ; 3.° la façon dont on doit traiter les fiévres que la plupart essuyent dès le commencement de leur séjour. Ce dernier objet est terminé par l'Histoire de plusieurs maladies, dont la guérison prouve la bonté de la méthode proposée par M. Poissonier.

248. Observations de la quantité d'eau de pluie & la qualité des vents, par M. le Comte de Pont-Briand, dans son Château à deux lieues à l'Ouest de *Saint-Malo*, communiquées à l'Académie des Sciences, par M. du Torar, & comparées avec celles qui ont été faites à Paris à l'Observatoire Royal pendant les années 1707, 1708, 1709 ; par M. DE LA HIRE. *Mém. de l'Académie des Sciences*, 1709, *pag.* 5. = 1710, *pag.* 143.

= De Aere Argentinæ : (*Strasbourg*) ci-devant, N.° 67.

T

249. Petites véroles confluentes, anomales & épidémiques, observées à *Tarascon* ; par M. MOUBLET. *Journal de Médecine*, *tom.* *XIII.* *pag.* 441-469, & 549-561.

250. Constitution épidémique qui a régné à *Tarascon* en Provence, pendant le printems de 1758 ; par M. MOUBLET, Docteur en Médecine de la Faculté de Mont-

pellier. *Journal de Médecine*, *tom. IX. pag.* 537-560.

251. Mſ. Hiſtoire d'une maladie épidémique qui a régné à *Tonneins* ſur la Garonne, & dans les environs, pendant l'été & l'automne de 1746; par M. IMBERT, Médecin à Tonneins, & Correſpondant de l'Académie de Bordeaux : *in-fol.*

Cette Hiſtoire eſt au dépôt de cette Académie.

252. Mſ. Hiſtoire des maladies épidémiques qui ont régné à *Tonneins* en 1747, par M. IMBERT : *in-fol.*

Cette Hiſtoire eſt dans le dépôt de l'Académie de Bordeaux.

253. Relation de la peſte dont la Ville de *Toulon* fut affligée en 1721, avec des Obſervations inſtructives pour la poſtérité; par M. d'ANTRECHAUS, premier Conſul de Toulon pendant ladite année : *Paris*, Eſtienne, 1756, *in*-12.

Voyez ſur cet Ouvrage l'*Année Littéraire*, *année* 1756, *tom. V. pag.* 217-243.

254. Obſervations ſur une maladie épidémique qui a régné en 1757 & 1761 à *Toulon*; par M. LA BERTHONIE, Médecin de l'Hôpital général & militaire de cette Ville. *Journal de Médecine*, *tom. VII. pag.* 295-307. = *Tom. XVI. pag.* 251-277.

255. Relation d'une épidémie qui a régné à *Toulon* en 1761; par M. JOYEUSE, Médecin de la Marine. *Journal de Médecine, tom. XVI. pag.* 175-182.

256. Obſervations Météorologiques faites à *Toulouſe*, pendant l'année 1750; par M. MARCORELLE, Correſpondant de l'Académie. *Mémoires préſentés à l'Acad. Royale des Sciences, tom. XI. pag.* 609-624.

257. Obſervations Météorologiques faites à *Toulouſe* pendant dix années, depuis & compris l'année 1747, juſques & compris l'année 1756. *Mémoires préſentés à l'Académie des Sciences, tom. IV. pag.* 109-122.

258. Mſ. Obſervations faites à *Tours* ſur les degrés de froid & de chaud à l'air extérieur & dans la terre, & ſur les grandes hauteurs & abbaiſſemens du Baromètre pendant l'année 1748; par M. BURDIN.

Ces Obſervations ſont conſervées au dépôt de la Société Royale de Lyon, qui a été réunie à l'Académie de la même Ville. On en trouve un extrait dans le *Journal de Trévoux*, 1750, *Février*, *pag.* 461-463, 2 vol.

259. Obſervations Noſo-Météorologiques faites à *Troyes*, depuis le mois d'Octobre 1753, juſqu'au mois de Mai 1754; par M. THIESSET, Médecin de Montpellier. *Journ. de Verdun, tom. LXV. année* 1754, *p.* 300.

394, 453. = *Tom. LXVI. ibid. pag.* 55, 138, 208, 290, 457.

Les mêmes, depuis 1757. *Journal de Médecine, tom. VIII. pag.* 93.

V

260. Détail des maladies épidémiques qui ont régné à *Valence* en Agénois, & aux environs, pendant l'année 1758; par M. GIGNOUX, Docteur en Médecine à Valence. *Journal de Médecine, tom. XII. pag.* 62-86.

261. Antonii VARIN, Quæstio Medica, an Urbs regia *Versaliarum* salubris? propugnata, ann. 1685, in Universitate Parisiensi: *Parisiis*, 1685, *in*-4.

262. Fr. Sal. Dan. POULLIN, Quæstio Medica, an *Versaliarum* salutaris Aër? propugnata, ann. 1743, in Universitate Parisiensi: *Parisiis*, 1743, *in*-4.

Cette Thèse se retrouve dans le second Recueil que Sigwart a fait imprimer sous ce titre, *Quæstiones Medicæ Parisinæ ex Bibliothecâ G. Frid. Sigwart, Phil. Med. & Chirurg. Doct. &c.* (Fascicul. 2.) *Tubingæ*, 1760, *in*-4.

263. Manifeste de ce qui s'est passé en la peste de *Villefranche*, en Rouergue, avec quelques questions curieuses sur cette mala-

die; par DURAND DE MONLAUSEUR: *Tolose*, Colomiez, 1629, *in*-12.

SECTION II.

Histoire Naturelle des Montagnes de la France.

Quoique les montagnes offrent aux Naturalistes des objets dignes d'observation, il semble cependant qu'ils aient négligé de les décrire dans des traités particuliers. Le peu qu'ils en ont dit dans des Mémoires généraux, fait desirer qu'une main habile rassemble en un même corps les singularités physiques que l'on trouve sur les Pyrénées, sur les Alpes, sur les Vosges, sur les Cévennes, &c. M. Elie BERTRAND, dans son *Essai sur les usages des Montagnes, &c. Zurich*, 1754, *in*-8. vient de donner une Description des Montagnes de sa Patrie. Son exemple mériteroit d'être suivi.

264. Observations physiques sur une grande chaîne de montagnes qui traverse la France, & y jette diverses branches, lesquelles forment les Bassins terrestres des fleuves; avec une Description du fond de la Mer dans la Manche, & de ses montagnes marines; par M. (Philippe) BUACHE, premier Géographe du Roi, de l'Académie Royale des Sciences. ✦

Ces Observations occupent la dernière partie de l'*Essai sur la Géographie Physique*, qu'il lut à l'Assemblée publique de l'Académie des Sciences, au mois de Novembre 1752, & qui se trouve dans les *Mémoires* de cette même année. On y voit une Carte du Bassin terrestre de la Seine, avec les Montagnes & hauteurs qui l'environnent, & la représentation du fond de la Mer dans la Manche. M. Buache avoit encore exposé, lors de la lecture, une figure en relief de cette partie de la Mer, & de son fond, où est la Montagne Marine qui est au Pas de Calais. On peut aussi consulter sur le même sujet la *Dissertation* de M. Desmarets, *sur l'ancienne jonction de l'Angleterre avec la France.*

== Joannis SCHEUCHZERI, Itinera Alpina: ci-devant, N.° 78.

Cet Ouvrage est une Histoire Naturelle très-intéressante, & de la partie des Alpes qui forment la Suisse, & de celle qui tient à la France.

== Essai d'Antoine FROMENT, Avocat au Parlement de Dauphiné, sur les singularités des Alpes: ci-devant, N.° 79.

Description des montagnes entre l'Alsace, la Suisse, la Franche-Comté & la Lorraine.

On y trouve des remarques physiques sur les pentes de Montagnes dont les eaux se rendent en différentes Mers, sur la cause du débordement de la Rivière de la Halle, sur le trou du Creusenot, le Saut du Doux, &c.

265. Observations sur les différentes couches de la montagne de Laon, ou sur son intérieur; par où l'on prouve quelle est l'origine des fontaines.

Ces Observations sont dans l'Entretien V. du tom. III. du *Spectacle de la Nature*, par M. l'Abbé (Antoine) PLUCHE, qui y fait voir que les eaux des fontaines ne viennent pas de la mer, en filtrant les terres, mais des vapeurs déposées dans les montagnes. On lit dans les trois premiers tomes de cet Ouvrage, plusieurs traits épars sur l'Histoire Naturelle de la France, que l'Auteur donne comme des exemples particuliers de ses Observations générales.

266. ✱ Pilati montis in Gallia Descriptio ; auctore Joanne DU CHOUL : *Tiguri*, Gesner, 1555, *in*-4.

Eadem, *Lugduni*, Rovillius, 1555, *in*-8.

Cette Description est imprimée à la suite de l'Ouvrage du même Auteur, intitulé, *De variâ Quercûs historia.*]

Le Mont Pilate dont il s'agit ici, est situé entre Lyon & Vienne, à deux grandes lieues de cette dernière Ville. Selon le Lièvre, dans ses *Antiquités de Vienne, chap. IV. pag.* 42, il y a sur cette Montagne un Marais appellé le *Puits de Pilate*, lequel ayant été exilé (dit-on) à Vienne, par l'Empereur Caligula, s'y étrangla, & son corps fut jetté dans le Rhône par le peuple. On ajoute que la Ville ayant été depuis affligée de tremblemens de terre, & de plusieurs autres maux, S. Mamert, XVIIe Evêque de Vienne, sous l'Empire d'Arcadius & d'Honorius, eut révélation que ces maux ne cesseroient que lorsque le corps de Pilate seroit retiré du Rhône : ce qui ayant été fait, on le porta sur la Montagne dans le Marais, qui depuis ce tems a retenu le nom de Pilate, ainsi que la Montagne sur laquelle il est situé.

267. Mémoire sur la montagne de Pila ; par M. ALLEON DULAC, Avocat au Parlement & aux Cours de Lyon.

Il fait partie de ses *Mémoires pour servir à l'Histoire Naturelle du Lyonnois* ; ci-devant, N.° 51.

La

La Montagne de Pila, qui est la même que celle de Pilate, est une des plus célèbres parmi les Montagnes intérieures de la France, & forme une chaîne de six lieues d'étendue. Il n'est question dans ce Mémoire que de sa partie Septentrionale que l'Auteur a visitée. Il rapporte seulement ce qui y croît de moins commun, & finit par l'Histoire Naturelle des Sapins.

268. Particularités physiques sur les Monts Pyrénées.

On les trouve exposées, à l'occasion des Mines, dans le Mémoire de M. Hautin de Villars, & dans les Ouvrages de Malus : ci-après, N.os 286, 314 & 315, ainsi que dans les Pièces sur les Eaux de Baréges, de Bagnières, de Cauterez, &c. qui sont indiquées dans la suite. Il y a aussi des remarques intéressantes sur l'Histoire Naturelle des Pyrénées, dans l'*Histoire des Basques;* par M. le Chevalier de Béla, qui pourra paroître en 1767, *in*-4. 3. vol.

269. Situation des Vosges, les denrées que l'on y trouve, les minéraux, les eaux minérales; mais particulièrement la source de celle de Niderbronn; par Elie ROESELIN : *Strasbourg*, 1595, *in*-8. 235 pages (en Allemand).

C'est un Traité physique & historique de la partie des Vosges, située entre le Village de Niderbronn en Alsace, & la Ville de Bitsch en Lorraine. Il est très-foible, & de peu d'érudition; l'Auteur a voulu principalement instruire ceux qui se servoient des Eaux Minérales de Niderbronn.

270. Dionysii SALVAGNII BOESSII (Sal-

vaing de Boissieu) de Monte inaccesso carmen.

C'est la quatrième des Merveilles du Dauphiné, décrites par ce Poëte élégant, dont l'Ouvrage est indiqué dans la dernière section.

271. Mémoire sur quelques montagnes de la France, qui ont été des Volcans; par M. GUETTARD. *Mém. de l'Acad. des Sciences*, 1752, *Hist. pag.* 27 *& suiv.*

Les Montagnes dont il s'agit dans ce Mémoire sont celles de Volvic, du Puy de Dôme & du Mont-d'or, toutes en Auvergne. La nature des pierres dont ces Montagnes sont composées, les pierres ponces, les laves dont elles sont couvertes, les bouches qui vomissoient le feu, & qui subsistent encore, prouvent incontestablement que ces Montagnes sont des volcans éteints. Cette vérité que l'Auteur a démontrée le premier, sembla un paradoxe dans le pays même, lorsqu'elle y fut annoncée.

272. Ms. Le Puy de Dôme (près Clermont en Auvergne) reconnu pour l'ancien foyer d'un Volcan; par M. GARMAGE, de la Société Littéraire de Clermont.

Cette Dissertation est dans les Regîstres de cette Société.

273. Conjectures sur la formation de Montmartre, & de la Butte de Chaumont près Paris. *Mercure*, 1732, *Novembre*, *pag.* 2330-2339.

L'Auteur a raison de nommer ses recherches des conjectures. Il croit que ces monticules ont été élevées par quelque feu souterrain, ou par quelques Volcans. Un grand nombre de pierres & d'ossemens brûlés, & le nom même de Chaumont, semblent, selon lui, indiquer dans ce lieu un ancien incendie. Mais cette étymologie est tirée de trop loin. On disoit & on écrivoit jadis Chaux-mont, ce qui semble indiquer une montagne où l'on calcinoit; & il n'y a pas bien longtems qu'on sçait quelle différence il y a entre la chaux & le plâtre.

274. Observations sur le Volcan de l'Isle de Bourbon; par M. D'HEGUERTY, ancien Président du Conseil Supérieur, & Commandant pour le Roi dans l'Isle de Bourbon. *Mém. de la Société de Nancy, tom. III. pag.* 218-235.

SECTION III.

Minéralogie de la France.

§. I. *Traités généraux.*

275. ✻ Ordonnances sur le fait des Mines en France: *Lyon*, 1575, *in*-8.]

276. ✻ Edits & Ordonnances sur le fait des Mines & Minières de France: *Paris*, 1619, *in*-8.]

277. ✻ Edits & Ordonnances sur le fait des Mines & Minières de France, depuis Char-

les VI. jusqu'à Louis XIII. *Paris*, 1631, *in*-8.]

278. Recueil d'Edits, Arrêts & Ordonnances, concernant les Mines & Minières de France: *Paris*, Prault, 1765, *in*-12. 388 pages.

279. ✱ Discours admirables de la nature des eaux & fontaines, tant naturelles qu'artificielles, des métaux, des sels & salines, des pierres, des terres, du feu, & des émaux, avec un traité de la Marne, &c. Le tout dressé par Dialogues; par Bernard PALISSY, d'Agen, Inventeur des rustiques Figulines, ou Poteries du Roi & de la Reine sa mère: *Paris*, le Jeune, 1580, *in*-8.]

280. ✱ Le moyen de devenir riche, & la manière par laquelle tous les hommes de France pourront apprendre à multiplier leurs Trésors & possessions, avec plusieurs secrets des choses naturelles; par le même: *Paris*, Fouet, 1636, *in*-8.]

Ces Ouvrages sont de ceux auxquels on est obligé d'avoir recours pour trouver le germe des travaux qu'on peut suivre sur la minéralogie, particulièrement sur celle de la France. Palissy avoit une Collection d'Histoire Naturelle dont il faisoit une démonstration raisonnée. On voit dans un de ses discours les noms de ceux qui assistoient à ses leçons. On le rabaisse trop en n'en parlant ordinairement que comme d'un Potier. Le titre qu'il prend d'Inventeur des rustiques Figulines annonce que s'il tenoit à l'état de Potier, c'étoit en quelque sorte comme les Fayanciers, & qu'il se distinguoit des Potiers ordinaires, soit par la nouvelle matière qu'il mettoit en œuvre, soit par l'élégance de ses desseins & de ses formes.

281. Discours politiques & économiques; par Charles de LAMBERVILLE: *Paris*, 1626, *in*-12.

On y trouve des Observations sur la Minéralogie du Royaume.

282. * Véritable déclaration faite au Roi & à Nosseigneurs de son Conseil, des riches & inestimables trésors nouvellement découverts dans le Royaume de France; présentée à Sa Majesté par L. B. D. B. S. [La Baronne de Beausoleil]: 1632, *in*-8.

Elle commence ainsi: » Plusieurs voyant au frontispice de ce Discours le nom de ma qualité, me jugeront en même-tems plutôt capable de l'économie d'une maison, & des délicatesses accoutumées au Sexe, que capable de faire percer & creuser des montagnes, &c. »]

Ce Livre est le détail des opérations du Baron de Beausoleil. Le Cardinal de Richelieu l'avoit chargé de faire une recherche générale des mines dans toute la France, mais il fut obligé dans la suite de le faire arrêter. L'Ouvrage de la Baronne de Beausoleil est regardé par M. Hellot comme un état très-suspect des mines qu'elle prétendoit avoir été découvertes par son mari.

283. * La Restitution de Pluton [dédiée] à Monseigneur l'Eminentissime Cardinal Duc

de Richelieu; Œuvre auquel il eſt amplement traité des Mines & Minières de France, cachées & détenues juſqu'à préſent au ventre de la terre, par le moyen deſquelles les Finances de Sa Majeſté ſeront beaucoup plus grandes que celles de tous les Princes Chrétiens, & ſes Sujets les plus heureux de tous les peuples : *Paris*, du Meſnil, 1640, *in*-8.]

Cet Ouvrage & le précédent ſont réimprimés dans la *Métallurgie*, traduite ſur l'Eſpagnol d'Alphonſe Barba : *Paris*, 1751, *tom. II. pag.* 39-56.

284. * Les Mines Gallicanes, ou Tréſor du Royaume de France; par Iſaac LOPPIN, Secrétaire de la Chambre du Roi : *Paris*, 1638, *in*-4. 24 pages.

Je ne rapporte ce Livre [diſoit le P. le Long] que ſur ſon titre, ne l'ayant point vu; il peut traiter des matières de finance.]

L'Auteur n'a point eu en vue de faire un Ouvrage d'Hiſtoire Naturelle : ſon but a ſeulement été, comme il le dit dans le titre, de montrer » les droits du Roi, » & les moyens juſtes & légitimes par leſquels ſans foule » ni oppreſſion d'aucun de ſes ſujets, mais bien à leur » très-grand profit & ſoulagement, Sa Majeſté peut » avoir & perpétuellement poſſéder les richeſſes, &c. « C'eſt un projet aſſez ſemblable à celui qui a paru en 1764 ſous le nom de *Richeſſes de l'Etat*.

285. * Œuvres de Céſar d'ARCONS, ſur la

jonction des Mers & les Mines métalliques de la France.

Elles sont dans son Livre, *Du flux & du reflux de la Mer : Bordeaux* (*Paris*) Coffin, 1667, *in*-4.]

Le même extrait se trouve dans la *Métallurgie*, traduite sur l'Espagnol d'Alphonse Barba : *Paris*, 1751, *tom. II. pag.* 267.

286. Mémoire concernant les Mines de France, avec un Tarif qui démontre les opérations qu'il faudroit faire pour tirer de ces Mines l'or & l'argent qu'en tiroient les Romains, lorsqu'ils étoient maîtres des Gaules; par M. HAUTIN DE VILLARS : 1728.

Ce Mémoire est réimprimé avec un Traité de l'*Art Métallique*, *extrait des Œuvres* D'ALPHONSE BARBA : *Paris*, Saugrain, 1730, *in*-12. M. de Villars parle principalement des mines des Pyrénées; il en joint aussi quelques-unes qu'il dit avoir découvertes dans le Limosin & en Normandie.

287. Etat des Mines du Royaume distribué par Provinces; par M. HELLOT, de l'Académie des Sciences & de la Société Royale de Londres.

Cet Etat, dont on trouve un extrait dans l'*Encyclopédie*, (*tom. I. pag.* 637 *& suiv.*) mais seulement pour les mines d'argent, est à la tête du Traité de la Fonte des mines, des fonderies, &c. traduit de l'Allemand de Christ. SCHLUTTER : *Paris*, J. Th. Hérissant, 1750, *in*-4. 2 vol. fig. M. Hellot est mort à Paris vers le milieu de Février 1766.

288. Mémoire sur les avantages que l'on peut retirer pour les Ponts & Chaussées d'une Carte Minéralogique de la France; par M. GUETTARD, Docteur de la Faculté de Médecine de Paris, de l'Académie Royale des Sciences, &c. *Journal Economique*, 1752, *Juin, pag.* 113 *& suiv.*

Les Sieurs MONDHARD & DENIS ont donné une Carte de la France Minéralogique, dressée en grande partie d'après les principes & la Méthode de M. Guettard. C'est la Ve de la *seconde division de la Géographie détaillée dans tous ses points.*

289. Discours où l'on prouve, par divers exemples, combien il seroit utile d'exploiter les Mines du Royaume; lu à la Séance publique de l'Académie Royale des Sciences, le 5 Mai 1756; par M. HELLOT, Membre de cette Académie. *Mémoires de l'Académie des Sciences*, 1756, *pag.* 134.

Voyez le *Journal Economique*, 1757, *Janvier*, *pag.* 58.

290. Dissertation sur les métaux dont la France est remplie: *in*-4. 31 pages (sans nom d'Auteur, ni indication d'année, &c.)

291. Enumerationis Fossilium quæ in omnibus Galliæ Provinciis reperiuntur tentamina; auctore A. J. DEZALLIER D'ARGENVILLE, è Regiis Scientiarum Societatibus

bus Londinensi & Montepessulana : *Parisiis*, Debure, 1751, *in*-12. 130 pages.

Voyez l'extrait au *Journal de Verdun*, 1751, *Novembre*, *pag.* 343-345.

292. Catalogue des Fossiles de toutes les Provinces de France; par le même, à la suite de son Oryctologie : *Paris*, Debure, 1755, *in*-4.

Ce Catalogue est une traduction de l'Ouvrage Latin indiqué dans le N.° précédent. L'Edition Françoise est néanmoins plus complette, corrigée en beaucoup d'endroits, & augmentée de nouvelles recherches communiquées à l'Auteur par des Physiciens de plusieurs Provinces.

293. Projet pour connoître sans dépense, dans l'espace d'un mois, toutes les productions fossiles de la France; par M. DALLET l'aîné. *Mercure*, 1760, *pag.* 136, & *Mélanges d'Histoire Naturelle*; par M. Dulac, *tom. III. pag.* 110-118.

Addition à ce projet. *Mercure*, 1760, *Juillet*, *pag.* 137.

Lettre sur ce projet. *Ibid. pag.* 139, & *Mélanges d'Histoire Naturelle* de M. Dulac, *tom. III. pag.* 119-122.

294. Mémoire sur quelques corps fossiles de la France, peu connus; par M. GUETTARD.

Mém. de l'Académie des Sciences, 1751, *pag*. 123, & *Hist. pag*. 29.

Ces corps sont du nombre de ceux que le vulgaire & même quelques Naturalistes anciens appellent *Figues marines & pétrifiées*, & *Fongites*, ou Champignons de mer pétrifiés. Les premiers se trouvent en Normandie, en Touraine, & dans l'Orléanois : les seconds en Normandie seulement. L'Auteur du Mémoire prouve que ce sont des corps marins déposés dans la terre par les eaux de l'Océan.

295. Mémoire dans lequel on compare le Canada à la Suisse, par rapport à ses minéraux, avec des Cartes Minéralogiques de ces Pays; par M. GUETTARD. *Mémoires de l'Académie des Sciences*, 1752, *pag*. 189, & *Hist. pag*. 12.

Suite de ce Mémoire. *Ibid. pag*. 323 & *suiv*.

Addition à ce Mémoire. *Ibid. pag*. 524 & *suiv*.

Les Observations rapportées dans les deux Parties de ce *Mémoire*, tendent à prouver que le Canada & la Suisse ont des fossiles assez semblables. L'Auteur ne donne ce Mémoire que comme une ébauche de ce qu'on pourroit faire sur l'un & l'autre Pays, par rapport à la Minéralogie; & il ne doute pas qu'on ne puisse augmenter & corriger les Observations qu'il a données, même celles qui regardent la Suisse, quoique ce Pays soit beaucoup plus connu que le Canada.

296. Observations Minéralogiques faites en France & en Allemagne; par M. GUET-

TARD. *Mém. de l'Académie des Sciences*, 1763, *pag.* 137 *& suiv.*

297. Mémoire sur l'exploitation des Mines d'Alsace, & Comté de Bourgogne; par M. de GENSANNE, Correspondant de l'Académie des Sciences. *Mém. présentés à l'Acad. tom. IV. pag.* 141.

L'Auteur indique, dans le plus grand détail, toutes les mines qui se trouvent dans ces Provinces, tant celles qui ont été travaillées par les Romains, que celles qui ont été ouvertes de nos jours. Il y décrit la nature du terrein où elles se trouvent; celle de la Guangue, c'est-à-dire de la pierre dans laquelle le minéral peut être engagé, le métal qu'elle donne & sa quantité, les travaux qui y sont nécessaires. Il finit par des réflexions intéressantes sur les causes qui peuvent faire languir les travaux des mines, & sur la manière d'éviter ces inconvéniens.

298. Etat des Mines d'Alsace; par M. le Comte D'HEROUVILLE DE CLAYES, Lieutenant-Général des Armées de sa Majesté. *Dict. Encyclop. tom. I. pag.* 299, au mot *Alsace*.

299. Ms. Mémoire Sommaire sur les fossiles d'Artois; par M. EULART DE GRANVAL, de la Société Littéraire d'Arras.

Il est conservé dans les Registres de cette Société.

300. Ms. Observations sur les Minéraux, pierres & pétrifications de l'Artois; par M. WARTEL, Chanoine Régulier de l'Abbaye du Mont-Saint-Eloy, Associé ho-

noraire de la Société Littéraire d'Arras ; lu à la Séance publique de cette Académie, le 29 Mars 1760.

Elles sont dans les Registres de cette Société.

301. Description des Mines de l'Auvergne ; par M. LE MONNIER. *Observations d'Histoire Naturelle ;* par le même : ci-devant, N.° 6.

Ces mines consistent en Charbons de Terre, améthyste & antimoine.

302. Mémoire sur la Minéralogie de l'Auvergne, avec une Carte ; par M. GUETTARD. *Mémoires de l'Académie des Sciences*, 1759, *pag.* 538.

303. Essai sur la recherche des fossiles, avec des Observations sur quelques-uns de ceux qui se trouvent dans le Beaujolois ; par M. BRISSON, Inspecteur des Manufactures de cette Province.

L'Auteur, après avoir donné une idée générale des différentes substances que l'on découvre sur la surface, & dans le sein de la terre, s'attache principalement à faire voir que le Beaujolois fournit de presque toutes les espèces de fossiles connus. Un des plus communs est le crystal de roche, qui se trouve aux environs de Regny. M. Brisson se propose de faire une collection de crystaux de tous les âges. Il parle ensuite d'une espèce de Gypse Sélénite, découverte dans la Paroisse de Pomiers.

Voyez le *Mercure*, 1760, *Avril*, *pag.* 132.

304. Petit Traité de l'Antiquité & Singularité de la Bretagne Armorique; par Roch LE BAILLIF Edelphe, Médicin, 1577 : *in*-8.

On y parle *des bains, métaux, minéraux, marcassites, & diversité des Terres de Bretagne, & de leur propriété, ensemble du crystal.* Roch le Baillif, mort le 5 Novembre 1605, étoit né à Falaise, & il devint premier Médecin du Roi Henri IV. Son petit Traité finit par ces mots : » Fin du labeur desmoteric du Sieur DE LA » RIVIERE, Médicin. » C'étoit un autre nom de l'Auteur, celui même sous lequel il est le plus connu.

305. Lud. Rheinhardi BINNENGER, Oryctographiæ agri Buxovillani (Bouxvillers) & viciniæ Specimen : *Argentorati*, 1762, *in*-4.

Cet abrégé fait désirer une Histoire plus détaillée d'un Pays très-fertile en curiosités naturelles.

306. Mémoire où l'on examine en général le terrein, les pierres & les différens fossiles de la Champagne, & de quelques endroits des Provinces qui l'avoisinent, avec une Carte Minéralogique ; par M. GUETTARD. *Mém. de l'Acad. des Sciences*, 1754, *pag.* 435 *& suiv.*

Les descriptions que donne ici M. Guettard sont fondées sur ses propres Observations & sur celles d'habiles Physiciens du Pays.

307. Lettre de M. F. MUSARD, de Genève, à M. Jallabert, sur les fossiles.

Cette Lettre se trouve dans les *Mélanges* de M. Dulac, *tom. I. pag.* 233-240. L'Auteur prend la plupart de ses exemples de la Champagne & du Vexin.

308. Lettre de M. BOULANGER, Sous-Inspecteur des Ponts & Chaussées, au sujet de la Lettre précédente. *Mélanges* de M. Dulac, *pag.* 241-250.

L'Auteur y rapporte les Observations qu'il avoit eu occasion de faire lui-même en Champagne.

309. Notice des Mines de la Généralité de Limoges, avec les indications des Carrières de pierres singulières; par M. DESMARETZ, Inspecteur des Manufacturesde la Généralité de Limoges.

Cette Notice se trouve dans les *Ephémérides* de la Généralité de Limoges, pour l'année 1765, *pag.* 165 *& suiv.*

310. Discours sur la Minéralogie, & Mémoire sur les métaux & minéraux du Lyonnois, Forez & Beaujolois; par M. ALLEON DULAC, Avocat en Parlement & aux Cours de Lyon.

Il fait partie de ses *Mémoires pour servir à l'Histoire Naturelle du Lyonnois, &c.* ci-devant, N.° 51. Le commencement de cette Pièce contient deux excellens Mémoires sur la Minéralogie; par M. DE BLUMESTEIN, de l'Académie de Lyon, & Concessionnaire des mines du Lyonnois, Forez & Provinces voisines. Le premier de ces Mémoires est destiné à faire connoître quelles sont les parties intégrantes & constitutives des métaux. Le second explique de quelle manière les métaux sont placés sous terre, & comment on parvient à les découvrir. La Notice que l'Auteur donne ensuite des mines de ces trois Provinces, est de M. JARS le fils, Directeur des Mines de Cheissy & de Saint-Bel.

311. Mémoire sur les fossiles du Lyonnois, Forez & Beaujolois; par M. ALLEON DULAC.

Il fait aussi partie des mêmes *Mémoires*. Les fossiles du Lyonnois seulement occupent la plus grande partie de cette Pièce. L'Auteur n'ayant pu se procurer des connoissances satisfaisantes sur celles des deux autres Provinces, espère que le chemin qu'on vient d'ouvrir dans les Montagnes du Beaujolois, pour communiquer de la Saone à la Loire, donnera lieu à une récolte abondante des fossiles les plus rares.

312. Description Minéralogique des environs de Paris; par M. GUETTARD. *Mém. de l'Acad. des Sciences*, 1756, *pag*. 217.

Second Mémoire sur le même sujet. *Ibid.* 1762, *pag*. 172.

313. Ms. Essai sur les fossiles de la Picardie; par M. RIVERY, Conseiller au Présidial d'Amiens, & de l'Académie des Sciences, Belles-Lettres & Arts de cette Ville.

Les Manuscrits de M. Rivery, qui est mort en 1759, sont entre les mains de Madame sa Veuve, à Amiens.

314. La Recherche des Mines des Pyrénées; par Jean MALUS, écrite par Jean DU PUY: *Bordeaux*, 1601, *in*-12.

315. ✠ Avis des riches Mines d'or & d'argent, & de toutes les espèces de métaux & miné-

raux des Monts Pyrénées; par MALUS : *Paris*, 1632, *in*-4.]

Cet Avis est rapporté aussi à la fin des *Propositions*, *Avis & Moyens de François Desnoyers de Saint-Martin*, 1604. Il se trouve encore dans la *Métallurgie*, traduite de l'Espagnol d'Alphonse Barba : *Paris*, 1751, *in*-12, *tom. II. pag.* 3. Malus, fils d'un Maître de la Monnoie de Bordeaux, parcourut en six mois toute la partie du Pays qui s'étend depuis la Vallée d'Agella jusqu'auprès de la Comté de Foix. Il dit dans son Ouvrage, que ces Mines ont été abandonnées par les Romains, lorsqu'ils furent obligés de quitter les Pays où elles se trouvent; & que les Comtes de Foix, de Bigorre ou de Béarn, qui s'en rendirent les maîtres, après en avoir chassé les Maures, n'ont point osé pénétrer dans ces mines, de peur de s'attirer les armes de leurs voisins. Cet avis est signé ainsi : » Par le Sieur de Malus, » tiré des Mémoires de feu son pere, & des avis qu'il » a pris d'ailleurs. »

[316. Description des Mines du Roussillon; par M. LE MONNIER. *Observations d'Histoire Naturelle*, par le même; ci-devant, N°. 6.

§. II. *Traités particuliers.*

Comme les Ouvrages renfermés dans ce paragraphe regardent des matières différentes les unes des autres, quoiqu'elles soient du même règne, on n'auroit pu sans confusion suivre l'ordre alphabétique des lieux où les Observations ont été faites. Il a paru plus commode pour le Lecteur, de diviser les pièces suivant les objets dont elles traitent. A cet égard on a suivi l'ordre

que

que WALLERIUS, célèbre Professeur de Chymie à Upsal, a mis dans sa *Description des substances du règne minéral*, dont on a donné une Traduction Françoise en 1759 : *Paris*, J. Thomas Hérissant, *in*-8. 2 vol.

Traités sur les Terres.

317. Mémoire sur la nature & la situation des terreins qui traversent la France & l'Angleterre; par M. GUETTARD; avec une Carte Minéralogique dressée sur ses Mémoires; par M. BUACHE. *Mém. de l'Acad. des Sciences*, 1746, *pag.* 363 *& suiv.*

L'Auteur prouve dans ce Mémoire, qu'il y a une grande conformité entre les terreins de la France & de l'Angleterre, & qu'on peut diviser ces Royaumes en trois Bandes, que l'Auteur appelle Bandes *sabloneuse*, *marneuse*, *&* *métallique*.

318. Mſ. Deux Dissertations sur la nature des terres, & la quantité des eaux qui se sont trouvées, en creusant le Canal entrepris pour joindre la Lys à l'Aa, & sur les bois minéralisés, matières talqueuses, &c. qu'on y a découverts; par M. l'Abbé LUCAS, de la Société Littéraire d'Arras.

Ces Dissertations sont conservées dans les Registres de cette Société.

On en voit un extrait dans les *Mélanges* de M. Dulac, *tom. II. pag.* 121-125.

319. Etats des différens lits de terre qui se

trouvent à Marly-la-Ville, jusqu'à cent pieds de profondeur.

C'est l'*Article VII. du tom. I. de l'Histoire Naturelle* de M. DE BUFFON, *in*-4. *pag*. 235-238, & *in*-12. *p*. 343-350.

320. Ms. Mémoire sur la nature du Sol du Diocèse de Nismes; par M. SEGUIER, Secrétaire de l'Académie de cette Ville.

M. de Saint-Priest, Intendant de la Province de Languedoc, communiqua en 1763 à cette Académie un Mémoire imprimé, contenant des Questions d'une Société d'Agronomie, qu'on n'y nommoit pas, sur les moyens de distinguer les qualités & propriétés des terres & des pierres qui constituent le sol de la Subdélégation de Nismes. Les loix que l'Académie s'est imposées bornant ses travaux aux Ouvrages de Belles-Lettres & d'Antiquités, M. Séguier se chargea, comme particulier, de répondre à ces Questions. M. Pierre DARDALLION, Architecte de la Ville, fournit des Recherches sur les pierres à bâtir : elles ont été employées dans le Mémoire de M. Séguier, qui fut envoyé à l'Intendant, & communiqué par ce Magistrat aux Auteurs des Questions. M. Séguier en conserve une copie.

321. Traité des Tourbes combustibles; par Charles PATIN : *Paris*, 1663, *in*-4.

Il s'agit dans ce Traité des Tourbes qui se trouvent en France.

Quelques Naturalistes, contre le sentiment de Wallerius, rangent les Tourbes parmi les Bitumes, parceque, selon eux, plusieurs en ont déja les propriétés.

322. Ms. Dissertation sur la Tourbe d'Ar-

tois; par M. l'Abbé LUCAS, de la Société Littéraire d'Arras.

Elle est dans les Registres de cette Société.

323. Dissertation sur la Tourbe de Picardie; Pièce qui a remporté le prix de l'Académie d'Amiens en 1754; par M. BELLERY: *Amiens*, Veuve Godard, *in*-12.

On trouve un extrait de cette Dissertation dans les *Mélanges* de M. Dulac, *tom. II. pag.* 167-170.

324. Mémoire sur la Tourbe; par M. BIZET, de l'Académie des Sciences, Belles-Lettres & Arts d'Amiens: *Amiens*, Veuve Godard, 1758, *in*-12.

Ce Mémoire, dit l'Auteur dans son Avertissement, a été dressé sur des Observations faites dans les Marais de la Picardie. Mais comme la Tourbe de cette Province différe peu de celle qu'on trouve ailleurs, que ce fossile a eu partout un même principe, & qu'il est partout essentiellement de même nature, les connoissances que renferme ce Mémoire, concernent autant la tourbe en général, que celle de la Province qui en a fourni le sujet.

325. Mémoires sur les Tourbières de Villeroy, dans lequel on fait voir qu'il seroit très-utile à la Beausse qu'on en ouvrît dans les environs d'Etampes; par M. GUETTARD. *Mémoires de l'Académie des Sciences*, 1761, *pag.* 380, & *Hist. pag.* 17.

La Tourbe, suivant le sentiment assez général des Physiciens, adopté en ce point par M. Guettard, n'est que le débris d'herbes & de plantes pourries, converties par cette putréfaction en une terre noire & combustible.

326. Examen des Instructions sur l'utilité de l'usage des terres & cendres de Houille de la Généralité de Soissons, communiquées à la Société Royale d'Angers; par M. POUPERON DE TILLY, Entrepreneur & Directeur des Mines à Charbon du Bas Anjou, & Membre de la Société d'Agriculture de la Généralité de Tours, pour le Bureau d'Angers. *Mém. de la Société d'Agriculture de cette Généralité*, *an.* 1761 : *Tours*, Lambert, 1763.

327. Observations sur un banc de terre crétacée, & de pierre branchue, qui est aux environs de Riom; par M. DUTOUR, Correspondant de l'Académie des Sciences.

Ce Mémoire qui a été présenté à l'Académie, est conservé dans ses Registres.

== Description de la préparation du blanc de Troyes; par M. GUETTARD.

La matière de ce blanc, nommé par abus, Blanc d'Espagne, est une craie tendre, pure & très-blanche, qui se tire principalement de Vireloup, ou Ville-loup, Village à quatre lieues de Troyes, du côté du Couchant, & dont le Sol très-maigre peut à peine porter du Seigle. La Description que donne ici M. Guettard, fait partie du Mémoire de cet habile Académicien sur les fossiles de Champagne, ci-devant, N.° 306 ; & il en doit le détail intéressant aux soins de M. LUDOT, de Troyes.

328. Mémoire ſur le Blanc de Troyes; (par M. GROSLEY Avocat au Parlement, & de l'Académie des Inſcriptions & Belles-Lettres). *Ephémérides Troyennes*, 1759.

Le détail que donne M. Groſley, ſur la nature, les uſages & la préparation de ce blanc, eſt ſemblable en pluſieurs endroits à celui de M. Guettard, qu'il a ſoin de citer; & il paroît fait comme celui-ci, d'après les Obſervations de M. Ludot. M. Groſley y a joint une comparaiſon du blanc de ſa patrie, avec celui qui ſe façonne à Cavereau, près d'Orléans, & dont M. SALERNE parle dans ſon *Mémoire ſur les Dendrites* : ci-après, N.° 462.

329. Mſ. Mémoire ſur la Marne qui ſe trouve aux environs de Vitry-le-François; par M. VARNIER, de la Société Littéraire de Chaalons-ſur-Marne.

Il eſt conſervé dans les Regiſtres de cette Société.

330. Hiſtoire de la découverte faite en France, de matières ſemblables à celles dont la Porcelaine de la Chine eſt compoſée; lue à l'Aſſemblée publique de l'Académie Royale des Sciences, le Mercredi 13 Novembre 1765; par M. GUETTARD, de la même Académie : *Paris*, 1766, *in*-4.

Les matières qui entrent dans la compoſition de cette porcelaine ſont le pé-tun-tſé & le kao-lin. Ce dernier eſt déſigné dans Wallerius, ſous le nom de Marne à Porcelaine; c'eſt une terre blanche, farineuſe, graveleuſe & brillante. Le pé-tun-tſé eſt une eſpéce de ſpath fuſible.

331. Lettre de M. TORCHET DE SAINT-VICTOR, Ingénieur des Mines, à M. ROUX, Docteur en Médecine, contenant quelques Obſervations ſur l'eſpèçe de terre connue ſous le nom de Kao-lin, & ſur une Pierre déſignée par celui de Pé-tun-tſé.

Elle eſt inſérée dans le *Journal de Médecine, tom. XXIV. Février*, 1766, *pag.* 158-164.

332. Lettre de M. GUETTARD, en réponſe à celle de M. Torchet de Saint-Victor. *Journal de Médecine, tom. XXIV. Mars*, 1766, *pag.* 260.

333. Mémoire ſur l'Ocre; par M. GUETTARD. *Mém. de l'Acad. des Sciences*, 1762, *pag.* 53.

L'Ocre eſt une terre ferrugineuſe, dont la couleur ordinaire eſt jaune ou rouge. Les Obſervations de M. Guettard ont été faites ſur des Ocrières de France.

334. Lettre à M. Bernard de Juſſieu, ſur la nature du Tripoli, qu'on trouve à Poligny en Bretagne, près de Pompéant; par M. DE GARDEIL, Correſpondant de l'Académie des Sciences. *Mémoires préſentés à cette Académie, tom. III. pag.* 19.

Les Obſervations de M. de Gardeil lui ont fait ſoupçonner que le Tripoli, rangé juſqu'ici dans la claſſe des pierres ou des craies, n'eſt autre choſe que du bois foſſile altéré dans l'intérieur de la terre, par une matière probablement gypſeuſe, qui la pénètre à la longue, & par la calcination de quelques feux souterrains. On a suivi l'ancienne opinion en indiquant cet Ouvrage.

Traités sur les Pierres.

335. Mémoires contenant des Observations de Lithologie, pour servir à l'Histoire Naturelle du Languedoc, & à la Théorie de la terre; par M. l'Abbé DE SAUVAGES, de la Société Royale de Montpellier. *Mém. de l'Acad. des Sciences*, 1746, *pag.* 713. *Ibid.* 1747, *pag.* 699.

336. Mss. Mémoire sur les Pierres & autres matières de construction qui se trouvent aux environs de Clermont en Auvergne; par M. DE VERNINES, de la Société Littéraire de cette Ville.

Il est dans les Registres de cette Société.

337. Lettre du Père Matthieu TEXTE, Dominicain, sur l'origine de certaines pierres singulières trouvées dans le territoire de Maintenon. *Mercure*, 1722, *Juin*, *pag.* 67-70.

338. Mémoire sur les Carrières de Bourgogne.

Il est inséré dans les *Tablettes de Bourgogne*, *année* 1755, *pag.* 175-183.

339. Mémoire sur les Carrières de Marbre de la Bourgogne; par M. V. D. B. (VA-

RENNE DE BÉOST) Correſpondant de l'Académie Royale des Sciences de Paris.

Il eſt inſéré dans les *Tablettes de Bourgogne*, *année* 1758, *pag.* 187-202. M. Varenne, Secrétaire général des Etats de Bourgogne, conſerve des morceaux des marbres dont il parle, dans ſon cabinet où il a raſſemblé les curioſités que la Bourgogne & la Breſſe offrent aux Naturaliſtes, principalement dans le règne minéral.

340. Nouvelles Carrières de Marbres, de Jaſpe & d'Albaſtre, découvertes à Graſſe en Provence, l'an 1756. *Journal Economique*, 1760, *Juin*, *pag.* 259.

341. Mémoires ſur les Carrières de Pierres, de Marbres, &c. des Provinces du Lyonnois, Forez & Beaujolois, par M. ALLEON DULAC, Avocat au Parlement & aux Cours de Lyon.

Il fait partie de ſes *Mémoires*, ci-devant, N.° 51. L'Auteur y traite ſeulement des carrières les plus remarquables, & s'attache ſurtout à faire connoître leurs bonnes ou leurs mauvaiſes qualités. Il parle d'après des Mémoires qui lui ont été communiqués par pluſieurs Sçavans du Pays, ſur les carrières de Rive-de-Gier, celles de Saint-Etienne, & quelques autres du Forez & Beaujolois. Deux, entr'autres, de M. PERRACHE, de l'Académie de Lyon, ſur les pierres employées dans quelques anciens Monumens de cette Ville, répandent de grandes lumières ſur cette partie.

342. Remarques ſur des Carrières de Marbre blanc, & ſurtout ſur celle de Vendelat, à cinq lieues Nord-Eſt de Moulins en Bourbonnois,

Bourbonnois, avec un Plan. *Recueil d'Antiquités* de M. le Comte DE CAYLUS, *tom. VI. pag.* 352.

343. Obſervations ſur une eſpèce de Talc, qu'on trouve communément proche de Paris, au-deſſus des bancs de pierre de Plâtre; par M. DE LA HIRE. *Mémoires de l'Académie des Sciences*, 1710, *p.* 341 & *ſuiv.*

La ſubſtance, qui fait l'objet de ces Obſervations, eſt improprement nommée Talc. C'eſt ce que l'on appelle la Pierre ſpéculaire, qui ſe lève par feuillets plus épais que ceux du Talc, & qui ſe calcine plus aiſément. Le véritable Talc ne ſe trouve que dans les endroits où il y a du Granit.

344. Obſervations ſur le Plâtre de Paris; manière de le tirer & de le travailler.

Elles ſe trouvent dans les *Mélanges* de M. Dulac, *tom. VI. pag.* 260-274.

345. Mémoire ſur les Ardoiſières d'Angers, & ſur les veſtiges des animaux & des plantes que l'on y trouve; par M. GUETTARD. *Mémoires de l'Acad. des Sciences*, 1757, *pag.* 52, & *Hiſt. pag.* 17.

346. Art de tirer des Carrières la pierre d'Ardoiſe, de la fendre & de la tailler; par M. FOUGEROUX DE BONDAROY; avec quatre planches en taille-douce : *Paris*, Deſaint & Saillant, 1762, *in-fol.*

M. FOUGEROUX préſente d'abord l'exploitation des

Carrières d'Angers, pour passer à celles de Rimogne en Champagne, d'une partie de l'Anjou & de la Bretagne. Il s'attache particulièrement au travail suivi dans les Carrières d'Angers. Il avoue qu'il doit un grand nombre d'Observations à M. SARTRE, Entrepreneur d'Ardoisières à Angers.

347. Mémoire & Instruction pour traiter & exploiter les Carrières d'*Ardoises d'Angers*, à meilleur marché & plus utilement; par M. SARTRE, Directeur général de la Société Royale d'Agriculture de la Généralité de Tours, au Bureau d'Angers: *Angers*, Barrières, 1765, *in*-8.

348. Lettre au sujet d'une nouvelle Carrière d'Ardoise, trouvée en Basse Bretagne, près d'une Ville appellée Châteaulin, dans le voisinage de Brest, sur le bord de la Mer, & à l'entrée de la Manche. *Journal Economique*, 1757, *Mai*, *pag.* 60.

349. Extrait de la Relation d'un Voyage en Champagne, ou Description d'une Ardoisière située proche la Meuse. *Mercure*, 1747, *Décembre*, *pag.* 31-40. 1 vol.

C'est la Description de la Carrière de Rimogne, aux environs de Mézières.

350. Observatio D. Pauli BOCCONI de Materia simili Lithomargæ Agricolæ, aut Agarico minerali Ferrantis Imperati, quæ in cavitate quorumdam saxorum aut sili-

eum in districtu Civitatis Rothomagensis & Portûs-Gratiæ, in Normannia, invenitur. *Observ. Academiæ naturæ curios. centuria prima, pag. 5.*

Cette matière nommée par Agricola, *Lithomarga*, ou *Medulla saxi*, & par Imperatus, *Stenomarga*, ou *Agaric minéral*, se trouve souvent à la place de ces petits yeux blancs qui se remarquent dans des cailloux, auxquels le peuple de Normandie donne le nom de Bizetz.

Ces Observations se trouvent aussi dans la *Bibliothèque des Ecrivains de Médecine*; par J. J. Manget, *tom. I. pag.* 333.

351. Mémoire sur quelques Montagnes & quelques Pierres en Provence; par M. ANGERSTEIN, Suédois. *Mémoires présentés à l'Acad. des Sciences, tom. II. pag.* 557.

M. Angerstein montre que la nature a semé dans la France, & surtout dans la Forêt de l'Estérele en Provence, des granits, des jaspes, & des porphyres, & quelques autres trésors ignorés depuis plusieurs siècles. Ses recherches sur la nature de ces pierres tendent à les retirer, conformément au sentiment des plus habiles Naturalistes, de la classe des marbres, où on les avoit mal à propos rangés, pour les remettre dans celle des pierres composées, qui ont pour base un vrai caillou.

352. Mémoire sur les Granits de France, comparés à ceux d'Egypte; par M. GUETTARD. *Mém. de l'Acad. des Sciences*, 1751, *pag.* 164, & *Hist. pag.* 10.

Pour prouver la ressemblance des Granits de France avec ceux d'Egypte, l'Auteur fait voir que le terrein où l'on trouve les uns & les autres, eſt entièrement ſemblable, & qu'ils ſont compoſés des mêmes parties. En France comme en Egypte, il y en a de différens grains & de différente dureté. M. Guettard a déterminé que les uns & les autres n'étoient pas de la nature du marbre, dont on leur a donné le nom improprement.

353. Extrait d'une Lettre écrite à M. Lebeuf; par M. A**** Médecin de Paris, au ſujet de Cryſtalliſations qu'on trouve en Bourgogne. *Mercure*, 1731, *Décembre*, *pag.* 2719-2725.

Ces cryſtalliſations ſont de l'eſpèce des diamans qui ont l'éclat du fer poli, & qu'on appelle Sidérites. Elles ont été trouvées dans des chemins qui traverſent des terres labourables, au-deſſous de Salmaiſe en Bourgogne, & dans le Nivernois proche Mez-le-Comte.

354. Mſ. Mémoire ſur les Cailloux, appellés communément *Diamans*, que l'on trouve dans le terroir de Gabian; par M. DANDOQUE, de l'Académie de Béſiers, lû en 1929 à la Séance publique du premier Septembre.

Ce Mémoire eſt entre les mains du Secrétaire de l'Académie. Les Obſervations de M. Dandoque roulent ſur l'origine, la formation & la figure de ces pierres tranſparentes, qu'on découvre aiſément lorſque le Soleil paroît après une pluie.

355. Mémoire ſur les Poudingues; par M. GUETTARD. *Mém. de l'Acad. des Sciences*, 1753, *pag.* 63. *Hiſtoire*, *pag.* 49.

Les Poudingues ſont des aſſemblages de cailloux plus

ou moins gros, attachés ensemble. Il s'agit dans ce Mémoire de ceux qui se trouvent en France.

356. Mémoire sur une espèce de Pierres appellées Salières ; par M. GUETTARD. *Mémoires de l'Académie des Sciences*, 1763, *pag.* 65 *& suiv.*

On n'y parle que de celles de la France.

357. Mémoire sur la pierre Meulière ; par M. GUETTARD. *Mém. de l'Acad. des Sciences*, 1758, *pag.* 203, & *Histoire*, *pag.* 1.

Après avoir montré qu'on ne peut faire de la pierre Meulière une classe de pierres particulières, M. Guettard passe à la Description des lieux où elle se trouve aux environs de Paris. Il décrit la nature & le nombre des différentes couches de matière qu'on rencontre au-dessus dans les carrières d'où on la tire ; & il rend compte de la manière dont ce travail se fait. Mais comme il ne veut parler que de ce qu'il a vû, il se borne à la Description des carrières d'Houlbec, près de Pacy en Normandie, & de celles qui sont près de la Ferté-sous-Jouarre.

358. Mémoire sur l'Ostéocole des environs d'Etampes ; par M. GUETTARD. *Mémoires de l'Académie des Sciences*, 1754, *pag.* 269 *& suiv.*

On a donné le nom d'Ostéocole à une espèce de fossile moulée en forme de tuyaux, & regardée autrefois comme très-propre à réunir les os fracturés ; mais dont les Physiciens modernes ont réduit toute la vertu à être dissoluble par les acides, comme le sont toutes les pierres calcaires, & à absorber, comme les craies, l'humidité qu'elles peuvent rencontrer.

Traités sur les Sels, les Bitumes, les demi-Métaux & les Métaux.

359. Obſervations ſur le commerce du Vitriol en France, & ſur la manière dont on exploite ce minéral, aux environs de la Ville d'Alais, en Languedoc. *Journal Economique*, 1756, *Juin*, *pag.* 88.

Le Vitriol eſt un ſel qui fond dans le feu avec bouillonnement, & forme enſuite une matière sèche & dure qui produit ſur la langue un goût ſtyptique & auſtère.

360. Deſcription d'un Minéral de Liége, dont on retire du Souffre & du Vitriol, & de la manière dont on y travaille ce Minéral. *Tranſactions Philoſophiques de la Société Royale de Londres, année* 1665 (en Anglois).

La même, en François, dans la *Collection Académique de Dijon*, *tom. II. pag.* 10.

361. Mſ. Mémoire préſenté à l'Académie Royale des Sciences en 1761, ſur la mine d'Alun de la Tolfa, comparée à celle de Polinier en Bretagne; par M. l'Abbé DE MAZEAS, Correſpondant de l'Académie.

Il eſt dans les Regiſtres de l'Académie des Sciences.

362. Conjectures phyſiques ſur la cauſe, la nature & les propriétés du Sel marin, d'a-

près quelques Observations sur un marais salant (de l'Aunis) avec un plan de ce marais; par le Père VALOIS, Professeur d'Hydrographie, & de l'Académie de la Rochelle. *Recueil de cette Académie, tom. II. pag.* 141.= *Mémoires de Trévoux*, 1744, *Mars*, *pag.* 430.

M. Guettard, & après lui l'Historien de l'Académie des Sciences (année 1758) au Mémoire sur les Salines de l'Avranchin, citent ces mêmes Conjectures sous le nom du P. Laval, ci-devant Hydrographe à Marseille. Elles sont réellement du P. Valois. Voyez le *Mémoire* suivant, *pag.* 33 & 86.

363. Mémoire sur les Marais salans des Provinces d'Aunis & de Saintonge; par M. BEAUPIED DUMENIL, de la Société Royale d'Agriculture de la Généralité de la Rochelle : *La Rochelle*, P. Mesnier, 1764, *in*-12. 99 pages.

364. Réponse de M. GUETTARD, pour servir de Supplément au Mémoire précédent. *Journal Economique*, 1765, *Juin*, *pag.* 257-264.

Cette Lettre est très-bien faite, & corrige des fautes considérables de M. Duménil.

365. Examen d'un Sel tiré de la terre en Dauphiné, par lequel on prouve que c'est un Sel de Glauber naturel; par M. BOULDUC. *Mémoires de l'Académie des Sciences*, 1727, *pag.* 375 & *suiv.*

366. Dissertation sur les Salines de Lorraine; & de l'Evêché de Metz; par Dom Augustin CALMET.

Elle se trouve à la tête du tom. III. de son *Histoire de Lorraine : Nancy*, 1728 & 1738, *in-fol. pag. xxiij-xxxj.*

367. Observations sur les Salines de Normandie; par Gabriel DU MOULIN, Curé de Maneval.

Ces Observations forment les *pag.* 8 & 9 de l'*Histoire générale de Normandie : Rouen*, 1631, *in-fol.* L'Auteur y dit tout ce qu'on peut desirer d'un simple Historien; mais sa Description ne renferme point assez de détails, pour qu'elle puisse servir d'instruction dans des Etablissemens.

368. Description des Salines de l'Avranchin, en basse Normandie; par M. GUETTARD. *Mémoires de l'Académie des Sciences*, 1758, *pag.* 99, & *Histoire pag.* 5 *& suiv.*

Les Salines, qui sont l'objet de ce Mémoire instructif, n'appartiennent point à la classe de celles où la crystallisation a lieu. L'eau n'y est salée, à proprement parler, que d'une manière accidentelle, & parcequ'en filtrant à travers des monceaux de sable chargés de sel, elle le dissout, & l'entraîne dans des réservoirs.

369. Lettre de M. PETIT, Intendant des Fortifications, &c. à M. l'Abbé Galois, sur la façon dont on exploite les Salines fossiles qui se trouvent entre Honfleur & Caen. *Journal*

Journal des Sçavans, 1667, *Mars*, *p.* 57 & *ſuiv.* & *Collection Académique de Dijon*, *tom. I. pag.* 257.

Les Salines dont il s'agit ici, ſont celles de Touque: elles ne ſont point foſſiles; ce ſont des terres imprégnées de ſel, par l'eau de mer qu'on y jette continuellement.

370. Mémoire ſur les Salines de Franche-Comté, ſur les défauts des Sels en pain qu'on y débite, & ſur les moyens de les corriger; par M. DE MONTIGNY. *Mémoires de l'Académie des Sciences*, 1762, *pag.* 102, & *Hiſtoire*, *pag.* 59.

371. Obſervations ſur les Salines de Groſon, & les autres de la Franche-Comté; par le P. DUNOD, Jéſuite.

Ces Obſervations ſe trouvent dans la ſeconde partie de la *Découverte de la Ville d'Antre*, par le même *chap. VI. art. III. pag.* 171.

372. Mémoire ſur les Salins de Péquais en Languedoc; par M. MATTE, Démonſtrateur en Chymie à Montpellier. *Mercure*, 1728, *Décembre*, *tom. II. p.* 2861-2865.

373. Examen du Sel de Pécais; par MM. LEMERY, GEOFFROY & HELLOT, de l'Académie des Sciences. *Mémoires de l'Académie*, 1740, *pag.* 361.

374. Mſ. Mémoire ſur les Salines de Pécais; par M. D'ORBESSAN; lû à l'Académie des

Sciences & Belles-Lettres de Toulouse, le 13 Mars 1760.

Il est conservé dans les Registres de cette Académie.

375. Ms. Mémoire sur les Salines de Pécais; par M. MONTET, de l'Académie de Montpellier, avec une Carte minéralogique.

Ce Mémoire est entre les mains de l'Auteur. Il est divisé en deux parties. La première traite de la nature du terrein de Pécais, & de la manière dont on y prépare le Sel marin. La seconde contient des réflexions sur la théorie du procédé. En général, on trouve exactement décrites dans ce Mémoire toutes les différentes opérations qu'exigent les Salines (ou Salins, comme on les appelle dans le pays) de Pécais.

376. Ms. Observations sur le Projet de former, par crystallisations, les sels provenans des sources salées de Salins & de Montmorot; par M. le Baron d'ESNANS, Conseiller honoraire du Parlement, & de l'Académie de Besançon.

Dans les Registres de cette Académie.

377. Ms. Mémoire sur le sel des Salines de Montmorot, près Lions-le-Saunier; par M***

Il a été lu à l'Académie de Dijon le 14 Janvier 1757, & est conservé dans ses Registres.

378. Mémoire sur le Puy de la Poix; par M. l'Abbé CALDAGUÉS, Chantre de l'Eglise de Montferrand.

Ce Mémoire, qui fut envoyé par l'Auteur à l'Académie

des Sciences de Paris, le 20 Mai 1718, est inséré dans la *Description de la France*, par Piganiol, *tom. II. pag.* 108; & dans le *Dictionnaire des Gaules*, de M. l'Abbé Expilly, *tom. I. pag.* 395-397. Le Puy ou montagne de la Poix, est près de Clermont. A cent cinquante pas de cette montagne, il y a une autre petite monticule, où l'on remarque aussi quelques sources de Poix, & qu'on appelle le Puy de la Sau. M. de Caldagués en parle à la fin de son Mémoire.

379. Ms. Analyse du Bitume du Puy de la Poix; par M. OZY, Apothicaire-Chymiste, & de l'Académie Littéraire de Clermont.

Elle est dans les Registres de cette Société.

380. Historia Balsami mineralis Alsatici, seu Petrolei vallis S. Lamperti; auctore Joan. Theoph. HOEFFEL: *Argentinæ*, 1734, *in*-4.

Ce prétendu Baume n'est autre chose qu'un bitume mêlé à beaucoup de terre. Les gens du Pays le liquéfient & le passent pour s'en servir, au lieu de goudron, & ils brûlent le marc, qui donne une flamme sombre & une fumée épaisse. Le lieu s'appelle, dans le Pays, Lampertsloch.

381. Description du Baume de terre de Hanau; par Jean VOLCK: *Strasbourg*, 1725 (en Allemand) *in*-8.

Dans la Préface, l'Auteur fait mention des eaux minérales qui se sont trouvées, de son tems, dans le Comté de Hanau-Lichtenberg. Au reste, c'est une Description du Pétroléum qui se trouve à Lampertsloch, Village de ce Comté de Hanau, & dont on vient de donner une notice dans le N.° précédent.

382. * Discours sur la nature & propriété d'un certain suc huileux nouvellement découvert en Languedoc, près Gabian, Village du Diocèse de Béziers; par Esprit ANDRÉ, Docteur en Médecine : *Montpellier*, 1605, *in*-8. *Paris*, Mesnier, 1609.]

383. * Mémoire sur quelques singularités du terroir de Gabian, & principalement sur la Fontaine de l'huile de Pétrole, qui y coule; par M. RIVIERE, Docteur en Médecine de Montpellier : *Montpellier*, Pech, 1717, *in*-4.]

On le trouve encore dans le *Recueil de la Société Royale des Sciences de Montpellier*; dans la *Description de la France* de Piganiol, *tom. VI. pag.* 62-92; & dans le *Dictionnaire des Gaules* de M. l'Abbé Expilly, *tom. I. pag.* 612-617. Voyez aussi un extrait de ce Mémoire dans le *Journal de Trévoux*, 1749, *Décembre*, *pag.* 2613.

384. Mémoire sur l'huile de Pétrole en général, & particulièrement sur celle de Gabian; lu à l'Académie des Sciences & Belles-Lettres de Béziers; (par M. BOUILLET, Médecin à Béziers, Secrétaire de l'Académie de cette Ville, & Correspondant de celle de Paris) : *Béziers*, Barbut, 1752, *in*-4.

Ce Mémoire, dont il y a un extrait étendu dans le *Journal des Sçavans*, 1752, *pag.* 496 & *suiv.* a été approuvé par la Faculté de Médecine de Montpellier, & imprimé par ordre de M. de Beausset de Roquefort, Evêque de Béziers, aux soins duquel l'humanité doit la restauration de cette Fontaine salutaire.

385. Mſ. Mémoire ſur le Bitume de Gaujac (dans les Paroiſſes de Baſtènes & Caupènes, Sénéchauſſée de Saint-Sever, Généralité de Bordeaux) par M. JULIOT, avec des remarques faites au Château Trompette (à Bordeaux) ſur la manière dont on y a employé ce bitume; par M. DE BITRY, Ingénieur, & de l'Académie de Bordeaux.

Ce Mémoire eſt au Dépôt de cette Académie.

386. Extrait du Mémoire de feu M. Juliot, ſur le Bitume de Gaujac; par M. DE SECONDAT.

Il ſe trouve à la fin de ſes *Obſervations de Phyſique & d'Hiſtoire Naturelle : Paris*, 1750, *in*-8.

387. Deſcription des matières huileuſes & autres, que l'on tire de la mine d'Aſphalt, près de Sulz en Baſſe Alſace, dans un lieu nommé *La Sabloniere*: (en Allemand)

L'Aſphalte eſt un bitume terreſtre noir, d'une conſiſtance dure, luiſante & ſemblable à de la poix.

388. Relation d'un événement ſingulier arrivé à la mine d'Aſphalte, dite de la Sablonière en Baſſe-Alſace, envoyée à M. de la Sablonière, privilégié du Roi pour l'exploitation de toutes les mines d'Aſphalte du Royaume, & Emphytéote deſdites mines, par acte paſſé entre lui & Meſſieurs les Princes de Heſſe-Darmſtat, & Madame la Prin-

cesse de Dourlach leur sœur. *Journal des Sçavans*, 1759, *pag.* 682.

389. Mss. Observations sur les mines de charbon & sur les anciennes souffrières de la Province d'Auvergne ; par M. OZY, de la Société Littéraire de Clermont-Ferrand.

Elles sont dans les Registres de cette Société.

390. Parallèles de Bois & Forêts, avec les terres à brûler ; verbal de l'invention du vrai charbon de terre par toute la France, & épreuve d'icelui faite par Experts & gens de forges ; épreuves & avis sur icelles données au Roi pour l'usage des terres à brûler, & nouvelle invention du charbon à forge : *Paris*, Mondière, 1627, *in*-8.

391. Mémoire sur l'utilité, la nature & l'exploitation du charbon minéral (de France) ; par M. DE TILLY : *Paris*, Augustin-Martin Lottin, 1758, *in*-8.

L'Auteur parle de l'utilité & de la nature du charbon minéral dans une Introduction, où il s'étend un peu sur les différentes Provinces de France qui le renferment. Le reste de l'Ouvrage, qu'il divise en deux parties, est consacré à expliquer les diverses manœuvres dont on exploite ces mines. Ce qui rend entr'autres cet Ouvrage précieux, c'est le dessein bien fait de la Pompe à feu, qui se trouve à la vérité décrite dans un des Ouvrages de M. Bélidor.

392. Journal des travaux faits dans le Haynaut

François, pour la découverte & l'exploitation des mines de charbon de terre. *Journ. Econom.* 1756, *Août*, *pag.* 82

393. Mſ. Mémoires lus à l'Académie de Caen le 8 Mai 1760, & le 7 Mai 1761; par M. DE L'AVEINE, Ingénieur des Ponts & Chauſſées, ſur les mines de charbon qu'il a fait exploiter à Litry, près de Cerysy, Bayeux, &c.

Un trait hiſtorique de ces mines de charbon, fait l'objet du premier Mémoire. Dans le ſecond, l'Auteur décrit leur allure, leur inclinaiſon, & les machines avec leſquelles on extrait le charbon.

394. Hiſtoire naturelle & particulière des mines de charbon des Provinces du Lyonnois, Forez & Beaujolois; par M. ALLEON DULAC, Avocat en Parlement & aux Cours de Lyon.

Elle fait partie de ſes *Mémoires pour ſervir à l'Hiſtoire Naturelle du Lyonnois, &c. Lyon*, Cizeron, 1765, *in*-8. 2 vol. On y trouve tous les détails que peut exiger une matière auſſi intéreſſante, ſur-tout par rapport aux carrières de Rive-de-Gier, de Saint-Chaumont & de Saint-Eſtienne, qui ſont les plus abondantes de toute la Généralité. Les différens travaux concernant l'exploitation de ces mines, y ſont décrits au long. Le plan de l'extérieur de la carrière de Saint-Chaumont, joint à une Deſcription exacte des objets qui frappèrent le plus l'Auteur, lorſqu'il y deſcendit, en 1763, donnent toutes les lumières qu'on peut deſirer ſur cet article.

395. Mſ. Mémoires ſur des Pyrites trou-

vées à la Montagne Saint-Siméon près d'Auxerre ; par M. MARTIN, Apothicaire, & de la Société Littéraire de cette Ville.

Ce Mémoire eſt dans les Regiſtres de la Société. L'Auteur, qui étoit un jeune homme de grande eſpérance, eſt mort en 1761, âgé de 36 ans.

396. Extrait d'une Lettre écrite de Breſt ; par M. DESLANDES, Commiſſaire de la Marine, & de l'Académie Royale des Sciences. *Mém. de Trévoux*, 1725, *Juillet, pag.* 1276.

Une partie de cette Lettre a pour objet une mine de Pyrites découvertes en 1723 auprès de Breſt, entre Crozon & Roſcanvel, & que l'on regardoit dans le Pays comme des Pierres de mines d'or & d'argent.

397. Mémoire ſur un minéral nommé Cobolt, ou Mine Arſénicale, que l'on trouve en France ; par M. SAUR le jeune, Intéreſſé aux mines de Lorraine, & Correſpondant de l'Académie des Sciences. *Mém. préſentés à cette Acad. tom. I. p.* 329.

Le deſſein de l'Auteur eſt de faire le parallèle de cette mine, avec deux qui ſont en Allemagne, & de montrer qu'on peut également trouver dans les trois le bleu dont on fait le ſmalt ou ſafre avec lequel on contrefait les ſaphirs : objet d'autant plus intéreſſant, que le commerce de cette matière eſt très-conſidérable.

398. Diſcours ſur la néceſſité de perfectionner la métallurgie, pour diminuer la conſommation des bois ; où l'on donne quelques

ques moyens fort ſimples d'employer les mines en roche de Bourgogne, auſſi utilement que celles en terre de la même Province; par M. le Marquis DE COURTIVRON, de l'Académie des Sciences. *Mém. de l'Acad.* 1747, *pag.* 287.

Ce Mémoire renferme des Obſervations importantes.

399. Deſcription d'une mine de fer du Pays de Foix, avec quelques réflexions ſur la manière dont elle a été formée; par M. DE REAUMUR, de l'Académie des Sciences. *Mém. de l'Acad.* 1718, *pag.* 139.

400. Mémoire ſur les mines & la fabrique du fer (en Bourgogne).

Il eſt inſéré dans les *Tablettes de Bourgogne*, *année* 1760, *pag.* 171-178.

401. Traité ſur l'acier d'Alſace; par Gilles-Auguſtin BAZIN, Correſpondant de l'Académie Royale des Sciences: *Straſbourg*, 1737, *in*-12.

M. Bazin, né à Paris, & connu par ſes Extraits de M. de Reaumur, ſur les Abeilles, & pluſieurs autres Pièces d'Hiſtoire Naturelle, eſt mort en . . . . à Straſbourg, où il a fait un long ſéjour. Le Traité dont il s'agit ici, regarde une mine qu'on a travaillée à Dambach, à l'entrée des Voſges, vis-à-vis Scéleſtad. Voyez ſur cet Ouvrage les *Supplémens aux nouveaux Actes de Léipſick*, *tom. VI. pag.* 260. = *Mémoires de Trévoux*, 1739, *Février*, *pag.* 306.

402. Obſervations ſur une mine de plomb près du lieu de *Durfort*, dans le Diocèſe d'*Alais*; par M. ASTRUC, de la Société Royale de Montpellier, & Docteur en Médecine. *Mémoires pour l'Hiſtoire Naturelle du Languedoc*: (ci-devant, N°. 47.) *pag.* 366.

403. Lettre écrite de Limoges en Avril 1704; par un Religieux, au ſujet des mines de plomb découvertes dans cette Province. *Mém. de Trévoux*, 1704, *Septembre*, *pag.* 1622.

404. * Des Mines d'argent trouvées en France, ouvrage & police d'icelles; par François GARRAULT, ſieur des Gorges: *Paris*, Dallier, 1574: *in*-8.]

405. Diſſertation ſur le travail des mines d'or & d'argent en France, 1712: *in*-4.

406. Eſſais de l'Hiſtoire des Rivières & des ruiſſeaux du Royaume qui roulent des paillettes d'or; avec des Obſervations ſur la manière dont on ramaſſe ces paillettes, ſur leur figure, ſur le ſable avec lequel elles ſont mêlées, & ſur leurs titres; par M. DE REAUMUR, de l'Académie des Sciences. *Mém. de l'Acad.* 1718, *pag.* 68, *& ſuiv.*

Ce Mémoire ſe trouve auſſi dans la *Métallurgie*, traduite de l'Eſpagnol d'Alphonſe Barba: *Paris*, 1751, *in*-12. *tom. II. pag.* 357.

407. Mémoire ſur les paillettes & les grains d'or de l'Ariège, fait d'après les lettres & les remarques de M. PAILHÉS, Changeur pour le Roi à Pamiers, envoyées à M. l'Abbé Nollet; par M. GUETTARD. *Mém. de l'Acad. des Sciences*, 1761, *pag.* 197, & *Hiſt. pag.* 6.

408. Mémoire ſur les Rivières des Provinces du Lyonnois, Forez & Beaujolois, qui roulent des paillettes d'or & d'argent; par M. ALLEON DULAC.

Il ſe trouve à la pag. 291 du tom. I. de ſes *Mémoires*, &c. ci-devant, N.° 51.

409. J. Dan. SCHOEPFLINI excurſus de auro Rhenenſi Alſatico. *Alſat. illuſtrat. tom. I. p.* 29 & *ſeq. Colmariæ*, 1751 : *in-fol.*

410. ✻ Remontrance à Monſeigneur le Duc d'Orléans; par Yves DE MICHEL, Sieur de Sure, ſur le ſujet de très-riches & abondantes mines d'or & d'argent, par lui découvertes en la Province de Dauphiné : *Paris*, 1716, *in*-4.]

411. Obſervations ſur les mines d'or, d'argent & de fer qui ſont en Franche-Comté; par M. DUNOD DE CHARNAGE, Profeſſeur Royal en l'Univerſité de Beſançon.

M. Dunod a inſéré ces Obſervations dans ſon *Hiſtoire du ſecond Royaume de Bourgogne*, &c. *Dijon*, 1737, *in*-4.

412. Projet d'ouverture & d'exploitation des minières & mines d'or, & d'autres métaux, aux environs de Cézé, du Gardon, de l'Eraut, & d'autres Rivières du Languedoc, de la Comté de Foix, de Rouergue, &c. par M. l'Abbé DE GUA DE MALVES : *Paris*, Dessain Junior, 1764 : *in*-8.

On y trouve trois planches qui représentent les lieux où sont les mines que l'Auteur propose de faire exploiter. Voyez l'extrait de cet Ouvrage dans le *Journal Économique*, 1764, *Novembre*, *pag.* 481.

413. Réponse de M. G. (GUETTARD) à une note de l'Ouvrage de M. l'Abbé de Gua-de-Malves. *Journal Economique*, 1764, *Décembre*, *pag.* 548.

414. Mss. Dissertation sur la manière dont se fait la pêche de l'or dans une rivière des Cevennes, nommée de Ceze; par L. LE COINTE, Officier au Régiment de l'Isle Maurice, ou de France.

Cette Dissertation est entre les mains de l'Auteur, & dans les Registres de l'Académie de Nismes.

Traités sur les Stalactites & Pétrifications.

On a placé, au commencement de cet article, les différens Traités qui ont été faits sur les Grottes, parce-que les singularités qu'on trouve ordinairement dans ces souterrains, sont de la nature de celles qui font l'objet des Ouvrages cités ici.

415. Obſervations ſur quelques Stalactites de Sable; par M. GUETTARD, de l'Académie des Sciences.

Ces Obſervations font partie de la première Diſſertation du même Auteur ſur les Stalactites, inſérée dans les *Mémoires de l'Académie des Sciences*, 1754, *pag.* 25. M. Guettard décrit celles qu'il a vues près d'Etampes, dans le voiſinage d'Ecouen, & à l'Abbaye du Val, près de l'Iſle-Adam.

416. Deſcription des Grottes d'Arcy; par M. PERRAULT.

Cette Deſcription eſt dans le Livre que cet habile Phyſicien a publié ſur l'*Origine des Fontaines : Paris*, le Petit, 1674, *in*-12. (*pag.* 273-287). Le Dictionnaire de Moréri contient cette Deſcription preſque toute entière, au mot *Arcy*. Elle a reparu encore, mais plus abrégée, dans les *Tablettes de Bourgogne*, 1759, *pag.* 153-1760; & dans l'*Almanach d'Auxerre*, 1760.

417. * Mſ. Deſcription des Grottes d'Arcy, près d'Avalon; par Claude JOLY, Conſeiller au Parlement de Metz, en 1679.

Ce Manuſcrit (étoit) conſervé dans la Bibliothèque de M. de la Mare, Conſeiller au Parlement de Dijon, qui en parle pag. 49 de ſon *Plan des Hiſtoriens de Bourgogne*.

Claude Joly eſt mort en 1689.]

M. l'Abbé Papillon (*Bibliothèque de Bourgogne*, *pag.* 344) dit que Claude Joly eſt mort le 14 Février 1680, lorſqu'il alloit être reçu Conſeiller au Parlement de Metz; & parmi les Manuſcrits de ce Magiſtrat, qu'il dit avoir vus chez M. de la Mare, & être paſſés à la

Bibliothèque du Roi, il ne met point la Description des Grottes d'Arcy. Il n'en parle que d'après le Supplément de Moréri de M. l'Abbé Goujet.

418. Description des mêmes Grottes; par Jacques CLUGNY, Lieutenant-Général du Bailliage de Dijon.

Cette Description, qui fut faite par ordre de M. Colbert, a été imprimée dans les *Mémoires de Littérature* du P. des Molets, *tom. II. pag.* 1-110; & depuis dans le *tom. I.* de l'*Encyclopédie*, au mot *Arcy*.

419. Nouvelle Description des Grottes d'Arcy; par M. MORAND, Docteur en Médecine de la Faculté de Paris, & de la Société Royale de Lyon : *Lyon*, 1752, *in*-12.

Elle se trouve encore dans les *Observations sur l'Histoire Naturelle, la Physique & la Peinture*, 1752, *in*-4. *tom. I. part. III.*

420. Mss. Description, Plans, Coupe, & Nivellement des Grottes d'Arcy sur Cure; par M. PASUMOT, Ingénieur-Géographe du Roi, de l'Académie d'Auxerre; lue aux Assemblées de cette Académie, en 1763.

L'Auteur se propose de publier cette Description. Elle présente d'abord un coup-d'œil général sur la nature des terres & des pierres du canton, & est terminée par des Observations physiques sur les singularités qu'on voit dans ces Grottes, sur la formation même de ces souterrains, & sur un bras de la Rivière de Cure, qui se perd sous terre, coule par-dessous les Grottes, & reparoît de l'autre côté de la montagne, où elle fait tourner un moulin. L'Auteur annonce que les Descriptions précédentes, dont il fait mention, ne s'accordent point entr'elles, & ne peuvent donner une idée précise de tout ce qu'on voit dans ces Grottes.

421. Description (en vers) de quelques effets des Grottes d'Arcy, en Bourgogne.

Elle se trouve dans l'*Almanach des Muses : Paris*, 1765, *in*-24.

422. Lettre de M. SEIGNETTE, sur une Grotte de la montagne où se trouvent les bains de Bagnères, dans le Bigorre.

Cette Lettre est dans l'*Histoire de la Rochelle*, par M. Arcère, *tom. II. pag.* 424.

423. Extrait de deux Lettres écrites de Besançon à M. de Réaumur, en 1743 & 1745, sur la Grotte qui se trouve à quelque distance de Besançon, & qu'on nomme la Glacière ; par M. DE COSSIGNY, Ingénieur en chef de Besançon, & Correspondant de l'Académie des Sciences.

Cet Extrait se trouve dans les *Mémoires présentés à l'Académie*, *tom. I. pag.* 195 *& suiv.* A des mesures précises, l'Auteur joint un plan détaillé & une coupe de la caverne, qui mettent sous les yeux tout l'intérieur de cette Grotte singulière. Il ne rapporte que ce qu'il a vu, & il a soigneusement dépouillé sa Description du faux merveilleux que l'ignorance ne manque jamais de jetter sur les faits extraordinaires.

424. Extrait d'une Lettre de M. BOISOT, Abbé de Saint-Vincent, touchant la Glacière de Besançon & la Grotte de Quin-

gey. *Journal des Sçavans*, 1686, *pag.* 287. =*Républiq. des Lettres, Août*, 1688.=*Choix des Mercures, tom. XXXII. pag.* 207.

425. Deſcription de la Grotte de Crégi; par M. GUETTARD, de l'Académie des Sciences.

Cette Deſcription fait partie de la ſeconde Diſſertation du même Auteur ſur les Stalactites inſérée dans les *Mémoires de l'Académie*, 1754, *pag.* 57.

426. Deſcription de la Balme de Dauphiné; par M. DIEULAMANT. *Hiſtoire de l'Acad. des Sciences*, 1700, *pag.* 3.

427. Autre Deſcription de la même Grotte; par M. MORAND, Docteur en Médecine de la Faculté de Paris.

On voit par cette ſeconde Deſcription, qui ſe trouve dans les *Mémoires préſentés à l'Académie, tom. II. pag.* 149, combien il étoit échappé de recherches au premier Obſervateur, & de quel avantage il eſt que les merveilles de la nature ſoient examinées plus d'une fois par d'habiles Phyſiciens.

428. Epiſtola Samuelis BLANQUET, D. M. Monſpelienſis, ad Biterrenſis Academiæ ſocios, de aquâ quæ in ſaxa obrigeſcit: *Mimati*, Bergeron, 1731, *in*-4.

C'eſt une Deſcription bien écrite & très-détaillée des Grottes de Merveis.

429. Deſcription des Grottes de Merveis, près de Mende en Gévaudan, avec des

remarques

remarques ſur la manière dont ſe forment les congélations; par M. BOUILLET, Secrétaire perpétuel de l'Académie de Béziers.

Cette Deſcription, qui eſt extraite de la Lettre précédente, eſt imprimée dans la *Relation de l'Aſſemblée publique du 6 Décembre*, 1731, *pag.* 19.

430. Mſ. Relation d'un Voyage ſouterrain dans la Caverne de Rochecaille en Périgord; lue à l'Académie de Bordeaux le 25 Février 1764; par le R. P. FRANÇOIS, Religieux Récollet, Aſſocié de l'Académie.

Cette Relation, qui eſt conſervée dans les Regiſtres de cette Académie, eſt curieuſe par la Deſcription du ſouterrain. On doit admirer le courage de l'Académicien qui en eſt l'Auteur, & de ceux qui avec lui oſerent entreprendre ce voyage.

431. Lettre de M. l'Abbé (JACQUIN) à M. le Chevalier de **** ſur les Pétrifications d'Albert en Picardie. *Mercure*, 1755, *Juin*, 1. vol.

Elle eſt auſſi dans les *Mélanges d'Hiſtoire Naturelle* de M. Dulac, *tom. II. pag.* 171-180. Aux environs de la Ville d'Albert, eſt une carrière immenſe de Pétrifications, des plus ſingulières peut-être qui ſoient en France. Les ouvriers qui la percèrent ne trouvèrent au lieu de pierres que du tuf, & des matières pétrifiées; telles que de la mouſſe, des roſeaux, des brins de fougères, des feuilles, des branches, & des troncs d'arbres entiérement pétrifiés.

Voyez ſur une découverte faite en 1759 dans cette Carrière, la *Feuille néceſſaire*, *pag.* 410: *Paris*, Lambert, 1759, *in*-8.

432. Lettre au sujet de la précédente sur les Pétrifications d'Albert.

Elle est insérée dans le *Mercure*, 1755, *Juillet*, *pag.* 113-115, & dans les Mélanges de M. Dulac, *tom. II. pag.* 187-189.

433. Autre Lettre de M. J*** à M. le Chevalier de B*** sur les Pétrifications d'Albert. *Mercure*, 1755, *Décembre*, *pag.* 168-184, 2 vol.

Cette Lettre est la réponse à la précédente.

434. Lettre de M. l'Abbé Jacquin, de l'Académie des Sciences, Belles-Lettres & Arts de Rouen, à M. le Comte de B*** sur les Pétrifications d'Albert, & sur la Carrière de Veaux sous Corbie. *Mercure*, 1757, *Novembre*, *pag.* 109-120.

435. Msf. Mémoire sur les Pétrifications d'Albert, petite Ville à sept lieues d'Amiens; par M. DES MEILLARTS, de l'Académie d'Amiens.

Il est dans les Registres de l'Académie des Sciences de cette Ville.

436. Pétrifications des eaux d'Arcueil. *Hist. de l'Acad. des Sciences*, *an.* 1687.

437. Msf. Mémoire sur les Pétrifications de la Vallée de Bondeville, à une lieue de Rouen; par M. GUERIN, Secrétaire de l'Académie des Sciences de cette Ville.

L'objet principal de ce Mémoire, qui est dans les Registres de l'Académie, est une Carrière très-singulière entièrement différente des ordinaires, & qui n'est qu'un amas confus de diverses matières rassemblées dans ce lieu. Elle n'a qu'un seul lit profond de quatre pieds, sous lequel est un bourbier dont on n'a pu trouver le fond. Après la description de cette espèce de pierres, M. Guerin en assigne les usages, & expose ses conjectures sur sa formation.

X 438. Mémoire sur les Pétrifications de Boutonnet, petit Village proche de Montpellier; par M. ASTRUC, Professeur en Médecine au Collége Royal; lu dans l'Assemblée de la Société Royale des Sciences à Montpellier.

L'Auteur reconnoît devoir une partie des détails de ce Mémoire à M. BON, premier Président de la Chambre des Comptes de Montpellier, dont il fait l'éloge. Il discute l'opinion des Physiciens qui considèrent les Pétrifications comme des jeux de la nature; il établit ensuite son hypothèse, où il prétend qu'elles ont été moulées par de véritables coquilles. Le *Journal de Trévoux*, 1708, *p.* 512, en donne un extrait fort étendu.

439. Mss. Lettre écrite le 9 Janvier 1754, par M. Emanuel-Guillaume VIALLET, Sous-Ingénieur des Ponts & Chaussées de la Généralité de Champagne, & à présent (1764) Sous-Inspecteur de celle de Paris, à M. DARGENVILLE, Maître des Comptes; avec un état des Pétrifications, & quelques Observations sur celles qui se trouvent dans la Champagne.

Il y en a une copie dans les Regiſtres de la Société Littéraire de Châlons.

440. Mémoire ſur les Pétrifications des environs de la Rochelle; par M. DE LA FAILLE.

Ce Mémoire ſe trouve dans l'*Oryctologie* de M. d'Argenville.

441. Mſ. Mémoire ſur les Pétrifications du lieu de Soulains, Election de Bar-ſur-Aube; par M. VARNIER, de la Société Littéraire de Châlons-ſur-Marne.

Il ſe trouve dans les Regiſtres de cette Société.

442. Examen des cauſes des impreſſions des Plantes marquées ſur certaines pierres des environs de Saint-Chaumont, dans le Lyonnois; par M. Antoine DE JUSSIEU, de l'Académie des Sciences. *Mém. de l'Académie* 1718, *pag.* 287, & *Hiſt. pag.* 3.

Il ſe trouve auſſi *pag.* 73, *du tom. II. des Mémoires pour ſervir à l'Hiſtoire Naturelle*, &c. par M. DULAC: ci-devant, N.° 51. L'Auteur de ces Mémoires y a joint des figures de plantes ſemblables à celles dont parle M. de Juſſieu, pour Saint-Chaumont, & qui n'ont été découvertes qu'en 1764, dans le Furens, rivière qui paſſe par Saint-Eſtienne.

443. Recherches Phyſiques ſur les Pétrifications qui ſe trouvent en France, de diverſes parties de plantes, & d'animaux étrangers; par M. Antoine DE JUSSIEU. *Mémoires de l'Acad. des Sciences*, 1721, *pag.* 69 & 322.

444. Dissertation sur les Pierres figurées qu'on trouve à Saint-Chaumont, dans le Lyonnois, & mille autres endroits de la terre, aussi-bien que sur les Coquillages & les autres vestiges de la mer; par le Père CASTEL. *Mémoires de Trévoux*, 1722, *Juin*, *pag.* 1089.

445. Mémoire sur la découverte d'une Souche d'arbre pétrifiée, trouvée dans une montagne aux environs d'Etampes; par M. CLOZIER, Chirurgien des Haras du Roi, & Correspondant de l'Académie des Sciences. *Mémoires présentés à l'Acad. tom. II. pag.* 598.

Suivant l'Historien de l'Académie (M. de Fouchy) l'observation de M. Clozier léve toute incertitude sur la nature de ces fossiles, regardés par quelques-uns comme de véritables pierres qui imitoient seulement la nature du bois, sans avoir jamais passé par cet état. Il n'est pas possible d'y méconnoître un véritable tronc d'arbre rongé même en quelques endroits par des insectes qu'on y trouve aussi pétrifiés.

446. Portentosum lithopædion sive embryon petrefactum urbis Senonensis (*Basileæ*, 1582). Accedit Joannis ALBOSII exercitatio de hujus indurationis causis naturalibus: *Senonis*, 1587, *in*-8.

Le prodigieux enfant pétrifié de la Ville de Sens, traduit de Latin en François; par Siméon DE PROVENCHERE: *Sens*, *in*-8.

Il n'est pas démontré que les os se pétrifient. On a

pu prendre l'ossification des parties solides, pour une véritable pétrification. Quoi qu'il en soit de cette curiosité naturelle, elle a été vendue à des Vénitiens qui la mirent dans le trésor de leur Ville. J. Aillebouft, Auteur des conjectures sur les causes de cette pétrification, est devenu premier Médecin de Henri III. Siméon de Provenchere son Traducteur, avoit été appellé avec lui pour l'examen de ce fait singulier. Voyez l'*Almanach de Sens*, 1766, *pag.* 157-161.

447. Histoire de quelques corps humains pétrifiés, trouvés au mois de Février dernier (1760) debout dans un rocher qu'on a fait sauter avec de la poudre, auprès d'Aix en Provence, (en Anglois).

Cette Histoire, que l'Auteur a puisée dans les papiers publics où elle a été décrite, & sur laquelle il s'est permis des conjectures plus ingénieuses que satisfaisantes, est jointe à une *Description curieuse & particulière de quelques squelettes d'hommes découverts en France (auprès de Soissons) en* 1685, *dans une ancienne tombe*, *&c. Londres*, Bristow, 1760, *in*-4. (en Anglois).

448. Mémoire sur des os fossiles, découverts le 28 Janvier 1760, dans l'intérieur d'un rocher auprès de la Ville d'Aix en Provence; par M. GUETTARD. *Mémoires de l'Académie des Sciences*, *an.* 1760, *pag.* 209-220.

On trouve à la fin une note de M. Hérissant, de la même Académie, qui a rapport à ces os.

449. Mémoire sur les os fossiles; par M. GUET-

TARD. *Mémoires de l'Acad. des Sciences, an.* 1764.

Il eſt queſtion d'os marins, trouvés en France.

450. Mſ. Autre Mémoire ſur les os foſſiles; par le même.

Il eſt entre les mains de l'Auteur. On y traite des os foſſiles qui ne ſont pas d'animaux marins, mais terreſtres; & on y fait voir que ceux qu'on trouve aux environs d'Etampes ne ſont pas des racines, comme l'a prétendu M. Clozier.

451. Mémoire ſur une Pétrification mêlée de coquilles, qui ſe trouvoit dans une petite pièce d'eau du Château des Places, près de Chinon en Touraine; par M. LE ROYER DE LA SAUVAGERE, Chevalier de l'Ordre Royal de Saint-Louis, Ingénieur en chef dans le Corps Militaire du Génie, & de l'Académie des Belles-Lettres de la Rochelle : *in*-12. 8 pages.

On retrouve ce Mémoire dans le *Journal de Verdun*, 1763, *Octobre*, *pag.* 291. Voyez auſſi le *Journal Economique*, 1765, *Février*, *pag.* 63.

452. Extrait d'une Lettre à M*** ſur des Coquillages foſſiles qui ſe voyent dans les environs de Beauvais. *Mercure*, 1748, *Juin*, *pag.* 49-52, I vol.

453. Lettre ſur les Coquillages foſſiles. *Mercure*, 1748, *Juin*, *pag.* 60-67.

On prend pour exemple des Coquillages des différentes Provinces du Royaume.

454. Mémoire ſur les accidens des Coquilles foſſiles, comparés à ceux qui arrivent aux Coquilles qu'on trouve maintenant dans la mer; par M. GUETTARD. *Mém de l'Acad. des Sciences*, 1759, *pag*. 189-226.

On y parle des Coquilles foſſiles de la France.

455. Mſ. Mémoire ſur les Coquillages foſſiles, ſur les Ourſins cryſtalliſés, & ſur les autres Pétrifications de différens corps marins, que l'on a trouvés dans les carrières de M. Médine & de M. d'Abdie, dans la Paroiſſe de Léognan, à deux lieues de Bordeaux, pendant les années 1759=60=61=62=63 & 1764 : *in*-4.

Ce Mémoire eſt conſervé à Bordeaux, avec les Collections des pièces d'Hiſtoire Naturelle qui en font le ſujet.

456. Mſ. Obſervations ſur les Coquillages foſſiles qu'on trouve près du Château de Saucatz, dans les Landes, à trois lieues de Bordeaux; par M. DE BARITAULT, Conſeiller au Parlement de Bordeaux, & de l'Académie de cette Ville : *in*-4.

Ces Obſervations ſont au Dépôt de l'Académie.

457. Remarques ſur les Coquilles foſſiles de quelques Cantons de la Touraine, & ſur les utilités qu'on en tire; par M. DE REAUMUR. *Mémoires de l'Acad. des Sciences*, 1720, *pag*. 400.

458. Mémoire sur les Encrinites & les pierres étoilées; par M. GUETTARD. *Mém. de l'Acad. des Sciences*, 1755, *pag.* 224-263, & 318-354.

On y parle de plusieurs endroits de la France, où l'on trouve des Encrinites qui sont des amas de petits corps, dont la réunion représente la fleur d'un lis.

459. Mſ. Mémoire sur les pierres figurées du Pays d'Aunis, avec la Description d'un alphabet lapidifique, pour servir à l'Histoire Naturelle de cette Province; par M. DE LA FAILLE, Contrôleur général des guerres, & de l'Académie de la Rochelle: *in*-4. 30 pages & 15 planches.

Ce Mémoire est entre les mains de l'Auteur, qui en prépare une édition considérablement augmentée. On en trouve un extrait étendu dans le *Mercure*, 1754, *Octobre*, *p.* 13-25, & dans les *Mélanges d'Histoire Naturelle* de M. Alléon Dulac, *tom. I. pag.* 304-316.

460. Dissertation sur la formation de trois différentes espèces de pierres figurées, qui se trouvent dans la Bretagne; (par M. DE ROBIEN.)

Cette Dissertation est à la suite d'un Ouvrage du même Auteur, intitulé, *Nouvelles idées sur la formation des fossiles: Paris*, David l'aîné, 1751, *in*-12.

461. Essai sur la formation des Dendrites, des environs d'Alais; par M. DE SAUVAGES, de la Société Royale des Scien-

ces de Montpellier. *Mém. de l'Acad. des Sciences*, 1745, *pag.* 561.

Les Dendrites sont des pierres le plus souvent opaques, sur lesquelles on voit des miniatures naturelles, qui imitent des arbres, & quelquefois des paysages. Celles qui sont le principal objet du Mémoire de M. de Sauvages, se trouvent en assez grande abondance dans un vallon du Diocèse d'Alais, appellé vulgairement *Russeau*. On peut consulter la *Bibliothèque raisonnée tom. XLV. pag.* 327.

462. Essai sur les Dendrites des environs d'Orléans; par M. SALERNE, Correspondant de l'Académie des Sciences. *Mém. présentés à l'Acad. des Sciences, tom. II. pag.* 1.

M. Salerne décrit l'extérieur des Dendrites, & rapporte les différentes expériences qui lui ont appris la nature de la teinte jaunâtre, & celle de la couleur qu'il nomme *arborifique*, dont les diverses ramifications imitent si bien les branches & les feuilles des arbres, qu'on est tenté d'en attribuer la figure à leur impression. Les Dendrites dont parle M. Salerne sont tirées des Carrières de Cavereau, petit Hameau à neuf lieues au-dessous d'Orléans. Elles fournissent aussi un blanc de craie, appellé *blanc d'Espagne*, dont ce Mémoire apprend en passant la composition & l'usage.

SECTION IV.

Hydrologie de la France.

§. I. *Traités sur les Mers, les Fleuves & les Fontaines qui ne sont pas Minérales.*

463. Essai sur l'Histoire Economique des Mers Occidentales de France; par M. TIPHAIGNE, Docteur en Médecine (de Caen) : *Paris*, Bauche, 1760, *in*-8.

Cet Essai est divisé en deux parties. Dans la première l'Auteur envisage d'abord les productions de la Mer du côté de leur utilité. Après avoir jetté un coup d'œil sur le Canal de la France (ou la Manche) sur la nature des fonds & la variété des Côtes, sur les nombreuses familles qui habitent ces Mers, il commence la Description des Pêches, & jette les fondemens de ses vues économiques. En finissant, il parle de l'origine de certains impôts que des particuliers perçoivent sur la marée, des rentes auxquelles les pêcheurs sont obligés de se soumettre pour établir leurs filets dans certains endroits, &c.

La seconde partie traite des espèces particulières de Pêches, de celle aux Marsouins, Chiens de Mer, Huitres, &c. M. Tiphaigne propose sur chacune des idées neuves, & des projets d'amélioration. Dans tout le cours de cet Essai, on trouve des détails intéressans sur la Physique, l'Histoire Naturelle & les Arts. Voyez les *Mémoires de Trévoux*, 1761, *Janvier*, *pag.* 44-60.

464. Histoire Physique de la Mer; par Louis Ferdinand, Comte DE MARSIGLI, de

l'Académie des Sciences de Paris : *Amsterdam*, 1725, *in-fol.*

Cet Ouvrage contient principalement l'Histoire Naturelle de la Mer Méditerranée, sur les Côtes de Languedoc & de Provence, où l'Auteur étoit pendant les années 1706 & 1707. Il traite du bassin ou du lit de la Mer, de l'eau, des divers mouvemens de l'eau, de la nature, de la propriété & de la végétation des plantes. L'Auteur propose son Ouvrage comme un échantillon d'Histoire Naturelle pour tout le reste de la Mer. Tout ce qu'il y avance, est fondé sur des expériences & observations qu'il a faites sur les lieux mêmes. On y trouve des Cartes du Golfe de Lyon, des Profils ou Coupes du Bassin de la Mer, & des figures très-bien dessinées.

* 464. Les Rivières de France; par Louis COULON. *Paris*, 1644, *in*-8. 2 vol.

Quoique cet Ouvrage soit proprement une Description Géographique, il peut servir cependant aux Naturalistes, pour connoître le cours des différens Canaux qui traversent la France.

== Rivières de France qui roulent des paillettes d'or : ci-devant, N.os 406-409 & 412-414.

465. Mémoire sur les Rivières, Ruisseaux, Fontaines & Cascades remarquables des Provinces du Lyonnois, Forez & Beaujolois; par M. ALLEON DULAC, Avocat en Parlement & aux Cours de Lyon.

Il fait partie de ses *Mémoires*, ci-devant, N.° 51. La Grotte ou Cascade de Fontanière, qui est regardée à Lyon comme une grande singularité, la Fontaine de la Galée, la Rivière d'Yvours, celle de Furens, & la Fontaine Saint-Maurice, sont les principaux objets dont il est traité dans ce Mémoire. La Description des deux premiers est tirée d'un Mémoire remis à la Société Royale de Lyon, en 1751; par M. MORAND, Docteur en Médecine, & de l'Académie Royale des Sciences.

466. Mſ. Mémoire ſur les Rivières de la haute & baſſe Marche.

Il fait partie des Mémoires de MM. Jean & Pierre ROBERT, Lieutenans-Généraux en la Ville de Dorat: ci-devant, N.° 52.

467. Mémoire ſur pluſieurs Rivières de Normandie, qui entrent en terre, & qui reparoiſſent enſuite, & ſur quelques autres de la France; par M. GUETTARD. *Mém. de l'Acad. des Sciences*, 1758, *pag.* 271, & *Hiſt. pag.* 13.

468. Mſ. Mémoire ſur les propriétés des eaux de l'Arriège; par M. RICAUT: lu à l'Académie des Sciences & Belles-Lettres de Toulouſe, le 16 Mars 1747.

Il eſt conſervé dans les Regiſtres de cette Académie.

* 468. Réflexions de M. l'Abbé DE FONTENU, ſur le Loiret. *Hiſt. de l'Acad. des Belles-Lettres*, *tom. XII. pag.* 153-163.

469. Obſervations de M. BUACHE, ſur le Loiret, avec une Carte exacte de cette Rivière; dreſſée par M. JOUSSE, Conſeiller au Préſidial d'Orléans; lues en 1766 à l'Académie Royale des Sciences.

Ces Obſervations ſont dans les Regiſtres de cette

Académie. On y fait une comparaiſon de la Carte de M. Jouſſe, avec celle qui accompagne les Réflexions de M. l'Abbé de Fontenu, ſur leſquelles on donne divers éclairciſſemens.

470. Mémoire ſur l'eau de la Rivière d'Ouche, qui baigne les murs de la Ville de Dijon; par M. FOURNIER, Docteur en Médecine : *Dijon*, de Fay, 1762, *in*-8.

471. Cauſe des débordemens de la Seine, &c. par Henri SAUVAL.

Ces Obſervations ſe trouvent dans le Liv. III de ſes *Antiquités de Paris*, *tom. I. pag.* 200-208.

472. Expérience curieuſe faite à Paris ſur la Rivière de Seine, pendant l'été de l'année 1677. *Journal des Sçavans*, 1678; *pag.* 39 *& ſuiv.*

473. Examen des cauſes qui ont altéré l'eau de la Seine pendant la ſéchereſſe de l'année 1731; par M. Antoine DE JUSSIEU. *Mém. de l'Acad. des Sciences*, 1733, *pag.* 351 *& ſuiv.*

M. de Juſſieu dit que cette altération a été produite par la multiplication extraordinaire d'une plante aquatique, à laquelle la ſéchereſſe & le peu de hauteur de l'eau ont donné lieu.

474. Obſervations expérimentales ſur les eaux des Rivières de Marne, d'Arcueil & de Puits, & ſur les filtres & les vaiſſeaux les plus ſains & les plus propres à purifier & à conſerver

l'eau; par M. AMY, Avocat au Parlement de Provence: *Paris*, Morel, 1749, *in*-12.

475. Dissertation sur la nature des eaux que l'on boit à Paris. *Journal Economique*, 1753, *Juin*, *p.* 112-151, & *Juillet*, *p.* 104-137.

Après un éloge détaillé de l'eau en général, on examine quelles doivent être ses qualités, pour qu'elle soit bonne; & on applique aux eaux de la Seine les principes qui ont été posés d'abord. Dans le second article, on compare ces eaux à celles d'Arcueil, de Belleville, & du Pré Saint-Gervais. L'Auteur prouve ses propositions par plusieurs expériences. Il finit par donner la Liste des différentes eaux qui se distribuent aux Fontaines de Paris.

476. Quæstio Medica, an salubrior Sequana? propugnata anno 1759, in Universitate Parisiensi, à Joanne Armando ROUSSIN DE MONTABOURG, Præside Francisco MÉRY: *Parisiis*, 1759, *in*-4.

On trouve un extrait de cette Thèse dans le *Journal Economique*, 1759, *pag.* 516 *& suiv.* M. Méry préfère l'eau de la Seine à celle d'Issy, de Belleville & de Rungis (ou d'Arcueil) qui ne parviennent à Paris qu'à travers des tuyaux de plomb, & qui laissent appercevoir une espèce de crudité en les buvant.

477. Examen chymique de l'eau de la Rivière d'Yvette; par MM. HELLOT & MACQUER, de l'Académie Royale des Sciences.

Il est dans le Mémoire de M. Deparcieux, lu à l'Assemblée publique de l'Académie, le 13 Novembre 1762, sur la possibilité d'amener à Paris mille à douze cens pouces d'eau, belle & de bonne qualité, &c. *Paris*, Imprimerie Royale, 1764, *pag.* 40 & *suiv.* Il résulte de cet examen que l'eau de l'Yvette ne contient aucunes substances sulphureuses, ou inflammables, aucun acide, ni alkali, aucunes parties ferrugineuses, cuivreuses, ni d'autres parties métalliques.

478. Observations où l'on fait voir que les eaux de toutes les petites Rivières qui composent la Seine, & autres grandes Rivières, ont le goût de Marais, &c. par M. DEPARCIEUX. *Mém. de l'Acad. des Sciences*, 1762, *pag.* 391 & *suiv.*

Ce sont des additions que l'Auteur a jointes à son Mémoire sur l'Aquéduc (projetté) des eaux de l'Yvette à Paris.

479. Henrici NINNIN, Quæstio Medica, an Vidula salubris? in Universitate Remensi habita : *Remis*, 1749, *in*-4.

L'Analyse des eaux de la Vesle, toutes les expériences faites pour constater leur qualité, & le jugement du fameux M. Geoffroy, leur ont donné la réputation que le préjugé leur ôtoit, & elle se confirme tous les jours par la diminution des maladies.

480. Discours admirables de la nature des eaux & fontaines, tant naturelles qu'artificielles, &c. par Bernard PALISSY : ci-devant, N.° 279.

481. Mf. Mémoire sur la nature de toutes les eaux d'Amiens, relativement à la santé des Habitans, aux Arts, aux Manufactures; par

par M. SELLIER, Professeur des Arts & de l'Académie des Sciences d'Amiens.

Ce Mémoire est conservé dans les Registres de cette Académie.

482. Mss. Observations Physiques sur les eaux de l'Artois, & en particulier sur la Fontaine de Beuvry; par M. l'Abbé LUCAS, de la Société Littéraire d'Arras.

Elles sont dans les Registres de cette Société.

483. Mss. Examen des eaux communes de la Ville d'Auxerre, qui ne valent rien, excepté celles de la Rivière (d'Yonne) & du Puits de l'Evêché; par M. BERRYAT, Docteur en Médecine de Montpellier, Correspondant de l'Académie Royale des Sciences, & Membre de la Société Littéraire d'Auxerre.

Ce Mémoire est conservé dans les Registres de cette Société. M. Berryat est mort à Auxerre en 1754. C'est lui qui a publié les deux premiers Volumes de la Collection Académique.

484. Mss. Analyse des eaux communes d'Auxerre, lue en 1760 à la Société Littéraire de cette Ville; par M. MARTIN, Apothicaire.

Il résulte de cette Analyse que la Ville d'Auxerre n'a pas d'eaux mal saines, mais que la plus salubre de toutes est celle de la Rivière d'Yonne, qui baigne ses murs. L'Auteur de ce Mémoire, qui se trouve dans les Registres de la Société Littéraire de cette Ville, est mort en 1761.

485. Ms. Mémoires sur les exondations du Puits de Boyaval, sur les sources bouillantes de Fontaine-les-Boullans, sur les Fontaines saillantes du Château de la Vasserie, près Béthune, & sur les Fontaines intermittentes de Bailleulmont; par M. l'Abbé LUCAS, de la Société Littéraire d'Arras.

Ils sont dans les Registres de cette Société.

486. Explication Physique du flux & du reflux d'un Puits situé aux environs de Brest, sur le bord de la mer; par le Père AUBERT, de la Compagnie de Jesus. *Mém. de Trévoux*, 1728, *Octobre*, *pag.* 1878-1894.

Le Père Alexandre, Bénédictin, fait mention de ce Puits dans son *Traité sur le flux & reflux de la Mer*, *p.* 150. L'élévation de ses eaux est toujours contraire à celle de la Mer.

587. Sur la Fontaine de Colmars dans le Diocèse de Sénès en Provence; par M. ASTRUC, de la Société Royale de Montpellier, & Docteur en Médecine. *Mémoires pour l'Histoire Naturelle du Languedoc*, *pag.* 401 (ci-devant, N.° 47.)

Cette Fontaine est remarquable par la fréquence de ses retours : elle s'arrête & elle coule environ huit fois dans une heure. Ces variations, dont Gassendi paroît avoir été étonné, dépendent, dit M. Astruc, du plus ou du moins d'eau qui abonde à la Source, ſuivant que la ſaiſon eſt plus ou moins pluvieuſe.

488. Relation de la découverte d'une ſource dans la Ville de *Coulanges-la-Vineuſe*, en Bourgogne; par L. J. RICHER, Avocat à Auxerre: *Paris*, 1712, *in*-8.

C'eſt un précis des opérations que M. Couplet, Ingénieur du Roi & de l'Académie des Sciences, avoit faites pour la découverte & la conduite de cette ſource. Avant ſes travaux, la Ville de Coulanges manquoit abſolument d'eau. Ce fut M. d'Agueſſeau, Procureur-Général, & Seigneur du lieu, qui y envoya M. Couplet en 1705. Voyez l'*Eloge* de cet Ingénieur, par M. de Fontenelle.

489. Mémoire ſur la Fontaine de Fonteſtorbe, ſon intercalation, &c. par M. ASTRUC, de la Société Royale de Montpellier: *Toulouſe*, Robert, *in*-4. 13 pages.

Fonteſtorbe eſt auprès du Village de Beleſta, aux baſſes Pyrénées, Diocèſe de Mirepoix. La Diſſertation de M. Aſtruc à ſon ſujet, lue à une ſéance publique de la Société Royale de Montpellier, a été rendue publique par le Père Planque, de l'Oratoire. M. Aſtruc l'a fait réimprimer lui-même en 1737, avec des changemens conſidérables, *pag.* 257, de ſes *Mémoires pour l'Hiſtoire Naturelle de la Province du Languedoc*: *Paris*, 1737, *in*-4.

490. Obſervations ſur la Fontaine de Fonteſtorbe, accompagnées de l'explication de tout ce qu'elle a de remarquable; par

le P. PLANQUE, de l'Oratoire, &c. *Toulouse*, Robert, 1731, *in*-4. 16 pages.

L'Auteur a fait exécuter une machine en fer-blanc, dont le jeu rend exactement toutes les variations de la Fontaine. Comme le sujet de sa Dissertation est le même que celui du Mémoire précédent, cette conformité a fait accuser le P. Planque d'avoir voulu se faire honneur de l'Ouvrage de M. Astruc. Pour dissiper cette calomnie, il en fit imprimer une copie dérobée au Secrétaire de la Société de Montpellier. M. Astruc, *pag.* 271 de ses *Mémoires pour l'Histoire Naturelle du Languedoc*, reproche beaucoup au P. Planque ce larcin, qui n'étoit point nécessaire pour dissiper une accusation frivole, & qui ne pouvoit point lui procurer la gloire d'avoir découvert le méchanisme de la Fontaine de Fontestorbe, puisque son explication se trouvoit dans des Auteurs qui avoient écrit plus de vingt ans avant lui. Cet Ouvrage a été réimprimé dans les *Mémoires sur l'Histoire Naturelle du Languedoc*, à la suite de celui de M. Astruc.

491. Différences entre le Mémoire de M. Astruc, & celui du Père Planque de l'Oratoire, sur la Fontaine de Fontestorbe: *in*-4. 6 pages, sans nom d'Imprimeur.

492. Lettre sur le véritable Auteur de l'explication de la Fontaine de Fontestorbe, donnée sous le nom du Père Planque de l'Oratoire. *Montpellier*, Rochard, 1731, *in*-4.

On en trouve un extrait dans les *Mémoires de Trévoux*, 1732, *Février*, *pag.* 281.

493. Discours de deux Fontaines décou-

vertes à Forgirenon, près de Langres : *Paris*, du Brayer, 1603, *in*-8.]

494. Extrait d'une Lettre de M. COURVOISIER, Docteur en Médecine, au sujet d'une Fontaine périodique, située sur le chemin de Pontarlier, au Village de Touillon, en Franche-Comté. *Journal des Sçavans*, 1688, *pag.* 295, 2 *partie*, & *Choix des Mercures*, *tom.* XXXIII. *pag.* 116.

M. Piganiol de la Force a transcrit cette Lettre presque en entier dans sa *Description de la France*, *tom. VIII. pag.* 480. Son extrait se trouve encore *pag.* 407, des *Mémoires pour servir à l'Histoire Naturelle du Languedoc* (ci-devant, N.° 47); par M. Astruc. Mais cet habile Naturaliste avoue que ce qu'on dit de l'inégalité alternative des intermissions de cette Fontaine, lui paroît suspect.

495. Ms. Mémoire sur six Puits, creusés de 40 pieds de profondeur dans un rocher découvert auprès du Village des Pois de Fiol, en Franche-Comté; par M. le Marquis DE MONTRICHARD, Associé de l'Académie de Besançon.

Ce Mémoire est dans les Registres de cette Académie. M. Bullet a donné l'explication du nom du Village, dans son *Dictionnaire Celtique*, dont il est fait mention ci-après au Chapitre des Gaulois.

496. Histoire naturelle de la Fontaine qui brûle près de Grenoble, avec la recherche de ses causes & principes, & ample traité de

ses feux souterrains; par Jean TARDIN, Docteur en Médecine : *Tournon*, Linocier, 1618, *in*-12.

Cet Ouvrage est comme tous ceux de ce tems-là, rempli de digressions un peu étrangères au sujet, & d'enthousiasme pour une merveille qui n'en est plus une. Tardin étoit d'ailleurs un Médecin habile. On a de lui plusieurs Dissertations Physiologiques. Une, entre autres, sur une Naissance tardive, vient d'être réimprimée à la suite d'une Consultation qu'un Médecin célèbre (M. Bouvard) a donnée dans une espèce semblable.

497. Observations sur la Fontaine de Marsac, en Périgord; par le Révérend Père MUL, Cordelier de la Grande Province d'Aquitaine. *Mémoires de Trévoux*, 1749, *Juin*, *pag*. 1334-1340.

Il est encore parlé de cette Fontaine dans les Antiquités des Villes de France, par André du Chesne, dans le Dictionnaire de Corneille, & dans celui de la Martinière.

498. Analyse de l'eau du Puits de l'Ecole Royale Militaire de Paris; par M. MARTIN, ci-devant Apothicaire dudit Hôtel. *Journal de Médecine*, *tom*. *VII*. *pag*. 354.

499. Ms. Observations sur les eaux d'un Lac creusé aux environs de Périgueux, qui s'enflamment à l'approche d'une torche allumée; lues à l'Académie de Bordeaux, le 25 Août 1755; par M. l'Abbé PEIX, ancien Professeur de Philosophie à Périgueux,

Supérieur du Séminaire de Saint-Raphaël à Bordeaux, & de l'Académie de cette Ville.

Ce Manuscrit est conservé dans le Dépôt de l'Académie de Bordeaux.

500. Relation de la Fontaine sans fond, de Sablé, en Anjou, communiquée à l'Académie des Sciences ; par M. le Marquis DE TORCY. *Histoire de l'Acad. des Sciences*, 1741, *pag.* 37.

501. Ms. Description d'une Fontaine située sur une montagne, à 150 toises du dessus du niveau de la mer, à une demi-lieue de S. Jean-de-Luz, qui a un flux & un reflux en tout semblable à celui de la mer; lue par M. LAVAUT, à l'Académie des Sciences & Belles-Lettres de Toulouse, le 18 Février 1751.

Elle est conservée dans les Registres de cette Académie.

502. Extrait d'une Lettre de M. QUILLET, écrite de Saint-Pol en Artois, au sujet d'un Puits extraordinaire (de Boiaval). *Mercure*, 1741, *Janvier*, *pag.* 19-24.

* 502. Lettre écrite d'Aix en Provence; par M. BOYER le jeune, à M. l'Abbé B*** sur le même sujet. *Mercure*, 1741, *Juillet*, *pag.* 1529-1538.

503. Observations sur une Fontaine publique de Senlisse, Village près de Chevreuse,

dont l'eau fait tomber les dents, sans fluxion, sans douleur & sans effusion de sang; par M. LEMERY, de l'Académie Royale des Sciences. *Histoire de cette Académie, année* 1712, & *Journal des Sçavans*, 1716, *pag.* 200.

504. Ms. Description d'une Fontaine située dans le Fauxbourg de Tonnerre, Bourbereaux, & appellée Fosse d'Yonne; par M. LE PERE, Secrétaire de la Société Littéraire d'Auxerre.

Cette Description est dans les Registres de cette Société. Le vulgaire pense que la Fontaine dont il est question, vient de l'Yonne, & on débite mille fables à ce sujet. M. le Père, qui donne des détails sur la position de cette Fontaine, sa construction, sa profondeur, & sa largeur, dit qu'elle est fournie & perpétuée par les montagnes qui l'environnent.

§. II. *Traités sur les eaux Minérales.*

Traités sur celles de la France en général.

505. ✠ La mémoire renouvellée des merveilles des eaux naturelles en faveur de nos Nymphes Françoises, & des Malades qui ont recours à leurs emplois salutaires; par Jean BANC, de Moulins en Bourbonnois, Docteur en Médecine : *Paris*, Sevestre, 1605, *in*-8.]

L'Auteur y fait passer en revue presque toutes nos eaux

eaux Thermales. On trouve dans cet Ouvrage les Descriptions des anciens bains du Bourbonnois & de l'Auvergne, tels que les Romains les avoient construits : l'Auteur en trace assez exactement les débris & les ruines.

506. Merveille des eaux naturelles & Fontaines Médicinales les plus célèbres de la France, comme Pouges, Bourbon-les-Bains, & autres ; par Jean BANC : *Paris*, 1606, *in*-8.

507. ✻ Recueil des Fleuves & des Fontaines chaudes & froides de France ; par Claude CHAMPIER.

Il se trouve dans le Livre II des *Singularités des Gaules.*]

508. Petri Joannis FABRI hydrographum spagyricum, in quo de mirâ fontium essentiâ tractatur : *Tolosæ*, Bosc. 1639, *in*-8.

Le second Livre de cet Ouvrage offre la Description de plusieurs Fontaines Minérales de France, & surtout de la Province du Languedoc.

509. ✻ Le secret des eaux Minérales acides, nouvellement découvert par une méthode qui fait voir quels sont les minéraux qui se mêlent avec les eaux de Provins, de Spa, de Forges, de Pougues, de Château-Thierry, d'Auteuil, de Passy, d'Ancosse, de Sainte-Reine ; & qui montre que l'opinion commune touchant l'acidité des eaux minérales ne peut subsister ; par Pierre le

GIVRE, Médecin : *Paris*, Ribou, 1667, *in*-12.]

Le même, avec quelques Lettres de plusieurs Médecins sur les Eaux minérales de France. *Paris*, Ribou, 1677, *in*-12.

En 1667, Samuel Cottereau Duclos, Médecin du Roi, & Membre de l'Académie des Sciences, lut une Dissertation pour réfuter quelques principes avancés par le Givre. On en trouve un précis dans l'*Histoire Latine de l'Académie*; par M. du Hamel, *pag.* 14 & 15. On peut encore voir sur Samuel Cottereau Duclos, les *Transactions Philosophiques*, *num.* 125, *pag.* 612. Il ignoroit, ainsi que Pierre le Givre, l'Art que l'on a aujourd'hui d'analyser les eaux Minérales ; & leurs disputes sont fondées sur de ridicules hypothèses.

510. Examen de diverses eaux Minérales de la France ; par MM. DUCLOS & BOURDELIN, de l'Académie des Sciences. *Hist. de l'Académie des Sciences*, *ann.* 1667-1670, *pag.* 62, & *Bibliothèque de Médecine*, *tom. IV*. *pag.* 122, *in*-4.

511. * Observations sur les eaux Minérales de plusieurs Provinces de France, faites dans l'Académie des Sciences en 1670 & 1671 ; par DUCLOS, Médecin ordinaire du Roi : *Paris*, Imprimerie Royale, 1675, *in*-12.

Samuel Cottereau DUCLOS est mort en 1685.]

Les mêmes à la suite du *Traité des eaux de Vichi*; par Jean-François CHOMEL : *Paris*, Briasson, 1738, *in*-12.

Eædem Obſervationes latinè redditæ : *Lugd. Batav.* Vander Aa, 1685, *in*-8.

512. Obſervations ſur pluſieurs eaux Minérales de France. *Hiſt. de l'Acad. des Sciences*, 1708, *pag.* 57, & 1713, *pag.* 29.

513. Traité abrégé des eaux Minérales de France, & la manière d'en faire l'analyſe; par M. L. M. (LE MONNIER) de l'Académie Royale des Sciences.

Ce Traité eſt imprimé à la fin du ſecond Volume de la *Pharmacopée* de Moyſe Charas : *Lyon*, Bruyſet, 1753, *in*-4.

514. Analyſe de différentes eaux Minérales de France.

Cette Analyſe eſt dans le Traité du Fer, par Swedemborg, dont M. Bouchu a placé la Traduction dans la *ſect. IV* de l'*Art des Forges & Fourneaux*, imprimé avec ceux de l'Académie des Sciences.

515. Abrégé méthodique des eaux Minérales, contenant les eaux médicinales les plus célèbres, ſoit chaudes, ſoit froides, de la Grande Bretagne, de l'Irlande, de la *France*, &c. par M. RUTTY, Docteur en Médecine : *Londres*, Johnſton, 1757, *in*-4. (en Anglois).

Selon M. de Vandermonde, qui donne un extrait étendu de ce grand Ouvrage, dans le *Journal de Médecine, tom. IX. pag.* 388, *année* 1758, il ne doit être regardé que comme un vaſte Recueil d'expériences, le plus souvent incapables de jetter le moindre jour sur l'objet qu'il traite. Tout ce que dit le Docteur Rutty est, comme il l'annonce dans son titre, extrait des principaux Auteurs qui ont écrit sur les eaux de la France & des autres Pays de l'Europe. Il s'est appliqué en particulier à réunir & à mettre en ordre les différens Mémoires qui ont rapport à cet objet, & qui sont répandus dans les Recueils des Sociétés savantes.

516. Analyse de l'abrégé méthodique du Docteur Rutty, adressée par manière d'appel au Collége Royal des Médecins de Londres; par C. LUCAS, Docteur en Médecine : *Londres*, Millar, 1757, *in*-8. (en Anglois.)

C'est une critique souvent très-amère du Livre précédent, faite par un Confrère, piqué de n'avoir pas vu ses Ouvrages cités comme il l'auroit desiré.

517. Observations de Physique & d'Histoire Naturelle sur les eaux Minérales de Dax, de Bagnères & de Barèges, &c. par M. DE SECONDAT, ancien Conseiller au Parlement de Bordeaux, & de l'Académie de cette Ville, &c. *Paris*, Huart, 1750, *in*-12.

Cet Ouvrage est très-agréable, par l'élégance avec laquelle il est écrit. Il contient des remarques curieuses sur la chaleur des eaux.

518. GUINTHERII Andernaci commentarius de Balneis & Aquis medicatis : 1565, *in*-8.

L'Auteur (Jean Gonthier) fait mention des eaux

d'Andigaste, de Géberswicer, de Niderbronn & de Waldersbronn près de Bitsch, & de plusieurs autres eaux minérales des frontières Orientales de France.

Ce Médecin, qui a mérité un éloge public dans la Faculté de Médecine de Paris, dont il étoit Membre, est mort en 1574.

519. Mſ. Aquarum Galliæ mineralium Analysis; auctore D. VENEL : *in*-4. 2. vol.

Cet Ouvrage, fait par ordre de la Cour, est entre les mains de M. Venel, Docteur en Médecine à Montpellier.

Traités sur les Eaux Minérales des différentes parties de la France, rangés selon l'ordre alphabétique du nom des lieux où elles se trouvent.

A

520. Analyse de l'eau Minérale ferrugineuse qui se trouve dans *Abbeville;* par M. LE MAIRE : 1740, *in*. 12.

521. Mſ. Dissertation sur les eaux Minérales d'*Abbeville*; par M. VRAYET, de l'Académie d'Amiens.

Elle est conservée dans les Registres de cette Académie.

522. Traité des eaux Minérales d'*Abecourt*, où l'on démontre par l'analyse & par plusieurs expériences, quelle est la nature de ces eaux; où l'on fait le parallèle de ces

eaux avec celles de Forges, & où l'on donne l'idée la plus juste qu'on doit avoir des eaux ferrugineuses & de Mars, avec l'explication des maladies auxquelles elles conviennent, & les Observations des personnes qui ont été guéries par leur usage; par M. GOUTTARD, Médecin ordinaire du Roi & de Madame la Dauphine : *Paris*, d'Houry, 1718, *in*-12.

On doit à M. de Ferragus, Médecin de l'Abbaye de Poissi, la connoissance des eaux dont il est parlé dans ce Traité. Ce Médecin en fit la découverte en 1708, & communiqua à l'Auteur de la Dissertation dont il s'agit, quelques expériences qui engagèrent l'un & l'autre à faire l'Analyse de ces eaux, qui, selon l'Auteur, depuis leur découverte, sont devenues par tout le monde une piscine salutaire.

523. Mſ. Mémoires sur les eaux Minérales d'*Availles*, en basse Marche; découverte de ces eaux en 1623; leur nature & leurs effets; à quelles maladies elles sont propres.

Ils font partie des Mémoires de MM. Jean & Pierre ROBERT, Lieutenans-Généraux en la Ville de Dorat : ci-devant, N.° 52.

524. Mémoire sur les eaux Minérales d'*Ax*, dans le Comté de Foix; par M. SICRE, de l'Académie des Sciences & Belles-Lettres de Toulouse : *Toulouse*, Guillemet, 1758, *in*-12.

L'Auteur a employé le loisir d'une longue convalestence, à examiner ces eaux, auxquelles il doit, dit-il, ſon rétabliſſement. Pour en rendre l'examen plus intéreſſant, il rapporte vingt-quatre Obſervations ſur des cures faites par ces eaux, & n'oublie pas ſa propre guériſon. M. Sicre avoit plus de zèle que de lumières; mais il a ſuppléé à ce défaut, par une grande docilité pour un jeune Chymiſte de Paris, qui lui indiquoit preſque pas à pas la marche qu'il devoit ſuivre dans ſon analyſe.

525. Eſſai ſur les eaux Minérales d'*Acqs*; par M. DUFAU : *Acqs*, 1736, *in*-12.

Le même, augmenté, ſous le titre d'Obſervations ſur les eaux thermales d'*Acqs*, où l'on donne une juſte idée de leur nature & de leurs propriétés; par M. DUFAU, Médecin, de l'Académie de Bourdeaux : *Acqs*, 1759, *in*-12. de 96 pages.

On trouve dans une Lettre qu'on a inſérée à la fin de ces Obſervations, que cet Ouvrage avoit déja été imprimé avant 1753, & que la première édition avoit mérité à l'Auteur l'aſſociation à l'Académie de Bordeaux.

526. Mſ. De aquarum Tarbellicarum calidis aquis : *in*-8.

Ce Manuſcrit, qui renferme un Traité des eaux thermales de Dax, eſt attribué à M. DE SUBERCASAUX, Médecin en la même Ville. Son Manuſcrit a été dépoſé, après ſa mort, chez M. Grateloup, Echevin.

527. Relation de la Fontaine bouillante de *Dax*, lue à l'Académie de Bordeaux au mois de Janvier 1742; par M. DE SECONDAT,

Mém. de Trévoux, 1747, *Septembre*, *pag.* 1826, & *Obſervations de Phyſique*, *&c.* par le même, *pag.* 3-27.

528. Mſ. Expériences faites ſur la Fontaine d'eau chaude de la Ville de *Dax*, les 19, 20 & 22 Février; par le P. LAMBERT, Religieux de l'Obſervance, & Aſſocié de l'Académie de Bordeaux : *in-fol.*

Ce Manuſcrit ſe trouve dans le Dépôt de l'Académie de Bordeaux.

529. ✻ Traité des eaux Minérales trouvées en 1598 près de la Ville de l'*Aigle*, en Normandie; par Germain METON : *Rouen*, Hamilton, 1629, *in*-12.]

530. ✻ De Thermarum *Aquiſgranenſium* viribus, cauſa & legitimo uſu epiſtolæ duæ Petri [BOUHEZII, in quibus etiam acidarum aquarum ultra Leodium exiſtentium facultas explicatur] : *Antverpiæ*, Loens, 1555, *in*-8.

C'eſt un Traité des bains d'*Aix-la-Chapelle*, qui a été fait en 1550.]

531. ✻ Franciſci FABRICII thermæ *Aquiſgranenſes*, ſive de balneorum naturalium, præcipuè eorum qui Aquiſgrani & Porcettæ, naturâ & facultatibus, & quâ ratione illis utendum, libellus perutilis : *Coloniæ*, Genepii, 1546, *in*-4. *Coloniæ*, Kinchius, 1616, *in*-12. *Ibid.* Cholinus, 1617, *in*-8.]

532. ✽ Lettres de François BLONDEL, Docteur en Médecine, sur les eaux Minérales d'*Aix-la-Chapelle* & de *Porcette*: *Bruxelles*, Mommart, 1662, *in*-12. *Aix-la-Chapelle*, 1671, *in*-12.

Ce Médecin est mort en 1682.]

533. ✽ Thermarum *Aquisgranensium* & *Porcetarum* descriptio, eodem auctore: *Aquisgranæ*, Metternich, 1671, *in*-12. fig.] *Idem*. *Trajecti-ad-Mosam*, Dupreys, 1685, *in*-12. *Aquisgrani*, Clemens, 1688, *in*-4.

534. ✽ Avis au Public touchant la vertu des eaux minérales, chaudes & froides, d'*Aix-la-Chapelle*, comme aussi des Bains de *Porcet*; par N. TOURNIELLE, Docteur en Médecine, 1696, *in*-8.]

535. ✽ Nicolai VALLERII tentamina Physico-Chymica circa aquas thermales *Aquisgranenses*: *Lugduni Batavorum*, Boudestein, 1699, *in*-8.]

536. ✽ Hydro-Analyse des eaux Minérales d'*Aix-la-Chapelle*; par J. Fr. DE BRESMAL. *Liége*, Millot, 1703, *in*-8.]

537. ✽ La connoissance des eaux minérales d'*Aix-la-Chapelle*, de *Chaud-Fontaine*, & de *Spa*, par leurs véritables principes, envoyée à un ami; par W. CHROUET, Docteur en Médecine: *Leyde*, Schouten, 1714, *in*-8.]

538. La circulation des eaux d'*Aix* & de *Spa*; par J. Fr. BRESMAL : *Liége*, 1718, *in*-12.

539. Description de la Ville d'*Aix-la-Chapelle*, de ses eaux Minérales & de ses Bains : *Leyde*, *in*-4. (en Hollandois).

540. Amusemens des eaux d'*Aix-la-Chapelle*; par HECQUET, Docteur en Médecine, (& neveu du célèbre Médecin) : *Amsterdam*, Mortier, 1736, *in*-8. 3 vol.

541. D. Gottlob Caroli SPRINGSPHELD, Medici aulici Saxô-Ducalis, & civitatis Weissenfelxensis Physici ordinarii, Iter medicum ad Thermas *Aquisgranenses* & fontes *Spadanos* : accessêre singulares quædam Observationes Medicæ atque Physicæ : *Lipsiæ*, Gleditsch, 1748, *in*-8.

On trouve un extrait de cet Ouvrage dans les *Actes de Léipsik*, 1749, *pag.* 387.

542. R. P. (Robert PIERRE) Bathoniensium & Aquisgranensium Thermarum comparatio : *Londini*, 1676, *in*-12.

543. Des Bains d'*Aix*, & des moyens de les remettre, à MM. les Consuls d'Aix, Procureurs du Pays; par A. M. (Antoine MERINDOL) Docteur & Professeur en Médecine : *Aix*, Durand, 1600, *in*-8.

L'Auteur est mort en 1624, à Aix sa patrie.

544. Traité des Bains de la Ville d'*Aix* (en Provence); par DE CASTELMONT : *Aix*, Tolosan, 1600, *in*-8.

Ce Traité fut critiqué par le suivant.

545. ✳ Apologie pour les Bains d'*Aix* (en Provence); par Antoine MERINDOL, Docteur en Médecine : *Aix*, Tolosan, 1618, *in*-8.]

Il y a eu une première édition de cet Ouvrage en 1600, *in*-8. Peut-être est-ce la même que celle indiquée ci-devant, N.° 543.

546. ✳ Les Eaux chaudes d'*Aix*, de leur vertu, à quelles maladies elles sont utiles, & de la saison de s'en servir; par Jean Scholastique PITTON, Docteur en Médecine : *Aix*, David, 1678, *in*-8.]

547. Lettre écrite à MM. sur une source d'eau chaude & minérale d'*Aix*, découverte l'an 1704 : *Aix*, sans date, petit format.

548. ✳ Les Eaux chaudes d'*Aix*, avec les avis & la méthode nécessaire pour s'en servir; par Honoré Maria LAUTHIER, Professeur en Médecine : *Aix*, David, 1705, *in*-12.]

Voyez les *Mémoires de Trévoux*, 1705, *Octobre*, *pag*. 1696.

549. ✳ Traité des eaux Minérales d'*Aix*; par Louis ARNAUD : *Avignon*, 1705, *in*-12.]

On trouve un extrait de cet Ouvrage dans les *Mémoires de Trévoux*, 1706, *Juin*, *pag*. 1004.

550. * Analyse des eaux Minérales d'*Aix* en Provence, avec des réflexions sur leur vertu, & l'usage qu'on doit en faire; par Antoine AUCANE-EMERIC, Docteur en Médecine: *Avignon*, 1705, *in*-8.]

On trouve un extrait de cet Ouvrage dans les *Mémoires de Trévoux*, 1705, *Octobre*, *pag.* 1696.

551. Découverte d'une source d'eau chaude à *Aix* en Provence. *Mém. de Trévoux*, 1704, *Novembre*, *pag.* 2005. *Mercure*, 1705, *Mars*.

552. Mémoire sur les eaux Minérales d'*Alais*, pour servir à l'Histoire Naturelle de la Province; par François BOISSIER DE SAUVAGES, Professeur en Médecine à Montpellier; lu à l'Assemblée publique de la Société Royale des Sciences de la même Ville, le 19 Avril 1736: *in*-4.

Il se trouve aussi presque tout entier dans la *Description de la France* de Piganiol, *tom. VI. pag.* 102-107.

553. Recueil de Pièces sur les eaux d'*Alais*.

C'est une petite brochure de 18 pages, sans titre, ni nom d'Editeur. Elle renferme un Certificat de Marc Giraudet, Jean Gibert, & François la Croix (de Sauvages) Médecins d'Alais, sur l'usage & l'utilité de ces eaux, & différentes Lettres de Médecins & de Particuliers addressées à M. Faucon, Maître de la Fontaine de *Daniel*, sur la bonne qualité des eaux de cette Fontaine.

554. Melchioris SEBISII dissertationum de

Acidulis sectiones duæ, in quarum priore agitur de acidulis in genere; in posteriore verò de *Alsatiæ* acidulis in specie : *Argentorati*, Glaser, 1627, *in*-8.

555. De Thermis & Balneis *Alsatiæ* sub Romanis : autore J. D. SCHOEPFLIN, *Alsat. illustrat. pag.* 357 *& suiv.*

556. Mſ. Mémoire sur les eaux Minérales de l'*Anjou* ; par M. BERTELOT DUPATY, Docteur en Médecine de l'Université d'Angers.

Il est conservé dans les Registres de l'Académie des Sciences & Belles-lettres d'Angers.

557. Admirables & miraculeuses vertus de la Fontaine d'*Antilly*, au Diocèse de Meaux en Brie, découverte par le Cardinal du Perron; par Jean-Philippe VARIN, Bernois : *Paris*, Brunet, 1614, *in*-8. 23 pages.

L'Auteur ne parle de cette Fontaine chimérique dans aucun endroit aussi au long que dans le titre. Il décrit les Fontaines de l'Antiquité & même les modernes, de Bourbonne & d'Auvergne, & laisse-là celle d'Antilly, dont il ne dit que trois ou quatre mots dans la page 6, où il compare le Cardinal du Perron à l'Ange du Lavoir de Siloë.

558. Observations Physiques & Médicinales sur les eaux Minérales d'*Appoigny*, de *Pourain*, de *Dige* & de *Touci*, aux environs d'*Auxerre*, avec une Consultation à

l'usage de ceux qui en boivent ; par M. BERRYAT, Conseiller-Médecin ordinaire du Roi, Intendant de ces eaux Minérales, Correspondant de l'Académie Royale des Sciences de Paris, & Membre de la Société des Sciences & Belles-Lettres d'Auxerre : *Auxerre*, Fournier, 1752, *in*-12.

On trouve dans le quatrième volume de l'*Histoire de l'Académie Royale des Sciences*, un article concernant l'eau d'Apoigny ou Epoigny, petite Ville à deux lieues d'Auxerre ; & c'est-là ce qui a donné occasion à M. Berryat de faire de nouvelles recherches sur cette Source, qui depuis étoit entièrement tombée dans l'oubli. Son Ouvrage étoit d'autant plus digne d'être donné au Public, qu'il peut servir à faire connoître à ceux qui habitent le voisinage de ces eaux, les ressources qu'ils ont auprès d'eux dans un grand nombre de maladies. *Journal des Sçavans*, 1752, *Août*.

M. Berryat est mort à Auxerre en 1754.

559. Theophili de BORDEU, Quæstio Medica, Utrum *Aquitaniæ* Minerales aquæ morbis chronicis ? propugnata an. 1754, in Universitate Parisiensi : *Parisiis*, 1754, *in*-4. *pag.* 74.

Cette Thèse est d'autant plus intéressante, que les Traités des eaux Minérales de toute l'Aquitaine y sont analysés & discutés sçavamment.

560. Philippi BESANSONII, Doctoris Medici, de *Arduennæ* Silvæ duorum admirabilium Fontium effectibus admirabilibus, dialogus : *Parisiis*, Cavellat, 1577, *in*-8.

Le même, traduit sous ce titre, Petit Traité des merveilleux effets de deux admirables Fontaines en la Forêt d'*Ardenne*, & le moyen d'en user à plusieurs maladies, pris du Latin de Philippe BESANÇON, & mis en François par Marin LE FEVRE : *Paris*, Cavellat, 1577, *in*-8.

561. Eaux Minérales découvertes auprès d'*Arles*. *Mercure*, 1680. *Novembre*, *pag*. 123.

562. ✻ La Fontaine minérale d'*Arles* nouvellement découverte ; par J. S. D. E. D. (Joseph SEGUIN, Docteur en Droit) : *Arles*, Mesnier, 1681, *in*-4.]

563. ✻ Traité des eaux Minérales d'*Attancourt*, en Champagne, avec quelques Observations sur les eaux minérales de *Sermaise* ; par Edme BAUGIER, Médecin & Conseiller au Présidial de Chaalons : *Chaalons*, Seneuze, 1696, *in*-8.]

Quoique l'Auteur dise qu'il s'est appliqué pendant 40 ans à l'étude de la Médecine, il paroît n'avoir eu aucune connoissance de la saine Physique, ni de la vraie Chymie ; il n'a jugé de ces eaux que par leurs qualités sensibles, sans en donner aucune analyse.

564. ✻ Aquarum *Avallensium* medicatarum descriptio ; à Petro RONDELETIO, Medicinæ Doctore : *Parisiis*, Perrier, 1640, *in*-8.]

565. Dissertation sur les eaux nouvellement

découvertes à *Aumale*, en Normandie; contenant l'Analyse de ces eaux, & quelques observations sur les maladies qu'elles ont guéries; par M. MARTEAU DE GRANDVILLERS, Médecin de la Ville & de l'Hôpital d'Aumale, & Membre de l'Académie des Sciences d'Amiens: *Paris*, Vincent, 1759, *in*-12.

Les eaux qui sont l'objet de cette Dissertation & de l'Avis suivant, ont été découvertes en 1755 dans une prairie à l'extrémité du Fauxbourg Sainte-Marguerite d'Aumale. Elles ont été employées avec succès dans différentes maladies chroniques, sur lesquelles M. Marteau a fait quarante-six Observations, qu'il a jointes à son Analyse, avec les Procès-verbaux qui constatent l'efficacité des eaux. M. Vandermonde a donné un extrait de cet Ouvrage intéressant dans son *Journal de Médecine*, *tom. II*. 1759, *pag*. 230.

566. Avis sur les eaux minérales d'*Aumale*.

Il est inséré dans le *Journal de Médecine*, *tom. XIII*. *pag*. 85, 1760, *in*-12.

567. * De l'usage des eaux minérales acides, & surtout de celles d'*Auriols* en Trienes & de *Monestier* de Clermont; par P. DE VULSON, Docteur en Médecine: *Grenoble*, 1639, *in*-8.]

568. * Des vertus & propriétés des eaux minérales d'*Auteuil*, près Paris; par Pierre HABERT, Médecin: *Paris*, le Mur, 1628, *in*-8.]

On ne connoît que celles qui coulent dans les jardins de

de la Maison Seigneuriale de Passy à l'extrémité du Village, & on soupçonne qu'elles contiennent du cuivre; du moins M. de la Pouplinière, qui occupoit cette maison, avoit-il défendu qu'on en puisât, à cause de cet inconvénient.

569. ✻ Des eaux minérales d'*Auvergne* & du *Bourbonnois*; par (Jean-Baptiste) CHOMEL, Docteur en Médecine, de l'Académie Royale des Sciences.

Ces Observations sont imprimées dans le volume des *Memoires* de cette Académie de l'année 1708, *p.* 59.]

570. Description des sources minérales de l'*Auvergne*; par M. LE MONNIER. *Observations d'Histoire Naturelle*, par le même: ci-devant, N.° 6.

B

571. ✻ Les vertus des eaux minérales de *Bagnères* & de *Barège*, leur dégré de chaleur, leur composition & leur véritable usage; par Jean MOULANS, Maître Apothicaire Juré de Bagnères : *Toulouse*, Colomiez, 1685, *in*-12. [& *Tarbes*, Roquemaure, *in*-12.]

572. Traité de la propriété & effets des eaux, bains doux & chauds de *Bagnères* & de *Barège*; par P. DESCAUNETS : *Toulouse*, Hénault, 1729, *in*-12. *Ibid.* Birosse, 1745, *in*-12.

573. Mſ. Eſſai ſur les eaux de *Bagnères*, & Deſcription du lieu ; par M. le Préſident D'ORBESSAN ; lu à l'Académie des Sciences & Belles-Lettres de Toulouſe, le 17 Juillet 1749.

Dans les Regiſtres de cette Académie.

574. Mémoire ſur la nature & les propriétés des eaux minérales de *Bagnères*, lu le 25 Janvier 1749 à l'Académie des Sciences & Beaux-Arts de Pau ; par M. LE BAIG, Docteur en Médecine de la Faculté de Montpellier, & Membre de cette Académie : *Pau*, Dupoux, 1750, *in*-8.

575. Eaux minérales de *Bagnères* ; Analyſe des ſources de Salut & d'Artiguelongue ; par M. SALAIGNAC, Docteur en Médecine : *Paris*, J. Th. Hériſſant, 1752, *in*-12.

M. Salaïgnac donne ici l'Analyſe des deux principales ſources des eaux de Bagnères. Il les conſidère d'abord dans leur état naturel, & il fait voir tout ce qu'on y découvre par les ſens ; enſuite il les ſoumet à la concentration, à l'évaporation, à l'action de différentes ſubſtances avec leſquelles il les combine, & enfin à la diſtillation.

576. Mſ. Mémoire préſenté à l'Académie Royale des Sciences en 1761, ſur les divers dégrés de chaleur des différentes ſources de *Bagnères* ; par M. DARQUIER, de l'Académie Royale des Sciences & Bel-

les-Lettres de Toulouſe, Correſpondant de l'Académie Royale.

Dans les Regiſtres de cette Académie.

577. Traité des eaux minérales de *Bagnères*, *Barège*, *&c.* & autres petites ſources de la *Guienne* & du *Béarn*, avec l'analyſe des eaux minérales de la rue de la Rouſſelle (à Bordeaux); par M. Raymond-François CASTELBERD, Docteur en Médecine de l'Univerſité de Montpellier, Médecin à Bordeaux : *Bordeaux*, Chapuys, 1762, *in*-12.

278. Mſ. Traité des eaux minérales de *Bagnères*, de *Barège*, & de *Cauteretz*, où l'on établit la différence, le dégré de chaleur, les propriétés & les vertus de chaque ſource en particulier, avec les précautions qu'il faut obſerver, lorſqu'on veut faire uſage de ces eaux, ſoit extérieurement, ſoit intérieurement; le tout appuyé ſur des Obſervations & des expériences faites avec attention & exactitude; par M. CAMPAIGNE, Docteur en Médecine, & de l'Académie de Bordeaux : *in*-4.

Ce Manuſcrit eſt au Dépôt de l'Académie.

579. Mémoire ſur les eaux minérales & ſur les Bains de *Bagnères de Luchon*, appuyé ſur des Obſervations qui conſtatent leurs vertus médicinales, par nombre de guéri-

ſons qu'elles ont opérées; par M. CAMPARDON, Chirurgien-Major des eaux & de l'Hôpital de Bagnères de Luchon.

Ce Mémoire très-étendu & très-intéreſſant, eſt inſéré dans le *Journal de Médecine*, *tom. XVIII. pag.* 520, & *tom. XIX. pag.* 48, 160, 240, 415, 425, 520. M. ROUX, Auteur de ce Journal, a ajouté des remarques tirées d'un Journal de Barège.

580. Mſ. Analyſe de pluſieurs eaux minérales; par P. SEIGNETTE, Médecin ordinaire de Monſieur, frère unique du Roi Louis XIV.

Ce Manuſcrit eſt entre les mains de M. Seignette ſon fils, Conſeiller au Préſidial de la Rochelle. Il y a une Deſcription fort curieuſe d'une Grotte de la montagne où ſe trouvent les Bains de *Bagnères*.

581. ✻ L'Hydrothermopotie des Nymphes de *Bagnolz* en Gévaudan, ou Traité des bains & des eaux de *Bagnolz*; par Michel BALDIT: *Lyon*, Huguetan, 1651, *in*-12.]

582. ✻ Abrégé des vertus & qualités des eaux de *Baignolle*: *Caen*, Poiſſon, *in*-12.]

583. Obſervations faites par M. TABLET, ſur les qualités des eaux minérales de *Bagnoles*, en Baſſe Normandie. *Mémoires de Trévoux*, 1715, *Décembre*, *pag.* 2377 & 2378.

Le même, avec des remarques de M. PLAN-

QUE. *Bibliothèque de Médecine*, *tom. IV. pag.* 179, *in*-4.

584. ✻ Discours des admirables qualités des eaux minérales retrouvées dans le territoire de la Ville de *Bagnolz* (en Normandie); par Esprit DE FOURNIER, Médecin du Roi: *Lyon*, Odin, 1636, *in*-8.]

585. Traité des eaux minérales de *Baignoles*: *Alençon*, Malassis, 1740, *in*-8.

586. Lettres sur les eaux de *Baignoles* en Normandie, contenant plusieurs expériences faites sur ces eaux. *Journal de Verdun*, 1750, *Juin*, & 1751, *Juillet*.

587. Mémoire sur les eaux thermales de *Bains*, en Lorraine, comparées dans leurs effets avec les eaux thermales de *Plombières* dans la même Province; par M. MORAND, Docteur en Médecine de la Faculté de Paris. *Journal de Médecine*; *tom. VI.* 1757, *pag.* 114.

588. ✻ De causis & effectibus thermarum *Belilucanensium* parvo intervallo à Monspeliensi urbe distantium, libri duo Nicolai DORTOMANNI, Professoris Medici Monspeliensis: *Lugduni*, Pesnot, 1579, *in*-8.

Ce Livre traite des Bains de *Balaruc*.]

589. Examen des eaux de *Balaruc*; par Syl-

vain REGIS, de l'Académie Royale des Sciences.

Cet Auteur est mort en 1707. Son Mémoire est imprimé avec ceux de l'Académie, de l'année 1707, *p.* 98, & dans l'Histoire, 1699, *pag.* 55.

590. Instruction pour user à propos des eaux thermales de *Balaruc;* par Guennolé OLIVIER : *Montpellier, in*-8.

Cet Ouvrage qui a paru vers 1730, est assez singulier.

591. Analyse des eaux minérales de *Balaruc* en Languedoc, avec leurs propriétés & usage; par M. VIEUSSENS, Docteur en Médecine. *Mém. de Trévoux*, 1709, *Août*, *pag.* 1456, & *Bibliothèque de Médecine*, *tom. II. pag.* 611.

592. Lettre de M. l'Abbé VERE, sur les eaux de *Balaruc*, à Madame le Camus, Religieuse de S. Pierre de Lyon. *Mercure*, 1710, *Avril, pag.* 105, & *Bibliothèque de Médecine, tom. II. pag.* 618.

593. Observations sur les eaux de *Balaruc*, avec l'analyse; par M. LE ROY, Médecin, de la Société des Sciences de Montpellier. *Mém. de l'Académie des Sciences*, 1752, *pag.* 625.

Cet Auteur est le premier qui ait trouvé dans ces eaux du sel marin.

594. Dissertation sur les bains de *Balaruc*,

& les singularités naturelles qu'on trouve aux environs; par M. ASTRUC, Docteur en Médecine de la Faculté de Montpellier. *Mém. pour l'Histoire Naturelle du Languedoc, pag.* 293.

M. Astruc, après avoir exposé le plan des bains, & indiqué deux nouvelles méthodes pour faire l'analyse des eaux, rapporte différentes expériences capables de répandre un grand jour sur leurs propriétés, & qui prouvent principalement leur légéreté & l'extrême ténuité des parties qui les composent. Il parle ensuite, en peu de mots, de diverses façons dont la Médecine emploie ces eaux. Quelques Observations sur des singularités trop négligées, qui se trouvent auprès de Balaruc, terminent cette Dissertation.

595. Précis de l'examen chymique des eaux minérales de *Bar* & de *Beaulieu*, en Auvergne, lu à la Société des Sciences & Belles-Lettres de Clermont-Ferrand; par M. MONNET.

Ce Précis est imprimé dans le *Journal de Médecine, tom. XX. pag.* 420-429.

== Eclaircissement sur un passage du Mémoire précédent; par le même. *Ibid. tom. XXI. pag.* 534-537.

596 * Discours & abrégé des vertus & propriétés des eaux de *Barbotan*, en la Comté d'Armaignac; par Nicolas CHESNEAU, Médecin: *Bordeaux*, de la Court, 1629, *in*-8.

Eadem Epitome de natura & viribus aquarum *Barbotanensium*, in comitatu Auscitaniensi, olim idiomate gallico à Nicolao CHESNEAU, Massiliensi, Doctore Medico, conscripta, nunc verò propter Doctrinæ conformitatem ab eo latinitate donata.

Cette Traduction est imprimée à la fin du Livre intitulé, *Observationum Nic.* CHESNEAU, *libri V. Parisiis*, Léonard, 1672, & d'Houry, 1683, *in*-8. *Lugd. Batav.* Haak, 1719, *in*-4.]

597. Mémoire sur les eaux minérales & médicinales de *Bardon*, près de Moulins en Bourbonnois; par M. DIANNYERE, Docteur en Médecine, & Intendant de ces eaux.

Ce Mémoire traite, 1.° des minéraux que contiennent les eaux de Bardon; 2.° des effets que ces minéraux causent dans le corps humain; 3.° des maladies où il convient d'employer les eaux de cette fontaine; 4.° des règles qu'il faut observer dans l'usage qu'on en veut faire. On en trouve un extrait assez étendu dans les *Mémoires de Trévoux*, 1746, *Mai*, *pag.* 1064, & dans la *Bibliothèque de Médecine*, *tom. IV. pag.* 184, *in*-4.

598. Lettre sur la découverte d'une source à *Barège*; par M. COUFFILTZ, Médecin de Barège. *Mercure*, 1732, *Mars*.

599. Observations sur les eaux de *Barège*; par M. DE SAULT.

Elles se trouvent dans une *Dissertation* sur la pierre des reins & de la vessie, avec une méthode simple & facile pour la dissoudre, sans endommager les organes de de l'urine; par M. DE SAULT : *Paris*, Guérin, 1736, *in*-12. Le moyen que l'Auteur propose est, 1.° la boisson des eaux minérales de *Barège*; 2.° leur injection dans la vessie; 3.° la douche de ces mêmes eaux sur le bas-ventre, ou sur la région des reins; 4.° les lavemens de cette eau.

600. Traité des eaux & des bains de *Barège* (en Anglois); par C. MEIGHAN: *Londres*, 1742, *in*-8.

Le même, augmenté & corrigé : *Londres*, 1760, *in*-8.

601. Lettre à M. Vandermonde, sur quelques maladies traitées par les eaux de *Barège*; par M. BORDEU père, Docteur en Médecine, de la Faculté de Montpellier.

Cette Lettre, qui est l'extrait de l'Ouvrage précédent, est insérée dans le *Journal de Médecine*, *tom*. XII. *pag*. 262.

602. Examen de quelques fontaines minérales de la France, & particulièrement de celles de *Barège*; par M. LE MONNIER, Médecin, de l'Académie Royale des Sciences. *Mém. de l'Acad*. 1747, *pag*. 259.

603. Mémoire sur les eaux minérales de *Barège*, lu à l'Académie de Bordeaux, au mois de Janvier 1747; par M. DE SECONDAT. *Mém. de Trévoux*, 1748, *Mars*, & *Observations de Physique*, par le même, *pag*. 54-68.

604. L'uſage des eaux de *Barège*, & du Mercure pour les écrouelles, ou Diſſertation ſur les tumeurs ſcrophuleuſes, qui a remporté le prix à l'Académie Royale de Chirurgie en 1752 : *Paris*, Debure, 1757.

Les eaux de Barège ne ſont point le ſujet principal de cet Ouvrage, quoique le titre ſemble l'annoncer. C'eſt proprement un Traité ſur la maladie des écrouelles. On y fait voir que les eaux minérales, telles que celles de Barège, ſont nuiſibles à cette maladie & à ſes ſymptômes extérieurs.

605. Lettre ſur l'uſage des eaux de *Barège*, dans les maladies vénériennes, par M. François DE BORDEU, Médecin à Barège. *Journal de Médecine, Août*, 1760, *tom. XIII. pag.* 175.

606. Lettre à M. *** Conſeiller d'Etat, contenant la Relation d'un Voyage fait à *Barège*, à *Cauterez*, & à *Bagnères*; par M. THIERRY, Docteur-Régent de la Faculté de Médecine de Paris.

Cette Lettre, écrite d'un ſtyle élégant, eſt inſérée dans le *Journal de Médecine*, *tom. XII. pag.* 387.

607. Précis d'Obſervations ſur les eaux de *Barège*, & autres eaux minérales de Bigorre & du Béarn, ou extraits de divers Ouvrages périodiques au ſujet de ces eaux; par M. DE BORDEU le cadet, Médecin des

eaux de Barège en ſurvivance : *Paris*, Vincent, 1760, *in*-12.

Tous ces extraits ſont relatifs aux différens Ouvrages donnés ſur les eaux de Barège, par MM. de Bordeu.

608. Diſſertation ſur les eaux minérales du *Béarn ;* par M. DE BORDEU père, Docteur en Médecine de la Faculté de Montpellier, & Médecin de Pau en Béarn : *Paris*, Quillau, 1750, *in*-12.

La Préface de cet Ouvrage eſt de M. de Bordeu le fils, Médecin de la Faculté de Montpellier, & de celle de Paris. Voyez le *Journal des Sçavans*, 1754, *Juin*.

609. Lettres contenant des Eſſais ſur l'Hiſtoire des eaux minérales du Béarn, & de quelques-unes des Provinces voiſines, ſur leur nature, différence, propriété ; ſur les maladies auxquelles elles conviennent, & ſur la façon dont on doit s'en ſervir ; par M. Théophile DE BORDEU fils : *Amſterdam*, Poppé, 1746, & 1748, *in*-12.

Il donne une explication phyſique de l'effet des eaux minérales du Béarn, ſurtout de celles de Barège & de Bagnères. On trouve dans ces Lettres beaucoup de choſes curieuſes & intéreſſantes ſur la Phyſique & ſur la Géographie du Béarn. Les eaux minérales dont il s'agit ici, ſont celles de Dax, de Terſis, de Baure, de Saillies ; celles des Baſques, de Moncenſe, de Morlacs, de Féas, de Gan, d'Oleron, d'Ogeu, de S. Chriſtau de Tarbes, des Vallées d'Aſpe & d'Oſſau, de Cauterez, de Barège & de Bagnères.

610. Mémoire ſur les eaux de *Beauvais* : *in*-4.

611. Diſſertatio inauguralis de principiis & virtutibus aquarum *Bellovacenſium* quas Duiſburg. ad Rhenum die 2 Auguſti 1759, proponebat Joannes Baptiſta VALLOT, Regis Archiatri nepos : 1759, *in*-4.

Cette Thèſe eſt faite d'après le Mémoire précédent.

612. Mſ. Diſſertation ſur les qualités des eaux de la fontaine du Mont *Béru*, près Rheims ; par M. JOSNET.

Cet Ouvrage a été envoyé à l'Académie des Sciences.

613. Franciſci BOUCHARD, D. M. Biſuntini judicium de metallicis aquis *Veſuntione* inventis, per mediam æſtatem ann. 1677 : *Veſuntione* 1677, *in*-4.

614. Mémoire adreſſé aux Auteurs du Journal des Sçavans ; par M HAUTERRE, Médecin de l'Hôpital Royal de Vernon-ſur-Seine, ſur une ſource d'eau minérale découverte au mois de Septembre 1756, au Village de *Blaru*, près de Vernon. *Journ. des Sçavans*, 1758, *pag*. 40.

615. Traité des eaux de *Bouillon* & de *S. Amand*; par BRASSAR : *Lille*, 1714, *in*-8.

616. Mſ. Mémoire ſur les eaux minérales ferrugineuſes de la Carrière de *Bouillon*, deſquelles on a déduit, par occaſion, la

cause de ces belles herborisations tracées sur les pierres ardoisines qu'on en tire ; par M. BERTELOT DU PATY, Docteur en Médecine, de l'Université d'Angers.

Ce Mémoire est dans les Registres de l'Académie des Sciences & Belles-Lettres d'Angers.

617. ✠ Les Bains de *Bourbon-Lancy* & de *Bourbon-l'Archambaud*; par Jean AUBERI, Docteur en Médecine : *Paris*, Perier, 1604, *in*-8.]

Le surnom de l'Ancy vient d'Anceaume ou Ancelme, qui en étoit Baron, & dont le frère puîné se nommoit Archambaud. La manière dont presque tous les Auteurs l'écrivent est contraire à l'étymologie.

618. ✠ De la nature des Bains de *Bourbon*, & des abus qui se commettent en la boisson de leurs eaux ; par Isaac CATTIER, Médecin : *Paris*, 1650, *in*-8.]

619. Lettre sur les vertus des eaux minérales de *Bourbon-Lancy* ; par le même : *Bourbon*, 1655, *in*-4.

620. ✠ Les miracles de la nature en la guérison de toutes sortes de maladies, par l'usage des eaux minérales de *Bourbon-Lancy*; par Philippe MOUTEAU, Docteur en Médecine : *in*-12. 1655, sans nom de lieu, ni d'imprimeur : *Autun*, Laymeré, 1655, *in*-8. *Châlon*, Tan, 1660.]

621. Lettre sur les vertus des mêmes eaux

minérales; par le même : *Bourbon*, 1655, *in*-4.

622. De Balneis mineralibus *Borbon-Anselmiensibus*, & admirandis facultatibus aquarum prædictarum thermarum, auctore COMERIO. *Zodiac. Medic. Gallic. ann.* 3, *pag.* 59, *observ.* 5.

623. Lettre sur les eaux minérales de *Bourbon-Lancy*, en Bourgogne; par Jean-Marie PINOT, Docteur de la Faculté de Montpellier, Médecin Juré du Roi, en la Ville & Bailliage de Bourbon-Lancy, Intendant en survivance des eaux de la même Ville, & Correspondant de l'Académie des Sciences de Dijon : 1743, *in*-12.

La même, augmentée considérablement, sous le titre de Dissertation sur les eaux de *Bourbon-Lancy*, avec quelques réflexions sur la Saignée; par le même : *Dijon*, Defay, 1752, *in*-12.

624. Lettre de M. Comiers, touchant les eaux minérales de *Bourbon-Lancy*.

Elle se trouve dans le *Mercure*, 1681, *Juillet*.

625. Lettre sur les bains de *Bourbon-Lancy*.

Elle est insérée dans la *Bibliothèque de Médecine*, *tom. II. pag.* 631.

626. Nouvelles Observations sur les eaux de *Bourbon*; par le Père AUBERT, D. L. D. J.

au Révérend Père Tournemine. *Mémoires de Trévoux*, 1714, *Janvier*, *pag.* 142-154, & *Bibliothèque de Médecine*, *tom. II. pag.* 632.

627. Quæstio Medica, an thermæ *Borbonienses Anselmienses*, minorem noxam inferant epotæ, quàm *Arcimbaldicæ* & *Vichienses?* propugnata in Universitate Parisiensi, à Francisco LE RAT, ann. 1677: *Parisiis*, 1677, *in*-4.

628. Quæstio Medica, an in asthmate aquæ *Borbonienses Arcimbaldicæ* præstent *Vichiensibus?* propugnata an. 1684, in Univ. Parisiensi à Franc. FOUCAULT: *Parisiis*, 1684, *in*-4.

629. ✻ Avertissement sur les bains chauds de *Bourbon l'Archambaud*; (par Jean PIDOU.)

Cet Avertissement est imprimé avec un Discours sur les fontaines de Pougues: *Paris*, 1584, *in*-8.]

630. ✻ Les bains de *Bourbon l'Archambaud*; par Jean AUBERI: *Paris*, Perrier, 1604, *in*-8.

Ce Traité est imprimé avec celui des bains de Bourbon-Lancy, du même Auteur.]

631. ✻ Traité des eaux de *Bourbon l'Archambaud*, selon les principes de la nouvelle Physique; par Jean PASCAL, Docteur en Médecine: *Paris*, d'Houry, 1699, *in*-8.]

632. Essai d'analyse en général des eaux

minérales chaudes de *Bourbon l'Archambaud;* par M. BOULDUC, de l'Académie des Sciences. *Mém. de l'Acad.* 1729, *pag.* 258.

Le même, avec des remarques de M. PLANQUE, extraites d'autres Mémoires de l'Académie des Sciences. *Bibliothèque choisie de Médecine, tom. II. pag.* 638.

633. Traité des eaux minérales de *Bourbonne* (en Champagne dans le Baſſigny): *Lyon,* 1590, *in*-12.

634. ✠ Petit Traité des eaux & bains de *Bourbonne;* par N. THIBAULT: *Paris,* 1658, *in*-8.] *Langres,* Boudot, 1658.

Ce n'eſt, à proprement parler, qu'une édition plus françoiſe du vieux langage du premier.

635. ✠ Analyſe des eaux chaudes & minérales de *Bourbonne,* avec une petite Diſſertation ſur les différens genres de coliques; par F. BACOT DE LA BRETONNIERE, Médecin: *Dijon,* Defay, 1712, *in*-12.]

636. ✠ Diſſertation ſur les eaux minérales de *Bourbonne-les-bains;* par H. GAUTIER, Architecte, Ingénieur & Inſpecteur des grands chemins, Ponts & Chauſſées du Royaume: *Troyes,* Michelin, 1716, *in*-12.

Voyez *Mém. de Trévoux,* 1716, *Mai, pag.* 851 & *ſuiv.*]

637.

637. Jo. Cl. CALLET, Quæstio Medica, an plerisque morbis chronicis aquæ thermales *Borbonienses* in Campania? *Vesuntione*, 1716, *in*-8.

638. Lettre de M. BAUX le fils, de la Ville de Nismes, Docteur en Médecine de l'Université de Montpellier, sur l'analogie des eaux de *Bourbonne-les-bains*, en Champagne, à celles de *Balaruc* en Languedoc; écrite à M. Gautier, Inspecteur des grands chemins, Ponts & Chaussées du Royaume. *Journ. des Sçavans*, 1717, *Fevrier*, *p.* 70.

La même, avec des remarques tirées de l'Académie des Sciences, ann. 1700 & 1724; par M. PLANQUE. *Bibliothèque choisie de Médecine*, *tom. II. p.* 628.

639. Renati CHARLES, Doctoris Medici & in Universitate Vesuntina Professoris Regii, Quæstiones Medicæ circa thermas *Borbonienses*, quas propugnavit D. Antonius DUPORT, Borboniensis, Medicinæ Licentiatus, die 16 Aprilis 1721: *Vesuntione*, Conché, *in*-8.

En faveur des personnes qui n'entendent pas le Latin, M. Charles a donné lui-même une Traduction Françoise de ses Thèses sous le titre suivant:

640. Dissertation sur les eaux de *Bourbonne*; par M. CHARLES, Professeur en l'U-

niversité de Besançon, ci-devant Intendant de ces eaux : *Besançon*, Daclin, 1749, *in*-12. 2 vol.

On trouve un extrait de cette Thèse dans les *Mémoires de Trévoux*, 1722, *Mai*, *pag*. 790.]

641. Observations sur la chaleur des eaux de *Bourbonne-les-bains* ; par M. DU FAY, de l'Académie Royale des Sciences. *Hist. de l'Acad.* 1724, *p*. 47.

642. Traité des propriétés & vertus des eaux minérales, boues & bains de *Bourbonne-les-bains*, proche Langres ; par Nic. JUY : *Chaumont*, 1716, *in*-12. *Troyes*, 1728, *in*-12.

643. Avis sur la vertu des eaux de *Bourbonne-les-bains*, en Champagne ; par le même, 1728 : *in*-12.

644. Traité des eaux minérales de *Bourbonne-les-Bains* ; par M. BAUDRY : *Dijon*, Sirot, 1736, *in*-8.

645. Dissertations contenant de nouvelles Observations sur la fiévre quarte, & l'eau thermale de *Bourbonne* en Champagne ; par M. JUVET, Conseiller du Roi, Médecin de l'Hôpital Royal & Militaire de Bourbonne : *Chaumont*, Briden, 1750, *in*-8.

646. Lettre sur la vertu des eaux de *Bour-*

bonne, pour la guérison des fiévres intermittentes; par M. JUVET, Médecin du Roi à Bourbonne-les-bains. *Journal de Verdun*, *Décembre*, 1752.

647. Mſſ. Analyse des eaux minérales de la *Bourboule*; par M. OZY, Apothicaire Chymiste, & de la Société Littéraire de Clermont-Ferrand.

Elle a été lue à l'Assemblée publique de 1755, & l'on en trouve un extrait dans les *Mercures de* 1756. La Fontaine est située à peu de distance du chemin qui va de Clermont aux Monts d'or.

648. Lettres sur l'eau minérale de *Bourdeau*.

Elles sont insérées dans le *Mercure*, 1693, *Mai*, *pag.* 22, *Septembre*, *pag.* 26, & dans la *Bibliothèque de Médecine*, *tom. IV. pag.* 173-176.

649. ✻ Traités des singularités de la *Bretagne Arémorique*, en la quelle se trouvent les bains curans la lépre, la podagre, l'hydropisie, &c. par Roch LE BAILLIF, Médecin du Roi: ci-devant, N.° 304.]

650. ✻ Des eaux minérales de la fontaine de Fer à *Bourges*; par Etienne COUSTURIER, Médecin: *Bourges*, Toubeau, 1683, *in*-12.]

651. Fontaine minérale de la Ville de *Bourges*; par Maurice DE MONTREIL: *Bourges*, 1631, *in*-8.

652. Examen & analyse des eaux de *Bri-*

quesec (aux environs de Caen); par M. BARBEU DU BOURG, Docteur en Médecine de la Faculté de Paris, & MM. PIA & CADET, Apothicaires. *Journ. de Médecine, tom. XIV.* 1761, *pag.* 46 & 51, *in-12.*

653. Traité des eaux minérales de *Bussang*, en Lorraine; par Fr. BACHER, 1738, *in-8.*

654. Quæstiones Medicæ circa acidulas *Bussanas;* auctore Renato CHARLES: *Vesuntione,* 1738, *in-8.*

655. Essai analytique sur les eaux de *Bussang*; par Jean LE MAIRE, ancien Médecin de S.A.S. Léopold I. Duc de Lorraine: *Remiremont,* Laurent, 1750, *in-12.*

C

656. Analyse des eaux minérales de l'Hôtel-Dieu de *Caen;* par M. MORLET, Apothicaire résident à Caen. *Journal de Médecine, tom. VI. p.* 257.

657. Ms. Analyse des eaux minérales de l'Hôtel-Dieu de *Caen*, & de la rue du Moulin de cette Ville; lue le 9 Février 1764 à l'Académie des Belles-Lettres de Caen; par M. DESMOUEUX, Professeur en Médecine & Botanique.

Ce Mémoire est dans les Registres de l'Académie.

M. Desmoueux a trouvé que les eaux dont il s'agit, ont certains dégrés de supériorité sur les autres. Il promet une analyse pareille des différentes eaux minérales du Pays.

658. Extrait d'une Lettre de M. SARRASIN, Médecin de Québec, au sujet des eaux du *Cap de la Magdelaine*.

Il se trouve dans les *Mémoires de Trévoux*, 1736, *Mai*, *pag.* 956.

659. Joann. Mich. KURSCHNER, de fonte medicato *Castinacensi* : Argentorati, 1760, *in*-4. 28 pages.

C'est la Description des bains de *Chatenoy*, petite Ville aux environs de Schelestad : elle est estimée dans le Pays.

660. La recherche des eaux minérales de *Cauterez*, avec la manière d'en user; par Jean-Fr. DE BORIE : *Tarbes*, Loquemaurrey, 1714, *in*-8.

661. Paschasii BORIE, Quæstio Medica : an Phthisi ultimum gradum nondum assecutæ, aquæ *Cauterienses*, vulgò de *Cauterez* : propugnata ann. 1746, in Universitate Parisiensi.

Eadem propugnata à Cl. Fr. Gasp. HUMBERT, præside eodem P. BORIE : *Paris*, 1760, *in*-4.

Voyez-en un extrait dans le *Journal Economique*, *Juillet*, 1760, *pag.* 318.

662. Lettre à M. ROUX, Docteur de la Faculté de Paris, sur un effet singulier des eaux minérales de *Cauterez*; par M. BORDEU, Médecin en survivance de l'Hôpital militaire de Barège. *Journal de Médecine, tom. XIX. pag.* 255.

663. * Traité des eaux minérales de *Cessay*, près de Viteaux en Bourgogne, & de Sainte-Reine; par Denis DE MAUBEC, Seigneur de Capponay.

Ce Traité est imprimé avec le Livre que cet Auteur a intitulé, *Le Tombeau de l'envie : Dijon*, Ressaire, 1679, *in*-12.]

664. Dissertation apologétique sur la fontaine minérale du Fauxbourg Saint-Maurice de *Chartres*; par J. CASSEGRAIN: *Chartres*, Massot, 1702, *in*-12.

665. Sur des eaux minérales de *Chartres*; par M. PIAT, Avocat du Roi à Chartres; lu à l'Académie Royale des Sciences, par M. DODART. *Histoire de l'Académie, an.* 1683.

666. * Découvertes des eaux minérales de *Château-Thierry*, & de leurs propriétés; par Claude GALIEN: *Paris*, Besongne, 1630, *in*-8.]

667. Mſ. Analyse des eaux minérales de *Chaudes-aigues* en Auvergne, sur les fron-

tières du Rouergue; par M. OZY, Apothicaire Chymiste, & de la Société Littéraire de Clermont-Ferrand.

Elle a été lue à l'Assemblée publique de 1757. On en trouve un extrait dans les *Mercures* de 1758.

668. Analyse des eaux thermales de *Chaufontaine*, faite par les Médecins de Liége, avec les expériences sur le sédiment des sources chaudes, sur celui qu'on trouve après l'évaporation des eaux; par A. ANRAER, 1717: *in*-4.

669. ✻ Traité des eaux minérales de *Chenay*, près de Rheims en Champagne, avec la manière d'en user; par Nicolas DE MAILLY, Docteur & Professeur en Médecine: *Rheims*, Multeau, 1697, *in*-12.]

L'Auteur parle très-avantageusement de ces eaux: mais les épreuves n'ont pas répondu à ses promesses; & à peine sçait-on, même à Rheims, qu'il y a des eaux minérales à Chenay, & un Livre qui en fait l'éloge.

670. Mémoire sur les eaux minérales de *Contréxeville*, dans le Bailliage de Darney en Lorraine; par M. BAGARD, premier Médecin ordinaire du Roi (de Pologne) Président & Doyen du Collége Royal des Médecins de Nancy, Chevalier de l'ordre de Saint-Michel, &c. lu dans la Séance publique de la Société Royale des Sciences & des Arts de Nancy, le 10 Janvier 1760:

Dijon, Hucherot, 1760, *in*-4. & *Nancy*, Hæner, *in*-8. 40 *pages*.

C'eſt un eſſai de ſon Hiſtoire générale des eaux minérales de la Lorraine & du Barrois, à laquelle il travaille depuis long-tems : ci-après, N.° 723.

On trouve un court extrait de ce Mémoire dans le *Journal Economique*, 1761, *Août*, *pag.* 367.

671. Mſ. Analyſe des eaux minérales de *Contrexeville* en Lorraine, lue en 1762 à la Société Littéraire de Clermont en Auvergne; par M. OZY, Apothicaire-Chymiſte.

Ce Mémoire, qui eſt conſervé dans les Regiſtres de la Société, réfute quelques parties de celui de M. Bagard. On peut en voir un extrait dans le *Mercure*, 1763, *Février*, *pag.* 103.

672. Les vertus & analyſe des eaux minérales de *Cranſſac*, avec la Deſcription & uſage des étuves & décompoſition de leur bitume; par Mathur. DISSES, Apothicaire de Villefranche : *Villefranche*, 1686, & 1700, *in*-12.

673. Extrait d'une Lettre de M. DESTRET (DESTRÉES) Médecin de Montpellier demeurant à Châteaudun, ſur de nouvelles eaux minérales de *Creſſeilles*, découvertes en 1760, auprès de Privas en Vivarais. *Journ. Econom.* 1765, *Mars*, *p.* 113.

D

674. Eaux de *Daniel*, dans les environs d'Alais en Languedoc. *Journal de Verdun*, 1753, *Juillet*, *p.* 30.

Voyez aussi la *Description de la France* de Piganiol, *tom. VI. pag.* 108-113.

== Eaux minérales de *Dax* : voyez ci-devant, *Ax* & *Acqs*.

675. Traité de la nature, qualités & vertus de la fontaine depuis peu découverte au terroir de la Ville de *Die*, au lieu de Pènes, composé par Théophile TERRISSE, Docteur en Médecine, & Professeur de Philosophie en l'Académie de la Ville de Die, en l'an 1672 : *Die*, Figuel, *in*-12, 40 pag.

On trouve à la *pag.* 23 de cet Ouvrage, une *Apologie* du même Traité, *contre les Remarques faites sur icelui ; par l'Auteur de la Description & Relation fidelle de la nature, propriétés & usage de ladite fontaine*; & à la *pag.* 33, *Le plomb hors du tombeau victorieux & triomphant de M. Terrasson, Médecin*; par le même. Ces deux derniers Ecrits contiennent l'apologie de cette fontaine contre M. Terrasson.

676. ✠ Le Mercure vengé de M. de Passy, Médecin de Crest, ou Apologie des eaux de *Die*; par Paul TERRASSON : *Die*, Figuel, 1673, *in*-12.]

677. ✻ Les bains de *Digne* en Provence; par Sébastien RICHARD, Médecin : *Lyon*, Morillon, 1619, *in*-8.]

678. ✻ Les merveilles des bains naturels & des étuves naturelles de la Ville de *Digne*; par D. T. DE LAUTARET, Docteur en Médecine : *Aix*, Tholosan, 1620, *in*-8.]

Cet Ouvrage est en deux Parties; l'une est théorique & l'autre pratique.

679. Mémoire sur les bains de *Digne* : *Paris*, Léonard, 1702, en une feuille, *in-fol.*

680. ✻ De la nature des eaux minérales de *Dinant* (près de Saint-Malo en Bretagne); par Jean DUHAMEL : *Dinant*, 1648, *in*-8.]

681. Mémoire contenant l'analyse d'une eau colorée qui se trouve dans une fontaine à *Douai*; par M. D'ABOVILLE, Ingénieur du Roi. *Mém. présentés à l'Acad. des Sciences*, *tom. IV. p.* 470.

682. Analyse d'une eau minérale singulière qui se trouve à *Douai* en Flandre; par M. BAUMÉ, Maître Apothicaire de Paris. *Mémoires présentés à l'Académie tom. IV. pag.* 490.

E

683. ✻ Discours des deux fontaines médi-

cinales du Bourg d'*Encausse* en Gascogne, par Loys GUYON DOLOIX, Médecin à Uzerche : *Limoges*, Barbou, 1595, *in*-8.]

684. Discours en abrégé des vertus & propriétés des eaux d'*Encausse*, ès Monts Pyrénées dans la Comté de Comminges ; par P. GASSEN DE PLANTIN : *Paris*, 1601, *in*-12. *Tolose*, Mareschal, 1611, *in*-12.

685. Mſ. Dissertation sur les eaux minérales d'*Encausse* ; par M. RAOUL, lue à l'Académie des Sciences & Belles-Lettres de Toulouse le 21 Juillet 1757.

Elle est conservée dans les Registres de cette Académie.

686. ✻ Pauli DUBÉ Medici, Tractatus de mineralium natura, & præsertim aquæ mineralis fontis *des Escharlis*, prope Montargium : *Parisiis*, Piot, 1649, *in*-8.]

F

687. De la Fontaine de *Fonsanche*, près de Quissac (dans le Diocèse de Nismes) en tant que minérale ; par M. ASTRUC.

C'est l'article II. du chap. III. de la part. II. des *Mémoires pour l'Histoire Naturelle du Languedoc*, *p*. 290.

688. ✻ Recueil des vertus de la Fontaine de Saint-Eloy, dite de Jouvence, au Village

de *Forges*; par Pierre LE GROUSSET, Médecin: *Paris*, Vitray, 1607, *in*-8.]

Il y a trois fontaines à Forges, qu'on appelle maintenant, l'une la *Cardinale*, l'autre la *Royale*, & l'autre la *Reinette*, parcequ'en 1631 le Cardinal de Richelieu, le Roi Louis XIII & la Reine Anne d'Autriche, usèrent de ces eaux.

689. ✠ Discours touchant la nature, vertus & effets des eaux minérales de *Forges*; par Jacques COUSINOT: *Paris*, Libert, 1631, *in*-4.]

690. Lettre du même, où il répond à quelques objections faites contre l'Ouvrage précédent, 1647: *in*-8.

691. Sim. DIEUXIVOYE, Quæstio Medica, an Phthisicis aquæ *Forgenses?* ann. 1684, in Universitate Parisiensi: *Parisiis*, 1684, *in*-4.

692. Joan. DE MAUVILLAIN, Quæstio Medica, an ægrè convalescentibus aquæ *Forgenses?* propugnata ann. 1648, in Universitate Parisiensi: *Parisiis*, 1648, *in*-4.

La même, traduite en François par le Sieur FILESAC, reçu au Grand-Conseil du Roi, pour la distribution des eaux minérales & médicinales de France: *Paris*, 1702, *in*-12.

693. ✠ Nouveau Traité des eaux minérales

de *Forges*; par Barthelemi LINAND, Docteur en Médecine : *Paris*, d'Houry, 1696, 1697, *in*-8.]

694. Lettre de M. Barthélemi LINAND, Docteur en Médecine, écrite à M*** le 15 Octobre 1696, où il répond à quelques objections qu'on a faites contre son Livre des eaux minérales de *Forges* : *Paris*, Bienfait, 1698, *in*-8.

Voyez *le Journal des Sçavans*, 1698, *pag.* 249.

695. ✱ Nouveau systême des eaux minérales de *Forges* [avec plusieurs observations de personnes guéries par leur usage]; par Jean LARROUVIERE, Médecin du Roi : *Paris*, d'Houry, 1699, *in*-12.]

696. ✱ Lettres de M. GUERIN & (Pierre) LE GIVRE, Médecins, touchant les minéraux qui entrent dans les eaux de *Forges*.]

C'est le même Ouvrage que celui intitulé, *Lettres touchant les minéraux qui entrent dans les eaux de Sainte-Reine & de Forges* : *Paris*, 1702, *in*-12. rapporté ci-après, N° 839.]

697. Mémoire sur les eaux de *Forges*; par (Louis) MORIN, Médecin de l'Académie Royale des Sciences. *Mémoires de l'Académie*, 1708, *pag.* 57.

Ce Médecin est mort en 1715.

698. Analyse des eaux de *Forges*, & princi-

palement de la ſource appellée la Royale ; par M. BOULDUC, de l'Académie des Sciences. *Mémoires de l'Académie* 1735, *pag.* 443.

699. Traité des eaux & des fontaines minérales de *Forges*, où l'on connoîtra les principes, la vertu & les effets de ces eaux, les différentes maladies auxquelles elles conviennent, & les moyens ſûrs pour s'en ſervir avec ſuccès, &c. par M. DONNET, Docteur en Médecine de la Faculté de Montpellier, Conſeiller Médecin du Roi pour les maladies contagieuſes, & Intendant des eaux : *Paris*, Chardon, 1751, *in*-12.

700. Analyſe des eaux de *Forges* ; par M. Pierre-Antoine MARTEAU DE GRANDVILLERS : *Paris*, Cavelier, 1756, *in*-12.

701. * Lettres du Sieur DE RHODES, à M. d'Acquin, ſur les eaux minérales de la montagne de *Forvière* à Lyon : *Lyon*, 1690, *in*-8.]

702. Obſervations ſur les ſalines & les eaux minérales de la *Franche-Comté* & de la *Bourgogne* ; par M. DUNOD, Avocat au Parlement de Beſançon.

Elles ſont inſérées dans l'*Hiſtoire du ſecond Royaume de Bourgogne : Dijon*, 1737, *in*-4.

G

703. Mſ. Analyſe de deux fontaines minérales de *Gabian*, dans le Diocèſe de Béziers; par M. VENEL, Profeſſeur en Médecine à Montpellier, & Aſſocié de l'Académie de Béziers.

M. Venel a été chargé par la Cour de faire cette Analyſe, dont le réſultat eſt encore entre les mains de l'Auteur.

704. Examen de la nature & des vertus des eaux minérales qui ſe trouvent dans le *Gévaudan*; par Samuel BLANQUET: *Mende*, Roy, 1718, *in*-8.

705. Fons *Goſſinvillæ*, ſive *Goneſſiades* Nymphæ; auctore Petro PETITO, Doctore Medico Pariſienſi.

C'eſt un Poëme de 400 vers, où l'Auteur célèbre la bonté de la fontaine d'Epuiſars, qui eſt auprès du Village de Gouſſainville, du côté de Louvres. Il ſe trouve dans le Recueil de ſes Œuvres.

Le même Poëme en vers François; par M. Moreau DE MAUTOUR: *Paris*, Mazuel, 1699, *in*-8.

706. Lettre d'un Religieux de la Charité de *Grenoble*, ſur l'efficacité des eaux d'une fontaine nouvellement découverte à quatre lieues de cette Ville. *Mercure*, 1685, *No-*

vembre, pag. 78, & *Bibliothèque de Médecine, tom. IV. p.* 184, *in*-4.

707. ✱ Discours contenant la rénovation des bains de *Gréoux* [au Diocèse de Riez en Provence], la composition des minéraux qui sont contenus en leur source, &c. par Jacques FONTAINE, Médecin ordinaire du Roi: *Aix*, Tholosan, 1619, *in*-12.

Cet Auteur, qui étoit de Saint-Maximin, est mort en 1621.]

708. Hydrologie, ou Discours des eaux, contenant les moyens de connoître parfaitement les qualités des fontaines chaudes, tant occultes que manifestes, & l'adresse d'en user avec méthode, & particulièrement de *Gréoux*; par Jean DE COMBES, Docteur en Médecine: *Aix*, David, 1645, *in*-8.

709. Les eaux de *Gréoux*, en Provence; par Pierre BERNARD, Docteur en Médecine: *Aix*, Adibert, 1705, *in*-8.

710. Traité des eaux minérales de *Gréoux*; par M. ESPARRON, 1753: *in*-12.

711. Nouvelle analyse des eaux minérales de *Gréoux*, en Provence, par M. DARLUC, Docteur en Médecine à Caillan. *Journ. de Médecine, tom. VI. pag.* 427.

H

712. ✱ Les grandes vertus & propriétés de l'eau minérale & médicinale de la fontaine nouvellement découverte à la *Hacquenière*, à six lieues près de Paris (en Beausse) avec le gouvernement nécessaire à l'usage de cette eau ; par L. S. D. J. *Paris*, Mesnier, 1620, *in*-8.]

713. ✱ Les miraculeux effets de l'eau de la fontaine de la *Hacquenière*, nouvellement découverte proche de Saint-Clair, à six lieues de Paris, &c.]

Le P. le Long indique ces deux Ouvrages comme différens. Peut-être n'y a-t-il de différence que pour le titre.

714. ✱ Jacobi CAHAGNESII, Professoris regii, de aqua fontis *Hebevecronii* prælectio : *Cadomi*, Bassus, 1612, *in*-8.]

715. Censori prælectionis cujusdam de aquâ medicatâ fontis *Hebevecronii* nomen Fr. CHICOTII ementito Jacobi CAHAGNESII responsio. Cadomi die Martis, 12 Augusti, recitatæ : *Cadomi*, Jac. Bassus, 1614, *in*-8.

716. Répartie en faveur de M. de Cahaignes, des eaux de *Hébévécron*, près de Saint-Lô ; par le Sieur DE MAYNES, contre un Libelle scandaleux : *Caen*, le Bas, 1614, *in*-8.

717. ✻ La fontaine de Jouvence de la France, ou de la fontaine de *Hébévécron*, de S. Gilles en Costentin ; par Nicolas HUBIN, Sieur de la Bostie : *Paris*, 1617, *in*-8.]

718. Historia fontis *Holzensis*; auctore Joanne KRATZ: *Argentorati*, Heitzius, 1754, *in*-4.

Cette Dissertation est bien écrite. Le bain de Holz est près de Benfeld, à six lieues de Strasbourg.

J

719. ✻ Observation sur la nature, la vertu & l'usage des eaux minérales & médicinales de *Jouhe*, près de Dôle en Franche-Comté : *Dôle*, Binart, 1710, *in*-8.]

Sur l'Analyse des eaux de Jouhe, on peut voir une Lettre de M. VEUILLET, rapportée *pag.* 436, *du tom. II. de l'Histoire du Comté de Bourgogne*, par M. Dunod, qui y parle des autres eaux minérales de la Franche-Comté.

720. Analyse des eaux de *Jouhe*, proche de la Ville de Dôle, où l'on découvre leurs principes, leurs qualités & leurs usages; par M. NORMAND, Docteur en Médecine : *Dôle*, Tonnet, 1740, *in*-12.

Voyez un extrait de cet Ouvrage dans les *Mémoires de Trévoux*, 1742, *Mars*, *pag.* 512.

L

721. Observations sur les eaux minérales de

Lannion, petite Ville à trois lieues de Tréguier, dans la partie la plus Septentrionale de la Basse-Bretagne; par le Père AUBERT, D. L. C. D. J. *Mém. de Trévoux*, 1728, *Janvier, pag.* 107, & *Bibliothèque de Médecine, tom. IV. pag.* 189, *in*-4.

722. De la fontaine auprès de *Lengou*; par Burchard MILHODE: 1556, *in*-8.

723. Mſ. Hydrologie minérale pour servir à l'Histoire Naturelle de la *Lorraine*, ou Essai sur l'Histoire des eaux minérales, thermales, salines, aigrelettes, martiales, bitumineuses, savoneuses & pétroliques, qui ont été anciennement, & de notre tems, découvertes en Lorraine; contenant leur description, leur situation, leur différence, leurs élémens ou principes, avec les propriétés & les vertus de toutes les sources, fontaines, puits & bains des eaux médicinales qui se trouvent en Lorraine, dans le Barrois, & sur les Frontières; par M. BAGARD, premier Médecin ordinaire du Roi de Pologne, Président & Doyen du Collége Royal, de l'Académie des Sciences, Chevalier de l'Ordre de Saint-Michel.

Le Manuscrit, qui est entre les mains de l'Auteur, pourra former un gros *in*-4. Il est composé de 28 chapitres, & précédé d'un Discours Préliminaire sur l'Histoire Naturelle de la Lorraine en général, & des Auteurs qui ont écrit ſur les eaux minérales de la Lorraine & frontières. Les quatre premiers chapitres regardent les eaux minérales en général. Le chapitre V. traite des eaux chaudes de la Lorraine & des frontières, thermales, volatiles, ſulphureuſes, de leurs principes propres démontrés par l'analyſe. On y explique quelques phénomènes des mêmes eaux. Les eaux chaudes de Plombières, de Bain, de Luxeul, de Bourbonne, ſont analyſées chacune à part dans les chapitres VI. VII. VIII. IX. Le X. préſente des Obſervations particulières ſur les eaux chaudes de la Lorraine. Le XI. eſt conſacré aux eaux minérales froides de la Lorraine & du Barrois, à leurs vertus & propriétés en général, & à la méthode de les prendre. Dans le XII. & dans les ſuivans, on voit les eaux minérales-martiales de Nancy; celles de Pont-à-Mouſſon & de Buſſang; les eaux ſavoneuſes de Plombières; les ferrugineuſes du Village d'Eumont près Nancy; les eaux minérales d'Attancourt & de Sermaiſe en Champagne; les eaux ferrugineuſes alkalines du Fauxbourg Saint-Epvre de la Ville de Toul; les eaux minérales de Domêvre & de Lombrigny proche Blamont; de Velotte, à une lieue de Mircourt; de Heucheloup, à une lieue de Mircourt; de la bonne ou ſainte Fontaine, à trois lieues de Saint-Diez; les eaux ferrugineuſes de Marnes dans le Barrois; l'eau ſavonnière près de Bar-le-Duc; les eaux minérales de Niderbronn, ſur les frontières des Voſges & d'Alſace, & celles de Walſbronn. Le chapitre XXVIII. regarde les ſources, fontaines & puits d'eau ſalée en Lorraine.

Il y a auſſi nombre d'articles des eaux minérales dont l'Auteur n'a pas encore fait l'analyſe, mais qui ſeront compris dans cet Ouvrage.

724. Lettre de M. MORAND, Médecin de la Faculté de Paris, ſur la qualité des

eaux de *Luxeul* en Franche-Comté. *Journ. de Verdun*, 1756, *Mars*, *pag.* 193.

725. Dissertation sur les eaux de *Luxeul*; par M. MORELLE, Médecin, 1757: *in*-12.

726. Dissertation sur les eaux thermales de *Luxeul*; par Dom Timothée GASTEL, Bénédictin : *Besançon*, Charmet, 1761, *in*-12.

Dom Gastel est mort à Besançon le 9 Février 1764.

727. Ms. Parallèle des eaux de Plombières & de *Luxeul*; par M. DE COSSIGNY, Brigadier des armées du Roi, Directeur général des Fortifications des Duché & Comté de Bourgogne, & Membre de l'Académie de Besançon.

Dans les Registres de cette Académie.

728. Ms. Mémoire sur les eaux de *Luxeul*; par M. le Marquis DE ROSTAING, Lieutenant-Général des armées du Roi, &c. Membre de l'Académie de Besançon.

Dans les Registres de la même Académie.

M

729. Ms. Mémoire sur les bains de la *Malou*; par M. CROS, de l'Académie de Béziers.

Ce Mémoire, dont on trouve un extrait assez étendu dans la *Relation de l'Assemblée publique de l'Académie*, *du 6 Décembre* 1731, *p.* 16 *& ſuiv.* eſt entre les mains du Secrétaire de cette Société. Les obſervations & expériences de M. Cros ont été vérifiées ſur les lieux, par MM. Bouillet & Jalabert.

730. Obſervations ſur une paralyſie de la veſſie, guérie par l'injection des eaux de la *Malou*; par M. MASARS DE CAZELLE, Médecin à Bédarrieu (en Languedoc). *Journal de Médecine, tom. XX. pag.* 46-57.

731. Diſſertatio de Aquis mineralibus fontis *Marimontenſis*, auctore Henrico-Joſepho REGA: *Lovanii*, Overbeck, 1740, *in*-8.

732. Analyſe des eaux minérales de *Marimont*; par Servais-Aug. DE VILLERS: *Louvain*, Overbeck, 1741, *in*-8.

733. Supplément aux Traités des eaux de *Marimont*; par DELVAL, & une analyſe des fontaines appellées le Roidemont, le Montaigu; par REGA & DE VILLERS: *Louvain*, 1742, *in*-8.

734. Mſ. Analyſe des eaux minérales de *Mazamet*; par M. GALET, lue à l'Académie des Sciences & Belles-Lettres de Toulouſe, les 19 Janvier 1758, & 31 Mai 1759.

Cette Analyſe eſt conſervée dans les Regiſtres de l'Académie de Toulouſe.

735. Analyſe des eaux minérales de *Merlange*; par Jean TONDU: *Paris*, Quillau, 1761, *in*-12.

736. Analyse des eaux minérales de *Merlange* près la Ville de Montereau-Faut-Yonne, faite par MM. CANTWEL, HERISSANT & DE LA RIVIERE le jeune, Docteurs en Médecine de la Faculté de Paris : *Paris*, Quillau, 1761, *in*-12.

On trouve une notice de cette Analyse dans le *Journal de Médecine, tom. XVI.* 1762, *pag.* 228.

737. Edmundi Claudii BOURRU, Parisini, Quæstio Medica, num Chronicis aquæ minerales vulgo *de Merlange ?* propugnata in Universitate Parisiensi, anno 1765, præside Francisco-Felicitate COCHU : *Parisiis*, Quillau, 1765, *in*-4.

Cette Thèse est fort intéressante, par les détails où entre l'Auteur. On y trouve beaucoup d'érudition, des Observations neuves, & en un mot le résultat de tout ce que l'on peut desirer sur cette matière.

738. ✱ La vertu de la Fontaine de *Médicis*, près de Saint-Denys-lès-Blois ; par Paul RENEAUME, Docteur en Médecine : *Blois*, Cottereau, 1618, *in*-8.]

739. ✱ Poëme sur les eaux de la Fontaine de *Meynes ;* par François CHARBONNEAU de Provence : 1624, *in*-8.]

740. ✱ Observations sur les eaux de *Meynes ;* par N. LUCANTE, Médecin : *Avignon*, 1674, *in*-4.]

741. Dissertation sur les eaux minérales du *Mont-de-Marsan*, adressée à MM. de l'Académie des Sciences de Bordeaux ; par M. Jean BETBEDER, Docteur en Médecine, & Correspondant de la même Académie : *Bordeaux*, Brun, 1750, *in* 12.

Les expériences chymiques que l'Auteur a faites sur les eaux de la Ville de Marsan ; les effets de ces eaux, & la manière de les administrer, sont l'objet des deux parties qui composent cette Dissertation.

742. ✻ Description de la Fontaine minérale (du *Mont d'Or*) depuis peu découverte au territoire de Rheims ; par Nicolas-Abraham DE LA FRAMBOISIERE, Médecin du Roi : *Paris*, Bretel, 1606, *in*-8.]

743. Observations sur les eaux du *Mont-d'Or* (en Auvergne) ; par M. CHOMEL, de l'Académie des Sciences. *Histoire de l'Académie*, 1702, *pag*. 44.

744. Description des eaux minérales, bains & douches du *Mont-d'Or* & de divers lieux (de l'Auvergne) avec leur analyse, vertu & usage ; par J. François CHOMEL, Médecin : *Clermont-Ferrand*, Boutaudon, 1733, *in*-12.

745. Examen des eaux minérales du *Mont-d'Or* ; par M. LE MONNIER, Médecin, & de l'Académie des Sciences. *Mém. de l'Acad.* 1744, *pag*. 157.

746. Analyse des Fontaines salées, &c. de *Montmorot* & de *Salins*; par M. ROSSIGNEUX, Apothicaire à Dôle: *Dôle*, Tonnet, 1756, *in*-4. *pag.* 26.

747. * Les eaux minérales de la Montagne de *Mousson* en Lorraine; par Nic. DROUIN: *Pont-à-Mousson*, *in*-12.]

N

748. Etat des Bains de *Néry* en Bourbonnois, en 1762; par M. le Comte DE CAYLUS.

Cet état se trouve dans le *Recueil d'Antiquités* de cet illustre Académicien, *tom. IV. pag.* 370.

749. Iter *Gergobinum*; auctore Matthæo BUVAT DE LA SABLIERE: *Biturigibus*, 1756, *in*-12.

On chante dans ces Poésies Latines un Voyage aux eaux minérales de *Néry*; ce qui comprend l'Histoire de la maladie du Poëte, les incommodités qu'il éprouva dans la route, enfin la Description & l'éloge de ces bains.

750. Description abrégée des bains de *Niderbronn*; par (Bonaventure) BEYHING: *Strasbourg*, 1622 (en Allemand) *in*-8.

751. Espèce & propriétés des bains de *Niderbronn*; par (Salomon) REISEC: *Strasbourg*, 1664 (en Allemand) *in*-8.

Cet Auteur a assez bien rempli son objet.

752. De fonte Medicato *Niederbronnensi*; auctore Joanne Ludovico LEICHSENRING: *Argentorati*, 1753, *in*-4.

C'est une Description exacte du bain & de ses principes, faite sous les auspices de M. Spielmann, qui a aussi dirigé plusieurs analyses des eaux minérales de la Province. On y a ajouté des planches & une petite Carte des environs.

753. Mémoire sur les bains appellés les *Bouillens*, dans le Diocèse de *Nismes*; par M. l'Abbé MALLE, Prieur d'Aubord, & Membre de l'Académie de Milhaud. *Journ. Economique*, 1765, *Avril*, *pag*. 161.

754. Description des eaux acides ferrugineuses des Fontaines de *Nivelet*; par BRESMAL, Docteur en Médecine: *Liège*, Barchon, 1710, *in*-12.

755. * Hydrologie, ou Traité des eaux minérales trouvées auprès de la Ville de *Nuys*, entre Priscey & Premeau; par R. C. *Dijon*, Paillot, 1661, *in*-12.

Ces Lettres initiales signifient un Religieux Capucin (le Père ANGE de Saulieu). Nuys est à quatre lieues de Dijon.]

P

756. * Lettre de M. B. (BILLET) Docteur en Médecine, sur l'analyse & la vertu des eaux minérales, dont la source est dans son Jar-

din, proche la Croix-Faubin, au Fauxbourg S. Antoine-lès-*Paris* : *Paris*, 1707, *in*-12.

757. Petri CRESSÉ, Quæstio Medica, an Forgensium aquarum vices supplere possunt *Passianæ?* propugnata in Universitate Parisiensi, ann. 1657 : *Parisiis*, 1657, *in*-4.

758. Extrait des Observations de M. LEMERY le fils, de l'Académie des Sciences, sur les eaux de *Passy*.

Il se trouve dans l'*Histoire de l'Académie*, 1701, *pag.* 62 & *suiv.*

M. Lémery prétend qu'il vaut mieux prendre à Paris les eaux de Passy que celles de Forges, qui perdent, dit-il, dans le transport, beaucoup de leurs vertus, & ne contiennent d'ailleurs que les principes communs à celles de Passy.

759. Observations sur de nouvelles eaux minérales de *Passy*.

Elles sont insérées dans l'*Histoire de l'Académie des Sciences*, 1720, *pag.* 42.

760. Examen des eaux de *Passy*, avec une méthode de les imiter, qui sert à faire connoître de quelle manière elles se chargent de leur minéral ; par M. GEOFFROY le cadet. *Mém. de l'Acad. des Sciences*, 1724, *pag.* 193, & *Bibliothèque de Médecine*, *tom. IV. pag.* 206, *in*-4.

761.* Traité des eaux minérales de *Passy* ; par M. MOULIN DE MARGUERY, Médecin de la Faculté de Paris: *Paris*, Lottin, 1725, 1728, *in*-12.

762. Avis sur les eaux minérales de *Passy*, 1726: *in*-8.

763. Essai d'analyse en général des nouvelles eaux minérales de *Passy*, avec des raisons succinctes, tant de quelques phénomènes qu'on y apperçoit dans différentes circonstances, que des effets de quelques opérations, auxquelles on a eu recours pour discerner les matières qu'elles contiennent dans leur état naturel; par M. BOULDUC le fils, de l'Académie des Sciences. *Mém. de l'Acad.* 1726, *pag.* 306 & *suiv.*

Le même, dans la *Bibliothèque de Médecine*, *in*-4. *tom. IV. pag.* 205, avec des remarques tirées de divers Auteurs.

On trouve un extrait de ce Mémoire dans les *Mémoires de Trévoux*, 1727, *Novembre*, *pag.* 1955.

764. Hyacinthi Theodori BARON, D. M. & antiquioris Decani, Quæstio Medica, an ut sanandis, sic & præcavendis pluribus morbis aquæ novæ minerales *Passiacæ?* propugnatæ, ann. 1743, à Joan. Gauthier Durocher: *Parisiis*, 1743, *in*-4.

Cette Thèse se retrouve dans le second Recueil que Sigwart a fait imprimer sous ce titre; *Quæstiones Medicæ Parisinæ ex Bibliotheca G. Frid. Sigwart, Phil. Med. & Chirurg. Doct. &c. fasciculus secundus: Tubingæ*, 1760, *in*-4.

765. Analyse des anciennes eaux minérales de *Passy*, & leur comparaison avec les nouvelles; par M. BROUZET, Correspondant de l'Académie des Sciences.

Cette Analyse est insérée dans les *Mémoires présentés à l'Académie des Sciences, tom. II. pag.* 337. Le but de l'Auteur paroît être de rendre aux anciennes eaux de Passy la réputation que le préjugé leur avoit ôté.

766. Analyse des nouvelles eaux de *Passy*; par M. CANTWEL, de la Société Royale de Londres, Docteur-Régent & ancien Professeur de Chirurgie Latine, Professeur désigné des Ecoles de Médecine à Paris: *Paris*, Delaguette, 1755, *in*-4.

M. Cantwel est mort à Paris en 1764.

767. Examen des nouvelles eaux minérales de *Passy*; par MM. VENEL & BAYEN: 1755, *in*-8.

768. Analyse chymique des eaux de *Passy*; (par MM. VENEL & BAYEN): *Paris*, 1757, *in*-12.

769. Observations sur l'examen chymique de l'eau minérale de M. Calsabigi (de *Passy*) par MM. Venel & Bayen; par M. H. (HATÉ) D. M. P. *Journal de Médecine, tom. III. pag.* 74, *an.* 1755.

770. Examen physique & chymique de l'eau minérale de M. Calsabigi, comparée aux eaux du même côteau, connues sous le

nom des nouvelles eaux minérales de Madame Belami; par M. DE MACHY, Apothicaire : *Paris*, 1755, *in*-8.

M. de Machy a donné lui-même un extrait étendu de son Ouvrage dans le *Journal de Médecine*, *tom. III. pag.* 469, *an.* 1755.

771. Eau minérale nouvellement découverte à *Passy*, chez M. Calsabigi, & procédé abrégé pour en retirer le bleu de Prusse, avec des réflexions sur l'utilité de ce bleu; par M. CADET, Apothicaire Major de l'Hôtel Royal des Invalides: *Paris*, 1755, *in*-8.

Voyez le *Journal Economique*, 1755, *Novembre*, & celui de *Médecine*, *tom. IV. pag.* 139, *an.* 1756.

271. Analyse des nouvelles eaux minérales de *Passy*; par M. ROUELLE: *Paris*, 1755, *in*-8.

773. Lettre à l'Auteur du Journal de Médecine, sur les eaux minérales nouvellement découvertes à *Passy*, dans la maison de M. de Calsabigi; par M***. *Journal de Médecine*, *tom. IV. pag.* 377, *an.* 1756.

774. Analyses chymiques des nouvelles eaux minérales, vitrioliques, ferrugineuses, découvertes à *Passy*, dans la maison de Madame de Calsabigi, avec les propriétés médicinales de ces mêmes eaux, fondées sur les observations des Médecins & Chirurgiens les plus célèbres, dont on rapporte

les Certificats authentiques : *Paris*, 1757, *in*-12.

Voyez un extrait de cet Ouvrage dans l'*Année Littéraire*, 1757, *tom. III. pag.* 284.

775. Rapport de MM. les Commissaires nommés par la Faculté de Médecine de Paris, pour se transporter aux nouvelles eaux minérales de *Passy*, pour y constater l'état présent des sources, des réservoirs, &c. *Paris*, 1759, *in*-8.

On en trouve un extrait dans le *Journal de Médecine*, *tom. XII. pag.* 37, *an.* 1760.

776. Traité de la nature, qualités & vertus de la Fontaine de *Pènes* (en Provence); par Théoph. TERRISSE : *Die*, 1672, *in*-12.

777. Mſ. Analyse des eaux minérales de *Péruchés* en Jordan, près *Aurillac*, avec le rapport du jugement du Collége de Médecine de Clermont, sur ladite analyse; par M. DUVERNIN, Docteur en Médecine.

Elle est conservée dans les Registres de la Société de Clermont-Ferrand.

778. De acidulis *Pessinis*; auctore Joan. BOECLER : *Argentorati*, 1762, *pag.* 24, *in*-4.

Cette source est à cinq lieues de Strasbourg, & à deux lieues d'Oppenheim.

779. Rapport de MM. BROSSAUD, PLANTIER & LEMEIGNEN, Docteurs en Médecine, au sujet des eaux minérales de la *Plaine* : *in*-12.

780. Analyse des mêmes eaux, adressée à M. BROSSAUD, Docteur en Médecine de la Faculté de Montpellier, résident à S. Gervais en Bas-Poitou ; par M. MONNET, Apothicaire & Chymiste.

Cette Analyse se trouve à la suite du Rapport précédent.

781. ✱ Abrégé des propriétés des eaux de *Plombières* en Lorraine ; extrait d'un Livre Latin de Jean LE BON : *Paris*, 1576, 1616, *in*-16.]

C'est le Bon lui-même qui a fait l'extrait de ses propres Livres Latins. Il y a quelque apparence que cet abrégé est extrait de l'*entier Discours de la vertu & propriété des Bains de Plombières* ; par A. T. M. C. *Paris*, Hulpeau, 1581, *in*-8. Jean Hulpeau, dans son *Epître* à Pierre Ravin, Médecin à Paris, dit avoir reçu ce petit Discours, mais sans nommer celui dont il le tient. *Bibliothèque Lorraine*, *pag*. 131.

782. ✱ Discours des eaux chaudes de *Plombières* ; par D. DE BERTHEMIN : *Nancy*, Garnich, 1609, 1615, *in*-8.]

Le même, avec divers changemens, retranchemens & additions (de peu de conséquence) : *Mirecourt*, 1733, *in*-12.

Dominique Berthemin, Conseiller & Médecin de Henri

Henri II. Duc de Lorraine, croyoit être le premier qui eût parlé des eaux de Plombières. Son Ouvrage est divisé en deux Parties. La première traite en général des eaux, des feux qui les échauffent, & de la matière qui entretient ces feux sous terre. Dans la seconde, qui est particulièrement consacrée aux eaux de Plombières, on trouve des recherches sur leurs minéraux & propriétés, sur la structure & situation des bains de Plombières. On voit à la fin comme une troisième Partie (en six chapitres) intitulée, *Les minéraux desquels les eaux chaudes de Plombières participent.*

783. Petit Traité enseignant la vraie & assurée méthode pour prendre les bains, la douche, l'étuve & les eaux chaudes & froides minérales de *Plombières*; par ROUVROY: *Espinal*, Maret, 1685, *in*-8. Valat, 1737, *in*-8.

Cet Ouvrage est un abrégé de celui de M. Berthemin, avec quelques additions peu importantes.

784. * Naturæ & usus thermarum *Plumbariarum* brevis descriptio; auctore Petro Abrahamo TITOT, Monsbelgardiensi: *Basileæ*, 1686, *in*-4.]

Cette Description est encore imprimée *pag.* 528-576, du Recueil de Théod. Zuinger, intitulé, *Fasciculus Dissertationum Medicarum selectiorum: Basileæ*, 1710, *in*-8.

785. Nouveau système des eaux chaudes de *Plombières* en Lorraine, & de l'eau froide dite Savonneuse, & de celle dite Sainte-Catherine de *Plombières*; par Camille RI-

CHARDOT, Médecin : *Nancy*, 1722, *in*-8.

M. Richardot, après avoir beaucoup raisonné d'une manière vague & peu instructive, sur la cause de la chaleur des eaux de Plombières, pense que ces eaux sont naturellement chaudes, comme d'autres sont naturellement froides, d'autres naturellement salées. Il est parlé au long de cet Ouvrage dans le Traité de Dom Calmet, indiqué ci-après, N.° 790.

786. Renati CHARLES, Doctoris Medici, Quæstiones medicæ circa fontes medicatos *Plumbariæ*, quas propugnavit D. Claudius Maria Giraud, Ladosalmensis, die 14 Junii 1745 : *Vesuntione*, Couché, 1745, *in*-4.

787. Analyse des eaux Savoneuses de *Plombières*; par M. MALOUIN, de l'Académie Royale des Sciences. *Mém. de l'Acad.* 1746, *pag.* 109.

788. Quæstiones medicæ circa fontes medicatos *Plumbariæ*, disputatæ à Joan. Cl. MOREL : *Vesuntione*, 1746, *in*-12.

789. Discours sur les eaux de *Plombières*; par Ignace Isidore MENGIN, Médecin de Lorraine. *Dictionnaire de Trévoux, édition de Nancy*, *pag.* 2083.

790. Traité historique des eaux & bains de *Plombières* : *Nancy*, 1748, *in*-8. fig.

Ce Traité fut ébauché en 1709, & continué en 1736,

par le Père DURAND, Bénédictin. En 1743 D. CALMET y ajouta quelques réflexions & quelques traits d'Histoire propres à amuser ceux qui prennent les eaux. Au commencement de l'Ouvrage sont des Recherches Philologiques sur le nom de Plombières, sur le tems où les eaux auxquelles il doit sa réputation, ont commencé à être mises en usage par les Médecins. On trouve ensuite la Description du lieu & des bains de Plombières, & les différens systêmes sur la cause de la chaleur de ces eaux. Celui qui paroît le plus probable à l'Auteur, est que l'eau se charge en coulant de différentes substances, qui produisent une fermentation chaude. Le Père Calmet traite encore, en peu de mots, des eaux de *Bourbonne*, dont il rapporte l'Analyse insérée dans les *Mémoires de l'Académie des Sciences*; de celles de *Bains*, Village à trois lieues de Plombières, & de celles de *Luxeul*, petite Ville au Nord de la Franche-Comté, au pied du Mont-Vôge, & célèbres dans les tems les plus reculés.

X 791. Traité sur les eaux en général, & sur celles de *Plombières* en particulier; par M. LE MAIRE, Médecin à Remiremont.

Ce Traité est imprimé à la fin de l'Ouvrage précédent.

X 792. Mémoire sur les moyens de remédier à certains inconvéniens & à certaines indécences qui se rencontrent dans les bains & dans les étuves de *Plombières*; par M. DE QUERLONDE. Ingénieur en chef à Marsal.

Ce Mémoire est aussi imprimé dans l'Ouvrage du Père Calmet, à la suite du précédent.

793. Examen des eaux minérales de *Pomaret*, dans le Diocèse d'Alais; par M. MONTET.

Il est imprimé dans le Recueil intitulé, *Assemblées publiques de la Société Royale des Sciences de Montpellier*, 1749.

794. Caroli Guillelmi PACQUOTTE, Quæstio Medica circa aquas *Mussipontanas*, propugnata in Scholis Mussipontanis, ann. 1718: *Mussiponti*, 1718, *in*-4.

La même, traduite en François; par l'Auteur à la fin de la Dissertation suivante.

Cette Thèse est destinée à prouver la convenance des eaux de Pont-à-Mousson, avec la structure du corps humain, & leur efficacité contre les maladies les plus opiniâtres.

795. Dissertation sur les eaux minérales de *Pont-à-Mousson*; par M. PACQUOTTE, Conseiller, Médecin ordinaire de S. A. R. (feu le Duc Léopold) Professeur en Médecine & en Chirurgie, dans l'Université de Pont-à-Mousson: *Nancy*, Cusson, 1719, *in*-8.

Cette Dissertation n'est proprement qu'une exposition plus étendue de la doctrine contenue dans la Thèse indiquée au N.° précédent.

796. Poëme à la louange des eaux minérales du *Pont-de-Camarez*; par un Religieux: *Narbonne*, Besse, 1662, *in*-8.

797. ✻ Les fontaines de *Pougues* en Nivernois, Discours qui peut servir aux fontaines de Spa & autres acides de même goût, & un Avertissement sur les bains chauds de Bourbon-l'Archambaud ; par Jean PIDOU : *Paris*, 1584, *in*-8.]

798. ✻ Discours sur l'origine des fontaines; ensemble quelques Histoires de la guérison de plusieurs grandes & difficiles maladies faites par l'usage de l'eau médicinale de *Pougues;* par Antoine DU FOUILLOUX, Médecin : *Nevers*, 1592, 1603, 1628, *in*-8.

Ce Discours a aussi été imprimé avec celui de Jean PIDOU, rapporté ci-après : N.° 801.]

799. ✻ *Pugeæ* sive de lymphis *Pugiacis* libri duo, carminibus expressi à Raymundo MASSACO, Medico ; editio secunda, cum notis Joannis LE VASSEUR : *Parisiis*, de Bray, 1597, *in*-8. Liber secundus : *Parisiis*, 1599, *in*-8.

Les fontaines de *Pougues*, de Raymond de Massac, mises en vers François ; par Charles DE MASSAC son fils : *Paris*, de Bray, 1605, *in*-8.

Voyez sur le Poëme de Raymond de Massac, une Lettre écrite par un de ses descendans, & insérée dans le *Mercure de France*, 1763, *Mars*, *pag.* 77.]

800. A. BRISSON, de aquarum *Pugiacarum* origine, virtutibus & usu : 1628, *in*-4.

801. ✻ Discours de la vertu & de l'usage de la fontaine de *Pougues*; par Jean PIDOU : *Poitiers*, 1597, *in*-4. *Nevers*, Reussin, 1598, *in*-8. avec les observations d'Antoine du Fouilloux.]

802. ✻ Les véritables vertus des eaux naturelles de *Pougues*, *Bourbon*, & autres renommées de France; par Jean BANC : *Paris*, Giffart, 1618, *in*-8.]

803. Vertus des eaux naturelles de *Pougues*; par Jean-Baptiste BOURBONNOIS : *Paris*, 1618, *in*-8.

804. ✻ Discours de l'origine & propriété de la fontaine de *Pougues*; par Etienne FLAMENT : *Poitiers*, 1633, *in*-8.] *Nevers*, Millot, 1633 : *Paris*, Durand, 1633.

805. ✻ L'Hydre féminine combattue par la Nymphe *Pougoise*, ou Traité des maladies des femmes, guéries par les eaux de *Pougues*, avec les armes d'Hercule; ou Traité des eaux de *Pougues*; par Aug. COURRADE : *Nevers*, Millot, 1634, *in*-8.]

806. Les eaux minérales de *Pougues*, extrait des Auteurs qui ont traité de ces eaux; par M. D. L. R. (DE LA RUE) Médecin ordinaire du Roi : *Nevers*, le Fevre, 1746, *in*-12.

Ce Livre, que l'on peut appeller une simple brochure, traite, 1.° de la nature & des propriétés des eaux de Pougues; 2.° de la manière dont on doit en faire uſage; 3.° du régime que l'on doit obſerver lorſqu'on les prend; 4.° du tranſport que l'on peut faire de ces eaux. *Mercure*, 1746, *Novembre*, *pag.* 110.

807. Mſ. Mémoire ſur les eaux de *Pougues*, & leurs environs; par M. (Mathurin) LE PERE, Secrétaire de la Société Littéraire d'Auxerre.

Ce Mémoire eſt conſervé dans les Regiſtres de cette Société. Il eſt très-court, & ſon principal mérite eſt de décrire topographiquement l'endroit où ſont ſituées les eaux minérales ferrugineuſes qu'on y boit.

808. ✠ Rappôrt fidèle des vertus merveilleuſes inhérentes aux eaux minérales de *Priſcey* & de *Premeau*; par Gabriel JUBLAIN: *Dijon*, 1661, *in*-12.

Cet Auteur, qui étoit un Médecin de Montpellier, eſt mort en 1672.]

809. Réponſe ſur l'abus qui ſe commet par l'uſage pernicieux des eaux de *Premeau* & de *Priſcey*, fauſſement appellées minérales; avec la Deſcription véritable de ce qui s'y rencontre d'extraordinaire, & un petit éloge des eaux minérales en général; par Claude PITOTS, Docteur en Médecine: *Paris*, *in*-12.

Cet Auteur réfute deux Traités, dont l'un eſt indiqué au N.° précédent, & l'autre au N.° 755.]

810. Anatomie des eaux minérales de *Provins*; par Pierre LE GIVRE : *Paris*, Loyson, 1654, *in*-8.

La même sous ce titre, Traité des eaux minérales de *Provins*, contenant leur anatomie, la différence des fontaines, leurs propriétés, vertus & effets admirables; par Pierre LE GIVRE : *Paris*, Dumesnil, 1659, *in*-8.

Les eaux minérales de Provins avoient été découvertes en 1648, par Michel Prevôt, Médecin; & Pierre le Givre n'oublia rien pour en vanter le mérite & les vertus.

811. Dissertation historique sur les eaux minérales de *Provins*; par N. B. C. R. (BILLATE, Chanoine Régulier de l'Hôpital de Provins) : *Provins*, Michelin, 1738, *in*-12. 72 pages.

Ce n'est qu'un abrégé du Traité de le Givre, qui n'est pas commun.

812. Relation des eaux de *Pyrmont* & de Spa; par M. TURNER, Docteur en Médecine : 1734, *in*-12.

R

813. Mss. Mémoire sur les bains de *Rennes*; par M. SAGE : lu à l'Académie des Sciences & Belles-Lettres de Toulouse, le 22 Décembre 1746.

Il est conservé dans les Registres de cette Académie.

814. Description de la fontaine trouvée à la *Roche-de-Pouzay*, près Chatelleraud, cette année 1573, &c. *Paris*, Bonfons, 1573, *in*-8. 16 pages.

815. ✻ Description des fontaines médicinales de *Rochepozay* en Touraine; par MILLON, premier Médecin du Roi : *Paris*, 1617, *in*-8.]

816. La fontana di Roiag in Arvernia, da Gabr. SIMEONI, & topographia ad unguem impressa mirandi sub Rubiaco Arvernorum fontis.

Le tout consiste dans une Inscription Latine de deux pages, au bas de laquelle est la datte *Kal. Octobr.* 1558. Cela se trouve à la fin d'un petit Livret du même Siméoni; intitulé, *La natura e effetti della luna nelle cosa humana, passando peri 12 signi del cielo*, *in*-4.

817. Mf. Mémoire contenant l'examen des eaux du lieu de *Rosnay*, Diocèse de Rheims; par M. Louis-Toussaint NAVIER, Docteur en Médecine à Chaalons-sur-Marne : lu dans la Séance publique de la Société Littéraire de Chaalons, le 7 Mars 1757.

Il est conservé dans les Registres de cette Société.

818. ✻ L'Hydrothérapeutique des fontaines médicinales, nouvellement découvertes aux environs de *Rouen*; par Jacques DU VAL, Médecin : *Rouen*, Besongne, 1603, *in*-8.]

819. Discours sur les eaux minérales de la Ville de *Rouen*, 1696 : *in*-4.

820. Dissertation sur les eaux minérales de nouvelle découverte de Saint-Paul, en 1708, à *Rouen* ; par Balthasar NÉEL, Docteur en Médecine : *Rouen*, Mauroy, 1708, *in*-4.

821. Dissertation, ou, Lettre écrite à M. Poirier, premier Médecin du Roi, touchant la nature & les effets des eaux minérales & médicinales de Saint Paul de *Rouen* ; par Michel EITARD : *Rouen*, Vaultier, 17..... *in*-12. fig.

822. Traité des eaux minérales de la Ville de *Rouen*, où l'on établit la nature & les principes de ces eaux, leurs vertus & leurs usages pour la guérison des maladies simples & compliquées, auxquelles elles conviennent ; avec un régime & des précautions relatives à la boisson de toutes les eaux ferrugineuses en général ; par M. DE NIHELL, Ecuyer, Conseiller-Médecin du Roi, Aggrégé honoraire du Collége Royal de Nancy, de Rouen, & Médecin Consultant de l'auguste & Royale Maison de Stuart : *Rouen*, Machuel, 1759, *in*-12.

Les eaux dont il est ici question, partent du pied de la montagne Sainte-Catherine, dans le quartier qu'on appelle la *Marequerie*. Elles traversent dans leur cours une mine de fer, à laquelle elles doivent toutes leurs propriétés.

823. Ms. Mémoire sur l'analyse des eaux minérales des environs de *Rouen*; par M. DE BOISDUVAL.

Il est conservé dans les Registres de l'Académie de Rouen.

824. Observations sur les eaux minérales de la *Rouillasse*, en Saintonge, avec une Dissertation sur l'eau commune; par N. V. (Nicolas VENETTE): *La Rochelle*, Savouret, 1682, *in*-8. 152 pages.

825. Eaux de la *Roussèlle* de Bordeaux. *Mercure*, 1693, *Mai* & *Septembre*.

826. Traité des eaux minérales du *Roussillon*; par CARRERE: *Perpignan*, Reynier, 1756, *in*-8.

827. Description des fontaines minérales du *Roussillon*; par M. LE MONNIER. *Observ. d'Hist. Naturelle* par le même: ci-devant, N.° 6.

S

828. Analyse des eaux minérales de *Saint-Allyre* (en Auvergne); par M. OZY, de la Société de Clermont. *Clermont-Ferrand*, Boutaudon, 1748, *in*-8. 8 pages.

829. ✻ Traité des eaux minérales de *Saint-Amand* (en Flandre); par MINIAT, ci-devant Médecin des Hôpitaux du Roi à Mons: *Valenciennes*, Henry, 1699, *in*-12.]

830. ✻ Anatomie des eaux minérales de *Saint-Amand*; par François DE HEROGUELLE, Médecin: *Tournay*, Coulon, 1685, *in*-8.

La même sous ce titre, La Fontaine minérale de *Saint-Amand*, triomphante par les arcanes ou plus rares secrets de la Médecine; par le même: *Valenciennes*, Henry, 1691, *in*-8.]

831. Observations sur la fontaine minérale de *Saint-Amand*; par Jean-Joseph BRASSART, Médecin Juré & Pensionnaire de l'Abbaye de Saint-Amand: *Tournay*, Caulier, 1698, *in*-8.

832. Examen des eaux de *Saint-Amand*, près de Tournay; par M. BOULDUC, de l'Académie Royale des Sciences. *Hist. de l'Académie*, 1699, *pag*. 56.

833. Journal de ce qui s'est passé aux eaux de *Saint-Amand*, en 1700; par M. PITHOIS: *Valenciennes*, Henry, 1700, *in*-12.

834. Traité des eaux minérales de la fontaine de Bouillon-lès-*Saint-Amand*; par BRASSART: *Lille*, le Blond, 1714, *in*-8.

835. Mémoire ſur les eaux minérales de *Saint-Amand* ; par M. MORAND (Père) de l'Académie Royale des Sciences. *Mém. de l'Acad.* 1743, *pag.* 1. & *Hiſt. pag.* 98.

Il y en a un précis dans le *Mercure*, 1743, *Septembre*, *pag.* 1931-1941. On trouve dans ce Mémoire, outre l'examen des trois fontaines différentes que renferment les eaux de Saint-Amand, celui des boues noires & ſulphureuſes qui ſont auprès de celle qu'on nomme *Fontaine d'Arras*; la manière d'imiter ces boues avec du charbon de terre & de l'eau ; les bons effets qu'on a déja éprouvés de ces boues artificielles. C'eſt avec auſſi peu de fondement que de ſuccès, qu'on avoit imaginé que les eaux d'une de ces fontaines guériſſoient les cancers, les écrouelles, &c. M. Morand fait voir combien il faut rabbattre de leurs merveilles à cet égard ; mais il découvre en même-tems leur efficacité dans la cure de certaines maladies pour leſquelles on n'avoit pas coutume de les ordonner.

836. Eſſais phyſiques ſur les eaux de *Saint-Amand*; par BOUGUIE : *Lille*, 1750.

837. Lettre de M. LE BRETON, Curé de *Saint-Chriſt*, auprès de *Péronne*, ſur des eaux minérales découvertes au bout de ſon Jardin. *Mercure*, 1724, *Juillet*, *pag.* 1500, & *Biblioth. de Médecine*, *tom. IV. p.* 197, *in*-4.

838. ✠ Hiſtoire véritable de l'excès & martyre de *Sainte-Reine*, Vierge, avec les admirables effets de l'eau de la fontaine ; par

Jean-Baptiste DANDAULT, Abbé de Saint-Pierre d'Autun : *Paris*, *in*-8.

Ce Livre, qui est en vers, ne renferme que des puérilités.

839. ✠ Joannis Guyoti DE GARAMBERIO, Equitis Nivernensis, Doct. Monsp. Collegii Med. Divionens. Decani, divinæ naturæ, artisque sacræ triumphus, hoc est enarratio & enodatio medico-Theologica insignis, rari & naturalis non miraculosi affectus, ad medicos Belnenses : *Basileæ*, 1653, *in*-8.]

Le but de cet Ouvrage est de montrer que les eaux de Sainte-Reine, qu'il appelle *Sancta Rhena*, ne guérissent que parcequ'elles sont minérales, & que la Sainte n'a aucune part à leur guérison. Comme l'Auteur étoit de la Religion prétendue Réformée, il parle librement. Gui Patin, *pag.* 183, seconde Lettre à Spon, parle de cet Ouvrage. Il en estime le dessein : les eaux de Sainte-Reine ne font pas de miracles, dit-il.

840. ✠ Fontis *san-Reginalis* naturalis medicati virtutum admirandarum in gratiam ægrotantium explicatio ; scribente Joanne BARBUOTIO, Doctore Medico Monspeliensi : *Parisiis*, Bessin, 1661, *in*-8.]

841. Lettres de M. GUÉRIN, Docteur en Médecine de la Faculté de Paris, & de M. LE GIVRE, touchant les minéraux qui entrent dans les eaux de *Sainte-Reine* & de *Forges*, dans lesquelles, outre la recherche

que l'on fait de ces minéraux & de leurs vertus, de la manière dont se forment ces petits crystaux que l'on voit au fond des bouteilles remplies d'eau de Sainte-Reine, de la cause de la tiédeur de l'eau de Forges, appellée Cardinale, & des pierres graveleuses que l'on trouve au fond du bassin de celle qu'on nomme Royale; & en passant, de la cause des autres eaux tant chaudes que pierreuses; l'on examine encore si les eaux minérales que l'on transporte sont aussi bonnes que celles qu'on boit à leur source; avec une Thèse de Médecine (par M. DE MAUVILLAIN) qui conclud, par des preuves convaincantes, que les eaux de Forges sont utiles aux convalescens. Le tout traduit du Latin en François; par les soins du sieur FILSAC, Chirurgien, pourvu par le Roi pour la vente & distribution des eaux minérales de France : (*Paris*, veuve Grou, 1702) *in*-12.

842. ✠ Traité des eaux minérales, ou, La nouvelle fontaine de *Saint-Gondon* (près Sully); par Etienne POMEREAU : *Orléans*, 1676, *in*-8.]

843. Observations & analyse de l'eau de *Saint-Jean-de-Seirargues*; par M. SERANE, Médecin de Montpellier : *Montpellier*, Martel, 1734, *in*-12.

844. Réponse du Distributeur des eaux de *Saint-Jean-de-Seirargues*, au Distributeur des eaux d'Yeuset, sur la brochure qui paroît sous son nom : *in*-12.

845. Avis de MM. Ant. DURAND & P. Isaac DEIDIER, Médecins de Nismes, & des sieurs BERTRAND & BLAZIN, Apothicaires, contenant leur rapport fait en présence de M. l'Intendant, au sujet des eaux de *Saint-Jean-de-Seirargues*.

Ce Rapport est daté du 12 Septembre 1746. Il est imprimé avec l'Ouvrage précédent.

846. Mſ. Analyse des eaux minérales de *Saint-Mars*, près Chamaliere-lès-Clermont; par M. OZY, Apothicaire Chymiste, & de la Société Littéraire de Clermont.

Elle est conservée dans les Registres de cette Société.

847. ✠ Les singularités de la fontaine de *Saint-Pardoux*, en Bourbonnois; par Pierre PERREAU, Docteur en Médecine : *Paris*, Mettayer, 1600, *in*-8.]

848. Observation sur une eau minérale de *Saint-Remi-l'Honoré*, à une lieue & demi de Montfort-l'Amaury. *Affiches de Provinces*, 1762, *pag*. 143.

849. Mſ. Observations sur les eaux de *Saint-Sauveur*; par M. DARQUIER; lues le

20 Avril 1752, à l'Académie des Sciences & Belles-Lettres de Toulouse.

Elles sont conservées dans les Registres de cette Académie.

850. Traité des eaux minérales de *Saint-Symphorien*; par DE MAUBIE: *Dijon*, 1679, *in*-12.

851. Sur une source d'eau salée de *Sallies*, en Béarn. *Journal des Sçavans*, 1667, *pag.* 47.

852. ✻ Admirable vertu des eaux & fontaines de *Salmière*, au Pays de Quercy; par FABRY: *Toulouse*, 1624, *in*-8.

853. ✻ Les merveilleux effets de la Nymphe de *Santhenay*, au Duché de Bourgogne, où est sommairement traité de son origine, propriété & usage; par Pierre QUARRÉ, Charollois: *Dijon*, Guiot, 1633, *in*-4.]

854. ✻ Histoire véritable de la découverte de l'eau minérale de la fontaine de *Ségray*, près de Pluviers en Beauce; par L. P. Docteur en Médecine: *Paris*, Saugrain, 1620, *in*-8.]

855. ✻ Les secrets des eaux de la fontaine de *Ségray*, près de la Ville de Pithiviers; par Pierre POISSONNIER: *Orléans*, 1644, *in*-8.]

C'est la même fontaine que la précédente. On dit indistinctement Pluviers, Pithiviers, ou Piviers.

856. Dissertation sur la nature & les qualités des eaux minérales & médicinales de *Ségray*, près Pluviers; par M. BLONDET, Docteur en Médecine de Montpellier, Conseiller-Médecin ordinaire du Roi, Intendant des eaux minérales de Ségray, & Associé Correspondant de la Société des Belles-Lettres d'Orléans: *Orléans*, Couret de Villeneuve, 1747, *in*-12. 40 pages.

857. Avis sur les eaux minérales de *Ségray*, près Piviers, en Gâtinois. *Journal des Sçavans*, 1722, *Juin*, *pag.* 415, & *Bibliothèque de Médecine*, *tom. IV. p.* 188, *in*-4.

Ces eaux ont été reconnues, depuis plus de 300 ans, capables de guérir les maladies chroniques, & celles qui sont rebelles aux remèdes ordinaires.

858. La Spagyrie naturelle des fontaines minérales de *Sellés*, au Mandement de la Voute en Vivarez; par Gasp. DE PERRIN: *Valence*, Muguet, 1656, *in*-8.

859. Analyse des eaux de la fontaine du bas *Selter*, située dans le bas Archevêché de Trèves; par Frid. HOFFMAN: *Hall*, 1727, *in*-4. (en Allemand).

Le même, en François; par P. Théodore LEVELING: *Nancy*, Cusson, 1738, *in*-8. *Anvers*, 1739, *in*-4.

860. Joannis KILIAN, Disputatio de aquis *Selteranis*: *Argentorati*, 1740, *in*-4.

861. Mémoires sur l'analyse des eaux de *Selter* ou de *Seltz*; par M. VENEL, Docteur en Médecine de la Faculté de Montpellier.

Ces Mémoires sont insérés parmi ceux de Mathématique & de Physique présentés à l'Académie des Sciences, *tom. II. pag.* 53 & 80.

862. Remarques curieuses sur les eaux salutaires de *Sermaise*, sur la frontière de Champagne; par le sieur ROYER, Chirurgien & Chymiste à Montigny, près Stenay.

On ignore la date de l'impression, & le format.

863. ✱ Gilberti PHILARETI Commentarius de fontibus Ardennæ, & potissimùm de *Spadanis: Antverpiæ*, Bellerus, 1559, *in*-8.]

C'est sous le nom de Philaret que s'est caché Gislebert LIMBORTH, Chanoine de Liége, Médecin, mort en 1567.

Cet Ouvrage pourroit bien être le même que le suivant, comme l'a soupçonné M. Springsfeld.

864. ✱ Gilberti LIMBORTH, de acidulis quæ sunt in Sylva Arduenna juxta vicum *Spa: Antverpiæ*, 1559, *in*-8.]

865. Des fontaines acides de la forêt d'Ardennes, & particulièrement de celle de *Spa: Liège*, 1577, *in*-8.

C'est la Traduction de l'Ouvrage précédent.

866. ✠ Description des fontaines acides de *Spa*; par Philippe GHERINX : *Liège*, 1583, *in*-8.]

867. Ph. GŒRINGII fontium acidorum pagi *Spa*, & ferrati Tungrensis Descriptio è Gallicâ Latinè facta à Th. RYESIO : *Leodii*, 1592, *in*-8.

868. Description des fontaines acides de *Spa*; augmentée par Th. RYETIS (ou plutôt DE RYE) : *Liège*, 1592, *in*-8.

C'est le même Ouvrage en François. Philippe Ghéring ou Ghérinx, étoit cousin d'ab Heers, & Thomas de Rye son beau-père.

869. ✠ Joachimi YUNII aquarum *Spadanarum* Gryphi, sive ænigmata eorumque explicatio, proficiscentibus ad aquas *Spadanas* non minus utilis quàm jucunda : *Lovanii*, Flavius, 1614, *in*-8.]

870. J. B. HELMONTII supplementum de *Spadanis* fontibus : *Leodii*, 1624.

871. ✠ Henrici AB HEERS *Spadacrene*, seu *fons Spadanus* & de ejus aquis mineralibus; cum observationum medicatarum libro : *Leodii*, 1622, *in*-8. *Lugduni-Batavorum*, 1645. *Ibid.* 1685, *in*-12.]

872. Deplementum supplementi de *Spadanis* fontibus, sive vindiciæ pro suâ *Spadacre-*

ne, &c. auctore H. AB HEERS: *Leodii*, 1624, *in*-12.

Dissertation sur les eaux de *Spa*, traduite du Latin de HEERS, avec les notes de CHROUET: *La Haye*, 1639, *in*-8.

873. Observationes Medicæ oppidò raræ in *Spa* & *Leodii*, animadversæ, &c. auctore H. AB HEERS: *Leodii*, 1630, *in*-12.

M. Chrouet a traduit celles de ces Observations qui regardent les eaux de Spa, & il les a jointes à la nouvelle édition qu'il a donnée du *Spadacrène*.

874. Ludovici NONNII Aquæ *Spadanæ* præstantia & utendi modus: *Lugduni-Batavorum*, 1638, *in*-12.

875. Traité des eaux de *Spa*; par le sieur Edmond NESSEL, Docteur en Médecine: *Liège*, 1699, *in*-8.

876. Apologie des eaux de *Spa*; par Matthieu NESSEL, Docteur en Médecine: *Liège*, 1713, *in*-8.

877. La connoissance des eaux minérales d'Aix-la-Chapelle, de Chaud-Fontaine & de *Spa*, &c. par W. CHROUET, Docteur en Médecine: *Leide*, 1714, & *Liège*, 1729, *in*-12.

878. Traité des eaux minérales de *Spa*; par Henry EYRE: *Londres*, 1731, *in*-8. (en Anglois).

879. Petit Traité des eaux de *Spa* ; par George TURNER : *Londres*, 1733, *in*-8. (en Anglois).

880. Dissertatio Medica inauguralis de aquis *Spadanis*, quam eruditorum examini submittit Philippus Ludovicus DE PRESSEUX, Leodius ex Theux : *Lugduni-Batavorum*, 1736, *in*-4.

Cette Dissertation a été réimprimée à Leyde la même année, sans autre addition qu'une déclaration de M. Chrouet, Docteur en Médecine à Olne, au sujet du transport des eaux de Géronster.

881. Dissertation inaugurale sur les eaux de *Spa*, soutenue à Leyde le 7 Août 1736, par M. Phil. Louis DE PRESSEUX ; traduite du Latin, & augmentée par Jean-Phil. DE LIMBOURG, Docteur en Médecine : *Spa*, 1749, *in*-4.

882. Démonstrations de l'utilité des eaux minérales de *Spa* ; par M. le Docteur & Assesseur LE DROU : *Liège*, 1737, *in*-12.

883. Principes contenus dans les différentes sources des eaux minérales de *Spa* ; par N. Th. LE DROU, Docteur & Professeur en Médecine : *Liège*, 1752, *in*-12.]

884. Traité des eaux minérales de *Spa* ; par J. Ph. DE LIMBOURG, Docteur en Médecine : *Leide*, Luzac, 1754, *in*-12.

Le même, corrigé & augmenté par l'Auteur, avec une Carte des environs de *Spa*: *Liège*, Desoer, 1756, *in*-8.

L'Auteur s'étend sur tout ce qui a rapport à la maniere d'agir de ces eaux précieuses. Il donne, à la fin de son Discours préliminaire, une Liste des Ouvrages qui ont été publiés sur les eaux de Spa, & qu'il a consultés. Il cite aussi ceux qu'il n'a pas eu occasion de voir, & les traités concernant d'autres eaux minérales froides, avec lesquels il a composé le sien.

On en trouve un extrait dans le *Journal des Sçavans*, 1758, *Août*.

885. Recueil d'Observations des effets des eaux minérales de *Spa*, de l'an 1764, avec des remarques sur le systême de M. Lucas, sur les mêmes eaux minérales; par J. Ph. DE LIMBOURG, Docteur en Médecine: *Liège*, de Soers, 1765, *in*-8.

886. Notice abrégée des eaux minérales de *Sulzbach*, dans la Vallée de Saint-Grégoire en Alsace; par (Christophe) SCHERBII: *Colmar*, 1683 (en Allemand).

887. Descriptio balnei *Sulzensis*; auctore Joanne-Jacobo SCHURER: *Argentorati*, 1726, *in*-4.

Cet Ouvrage est estimé dans le Pays. Soulz est un Village à cinq lieues de Strasbourg, près de Molzhein.

888. Ms. Analyse des eaux minérales de *Surgères* en Aunis, puisées de sept sources dif-

férentes ; par M. NAUDIN, Médecin à la Rochelle : *in*-4.

Ce Mémoire est dans le Cabinet de M. Girard de Villars, Médecin à la Rochelle. M. Naudin est mort en 1764.

T

889. Observations sur la nature & les propriétés des eaux thermales de *Tercis* ; par M. DUFAU, Médecin à Dax, & Correspondant de l'Académie de Bordeaux : *Dax*, 1747, *in*-12.

890. Lettre sur les bains de *Toul* & sur les Valentines de *Metz* ; par M. LEBEUF. *Mercure*, 1733, *Décembre*, *II. vol. p.* 2833.

891. Extrait d'une Lettre de M. BRISSEAU à M. Fagon, touchant une fontaine minérale découverte dans le Diocèse de *Tournay*.

Elle se trouve dans l'*Histoire des Ouvrages des Sçavans*, 1698, *Octobre*, *p.* 464.

V

892. Discours sur les Fontaines de *Vals* en Vivarez, & sur la propriété des eaux médicinales de *Vals* ; par Claude EXPILLY, Président au Parlement de Grenoble.

Il est dans le Recueil des *Poésies Françoises* de ce Magistrat : *Grenoble*, 1624, *in*-4.

893. * Obſervations ſur les eaux de la fontaine de *Vals* en Vivarez, diſtillées par Jacques REYNAT, Apothicaire : *Avignon*, Bramereau, 1639, *in*-8.]

894. Traité de la nature & propriété des eaux minérales & bains acides nouvellement découverts près d'un lieu nommé *Vendres*, Diocèſe de Béziers en Languedoc; par Pierre ROMIEU, Docteur en Médecine: *Perpignan*, Figuerola, 1683, *in*-8.

Ce Traité eſt regardé dans le Pays comme une production très-imparfaite. Voyez les *Nouvelles Recherches ſur la France, tom. I. pag.* 113 *& ſuiv.*

895. Mſ. Mémoire ſur les eaux minérales de Caſtelnau, appellées communément, eaux de *Vendres*; par M. CROS, de l'Académie de Béziers.

On trouve un extrait de ce Mémoire dans le ſecond Recueil de l'Académie de Béziers : *Béziers*, Barbut, 1728, *in*-4. *pag.* 31 *& ſuiv.* Voyez les *Nouvelles Recherches ſur la France, tom. I. pag.* 112 *&* 113.

896. Examen des eaux minérales de *Verberie*; (par MM. CARLIER & DE MACHY : (*Paris*, Guérin) 1759, *in*-12.

La partie Hiſtorique a été faite par M. Carlier, qui eſt du pays même, & l'Analyſe chymique par M. de Machy, Apothicaire de Paris.

897. Mémoire ſur une ſource d'eau minérale

près *Vernon* en Normandie: *Paris*, 1757, *in*-12.

898. Discours sur les effets merveilleux des eaux de *Vesoul* en Franche-Comté: *Vesoul*, 1722, *in*-12.

899. Observations sur les effets surprenans que causent les eaux minérales nouvellement découvertes dans le territoire de la Ville de *Vesoul*, en un lieu appellé les Répes, Diocèse de Besançon. *Mercure*, 1716, *Août*, *pag.* 239, & *Bibliothèque de Médecine*, *tom. IV. pag.* 180, *in*-4.

900. Recherche analytique des eaux minérales de *Vic*; par J. B. ESQUIROU: *Aurillac*, 1718, *in*-12.

901. L'Entéléchie des eaux de *Vic* en Carladois; par Jean MANTÉ: *Aurillac*, Borie, *in*-8.

902. Physiologie des eaux de *Vichy* en Bourbonnois; par Claude MARESCHAL: *Moulins*, Vernoy, 1642, *in*-8. *Lyon*, de Cœursillys, 1636.

903. M. ROLLETI Poema encomiasticum aquarum mineralium *Vichæensium*: *Claromonti*, 1652, *in*-4.

904. Description des eaux minérales de *Vichy*; par Ant. JOLLY: *Paris*, Langlois, 1676, *in*-12.

905. Obſervations ſur les concrétions terreuſes & ſalines des eaux de *Vichy* ; par M. JOLI, Médecin. *Hiſt. de l'Acad. des Sciences*, 1683.

906. ✠ Le ſecret des bains & eaux minérales de *Vichy*, découvert par Claude FOUET, Docteur en Médecine : *Paris*, de Varennes, 1679, *in*-12.

Le même Traité ſous ce titre, Nouveau ſyſtême des bains & eaux de *Vichy* ; par Claude FOUET : *Paris*, 1686, *in*-12.]

907. ✠ Examen des eaux de *Vichy* & de *Bourbon* ; par M. BURLET, Docteur en Médecine, de l'Académie des Sciences. *Mém. de l'Acad. des Sciences, an.* 1707, *pag.* 97 *& ſuiv.*]

908. ✠ Examen des mêmes eaux ; par M. SEIGNETTE, Médecin de la Rochelle. *Mémoires de l'Académie des Sciences*, 1707, *pag.* 115 & 116.]

P. Seignette eſt mort le 11 Mars 1719.

909. Traité des eaux minérales, bains & douches de *Vichy* ; par Jacques-François CHOMEL, Médecin de Montpellier : *Clermont*, 1734, *in*-12.

On trouve un long extrait de cet Ouvrage dans les *Actes de Léipſick*, 1741, *pag.* 698, *& ſuiv.*

910. Obſervations phyſiques ſur les eaux

thermales de *Vichy*; par M. DE LA SONE, de l'Académie des Sciences. *Mémoires de l'Acad.* 1753, *pag.* 106.

911. De la vertu & puissance des eaux médicinales de *Vic-le-Comte*, près Billon, & de *Saint-Mearilpes*, près Riom; par Jean LANDREY : *Orléans*, Hotot, 1614, *in*-12.

912. ✻ Bref Discours des fontaines de *Vic-le-Comte*; par François DE VILLEFEU : *Lyon*, Mallet, 1616, *in*-8.]

913. Eau minérale à une lieue de la Ville de *Vitré*, en Bretagne. *Mercure*, 1683, *Mai*, *pag.* 209, & *Bibliothèque de Médecine*, *tom. IV. pag.* 182, *in*-4.

914. Mémoire de M. GROSSE sur les eaux minérales de *Vitry-le-François*. *Journ. de Verdun*, 1740, *Octobre*, *pag.* 256-259.

915. ✻ Discours des propriétés & vertus d'une source d'eau retrouvée nouvellement en *Vivarez*, à deux lieues de Valence (de l'autre côté du Rhône); par Philibert BUGNION, Avocat à Lyon : *Lyon*, Rigaud, 1583, *in*-8.]

916. ✻ Traité des eaux minérales du *Vivarez* en général, & de celles de *Vals* en particulier; par Antoine FABRE, Docteur en Médecine : *Avignon*, Piot, 1657, *in*-4.]

917. Notice exacte des eaux minérales de

Wattweile, de leurs propriétés & de leurs effets; par BACHERS: *Basle*, 1741, (en Allemand).

Y

918. Avis de M. DE CHICOYNEAU, premier Médecin du Roi, au sujet des eaux minérales d'*Yeuzet* & de *Saint-Jean-de-Seirargues*, du 4 Octobre 1746, feuille volante.

Ce Médecin préfére celle d'Yeuzet à celle de Saint-Jean. Son avis est réimprimé avec l'Ouvrage suivant.

919. Le Distributeur des eaux d'*Yeuzet*: *in*-12. 12 pages.

SECTION V.

Histoire Naturelle des Végétaux de la France.

La plupart de ceux qui rédigent les Catalogues commencent l'article de la Botanique par les Traités d'Agriculture. Mais, comme les différentes espèces de Plantes exigent des soins différens, & qu'il faut avoir une connoissance préliminaire de ces espèces pour varier leur culture, on a jugé plus naturel de placer les Descriptions des végétaux avant les Traités sur la manière de les entretenir & de les faire renaître. Il en est quelques-uns qui renferment les deux objets. Pour ne point les répéter dans les deux paragraphes, on les a rangés suivant les matières qu'ils paroissoient avoir eu pour but principal. L'article de la culture en renferme un plus grand nombre de cette espèce.

§. I. *Traités des Plantes, des Arbres, des Fleurs, &c.*

Traités sur les Plantes de la France en général.

920. ✻ Campus Elysius Galliæ amœnitate refertus, in quo quidquid apud Indos, Arabes, & Pœnos reperitur, apud Gallos demonstratur posse reperiri; auctore Symphoriano CAMPEGIO, Medico, Equite aurato: *Lugduni*, 1533, *in*-8.]

921. ✻ Hortus Gallicus pro Gallis in Galliâ scriptus, in quo Gallos in Galliâ omnium ægritudinum remedia reperire docet, nec medicaminibus egere peregrinis: accedit analogia Medicinarum Indarum & Gallicarum, in quâ Gallos in Galliâ omnes medicinas laxativas Gallis necessarias reperire docet, &c. auctore eodem: *Lugduni*, Treschel, 1533, *in*-8.]

Cet Ouvrage est une édition plus ample du précédent. L'Auteur ayant fait dans la même année de nouvelles observations, en fit aussi-tôt part au Public dans ce second Traité.

922. Mſ. Nicolai MARCHANT patris, Index Stirpium, Ducis Aurelianensis Gastonis jussu

& largitione, in Galliâ conquisitarum, ab anno 1648, ad 1659, *in-fol.*

M. Bernard de Jussieu conserve dans sa Bibliothèque l'exemplaire même qui avoit appartenu au Duc d'Orléans.

923. Icones & descriptiones rariorum Plantarum, Siciliæ, Melitæ, Galliæ & Italiæ, quarum unaquæque signata ab aliis facilè distinguitur; auctore Paulo BOCCONE, Academiæ Nat. curiosorum socio, & Magni Ducis Etruriæ Botanico: *Oxonii*, Theat. Sheldon, 1674, *in*-4.

Mongitore (*Biblioth. Sicul.*) parle d'une autre édition publiée à Londres la même année, avec une Préface de Robert Mossiokius. M. Séguier, Secrétaire de l'Académie de Nismes, qui en fait mention dans sa *Bibliotheca Botanica*, dit qu'il n'a jamais pu la découvrir.

924. Dissertation sur la préférence que nous devons donner aux Plantes de notre Pays, par-dessus les Plantes étrangères; par M. MARCHANT, de l'Académie des Sciences. *Mém. de l'Acad.* 1701, *pag.* 211-217.

Cette espèce de Dissertation fait partie d'un Mémoire sur une Plante nommée dans le Bresil *Yquétaya*, qui sert de correctif au Séné, par le même M. Marchant, dans lequel cet habile Botaniste a reconnu que l'Yquétaya n'est que la grande Scrophulaire aquatique, foulée tous les jours sous nos pieds. Cet exemple lui donne lieu de conclure que les Plantes de notre Pays, que nous n'étudions pas assez, valent souvent autant que les étrangères,

& que le malheur qu'elles ont de naître dans nos champs, leur fait trop de tort auprès de nous.

925. * Plantæ per Galliam, Hiſpaniam & Italiam obſervatæ, iconibus æneis exhibitæ à Jacobo BARRELIERO, ex Ordine Prædicatorum. Opus poſthumum, editum curâ & ſtudio Antonii DE JUSSIEU, Medici: *Pariſiis*, Ganeau, 1714, *in-fol.*]

M. de Juſſieu a mis à la tête de l'Ouvrage une Vie de l'Auteur, qui étoit Dominicain, né à Paris en 1606, & mort le 15 Septembre 1673. Les Plantes ont été gravées avec un très-grand ſoin; elles atteſtent l'exactitude du crayon de l'Auteur, qui les avoit deſſinées lui-même. On peut conſulter la *Bibliothèque ancienne & moderne*, *tom. II. pag.* 311, & *Giornale de Letter. ann.* 1715, *art.* 7.

926. Le Fruitier de la France, ou Deſcription des Fruits à noyaux & à pepins qui ſe cultivent dans le Royaume, avec une Diſſertation Hiſtorique ſur l'origine & le progrès des Jardins; par M. LE MAITRE, ancien Curé de Joinville, 1719: *in*-4.

Ce n'eſt que le plan d'un Ouvrage qui n'a pas été exécuté.

927. Expériences, par leſquelles on fait voir que les racines de pluſieurs Plantes de la même famille que la Garance, rougiſſent auſſi les os, & que cette propriété paroît être commune à toutes les Plantes de cette même famille; par M. GUETTARD. *Mémoires de*

l'Académie

l'Académie des Sciences, 1746, *pag.* 98 *& suiv.* & *Histoire*, *pag.* 57.

Cet Ecrit, qui a pour objet le Caille-lait, le Grateron ou Aparine, que l'on trouve en France, doit être rangé avec ceux qui regardent l'Histoire Naturelle du Royaume. M. Guettard y fait voir que les racines de ces Plantes, celles sur-tout du Caille-lait des bords de la mer de l'Aunis, sont propres à garancer les étoffes. Les épreuves en ont été constatées par M. Hellot, qui en parle dans son Traité de la Teinture des Laines.

928. De Plantis indigenis quæ in usum medicum veniunt; auctore Stephano Francisco GEOFFROY, Doctore Medico Parisiensi.

C'est le tom. III. de l'Ouvrage du même Auteur, intitulé, *Tractatus de Materiâ Medicâ, sive de Medicamentorum simplicium Historiâ, &c. Parisiis*, Desaint & Saillant, 1741, *in*-8. 3 vol.

L'Histoire des Plantes Indigènes, traduite en François; par M*** (BERGIER) Docteur en Médecine.

Ce sont les tom. V. VI & VII. de la traduction du *Traité sur la Matière Médicale*, par M. Geoffroy : *Paris*, Desaint & Saillant, 1743, *in*-12. 7 vol.

Suite de la Matière Médicale de M. GEOFFROY; par le même : *Paris*, Desaint & Saillant, 1750, *in*-12. 3 vol.

Eadem, D. GEOFFROY, Materia Medica; locupletior, aliisque emendatior, supplemento partis secundæ sectionis secundæ anonymi professoris nunc primùm aucta, ex

Gallicâ in linguam Latinam eleganter redacta: *Venetiis*, Pezzana, 1756, *in*-4. 3 vol.

929. Les figures des Plantes d'usage en Médecine, décrites dans la Matière Médicale de M. GEOFFROY, dessinées d'après nature par M. DE GARSAULT, & gravées par MM. de Fehrt, Prevôt, Duflos, Martinet, &c. *Paris* (1764) *in*-8. 4 vol.

Les Plantes Indigènes forment les tomes II. III & IV.

930. Explication abrégée de sept cens dix-neuf Plantes, tant étrangères que de nos climats, gravées en taille-douce sur les desseins de M. DE GARSAULT : *Paris*, Desprez, 1765, *in*-8.

C'est l'explication des Planches précédentes.

931. Observations sur les Plantes ; par M. GUETTARD, de l'Académie des Sciences: *Paris*, 1747, *in*-12. 2 vol.

On trouve dans cet Ouvrage le Catalogue des Plantes des environs d'Etampes, & une indication des endroits du voisinage d'Orléans où naissent les mêmes Plantes. Ces indications ont été tirées du Catalogue des Plantes de l'Orléanois, fait par M. Lambert de Cambray, & communiqué par M. Duhamel. M. Guettard a de plus ajouté à son Ouvrage les Plantes qu'il avoit observées dans plusieurs cantons de la France, & sur-tout dans le bas Poitou, & vers les bords de la mer de l'Aunis. Les Plantes sont arrangées suivant l'ordre des *glandes des Plantes* observées par l'Auteur. Le Catalogue des Plantes des environs d'Etampes avoit été, pour la plus grande partie, fait par M. Descurain, Apothicaire d'Etampes, & grand-père de M. Guettard.

932. Traité des Arbres & Arbustes qui se cultivent en France en pleine terre; par M. DUHAMEL DU MONCEAU, Inspecteur général de la Marine, de l'Académie Royale des Sciences, de la Société Royale de Londres, Honoraire de la Société d'Edimbourg, & de l'Académie de Marine: *Paris*, Guérin & Delatour, 1755, *in*-4. 2 vol.

Additions à ce Traité; par le même.

Elles se trouvent à la fin du tom. II. du Traité des *Semis & Plantations des Arbres, &c. Paris*, Guérin & Delatour, 1760, *in*-4.

M. Duhamel a fait entrer aussi dans le Traité des Arbres & Arbustes, les Arbres étrangers qui peuvent s'accommoder à la température de notre climat, & se cultiver en pleine terre. Il n'y a d'exclus que ceux qui exigent nécessairement des serres chaudes & des orangeries. Voyez sur ce Traité les *Actes de Léipsick*, 1756, *pag.* 583 *& suiv.*

933. Prospectus d'Histoire Naturelle des Végétaux de la France, contenant leurs descriptions génériques & spécifiques, leurs noms synonymes Latins & François, leurs figures, les insectes qu'ils nourrissent, l'endroit où on les trouve, leurs différentes cultures, suivant les divers climats de chaque Province, leur analyse chymique & leurs propriétés, non-seulement pour la nourriture

& la Médecine, mais encore pour l'embellissement des Jardins & les Arts & Métiers; *ou*, La Botanique, la Médecine, l'Agriculture, le Jardinage & les Arts réunis dans le règne Végétal de la France; par M. BUCHOZ, Démonstrateur en Botanique au Collége Royal des Médecins de Nancy: *Metz*, Antoine, 1765, *in*-8.

934. De la fertilité des Provinces de France, quant aux Grains, &c. par M. DE LA MARRE, Commissaire au Châtelet.

Ces Observations se trouvent dans son *Traité de la Police: Paris*, 1710, *tom. II. pag.* 1083-1095.

Traités sur les Plantes des diverses parties de la France, rangés suivant l'ordre alphabétique des noms des lieux où elles naissent.

A

935. * Histoire des Plantes qui croissent aux environs de la Ville d'*Aix* en Provence, & dans quelques autres endroits de la même Province; par Joseph GARIDEL, Docteur & Professeur en Médecine à Aix: *Aix*, 1717, *in-fol.*

La jalousie avoit d'abord suspendu les éloges que ce Livre mérite à bien des titres; mais la postérité équitable a rendu justice aux talens de son Auteur. Voyez ſur cet Ouvrage le *Traité des Tulipes*, par le P. Dardenne : *Avignon*, 1760, *pag.* 17-19.]

936. Flora *Alpina*, ſeu Catalogus Plantarum quæ gignuntur in Gallicis Pyreneis, &c. auctore Nic. AMANN.

Cette Diſſertation eſt la dix-huitième de celles que M. Linnæus a inſérées dans le tom. IV. d'un Ouvrage qui a pour titre, *Amœnitates Academicæ, ſeu Diſſertationes*, &c.

937. Turnefortius *Alſaticus*, cis & trans-Rhenanus, ſive Opuſculum Botanicum, ope cujus Plantarum ſpecies, genera, ac differentias, præ-primis circà Argentoratum locis in vicinis, cis & trans-Rhenum, ſponte in montibus, vallibus, ſylvis, pratis, in & ſub aquis naſcentes, ſpatioque menſtruo florentes, Tyro ſub excurſionibus Botanicis facillimè dignoſcere, ſuæque memoriæ in nominibus exprimendis, ex principiis Turnefortii conſulere poſſit, otio privato conſcriptum, ac aliquibus tabulis æneis illuſtratum; auctore Fr. Balt. VAN LINDERN : *Argentorati*, Stein, 1728, *in*-8.

Idem; auctior, ſub hoc titulo : Hortus *Alſaticus* Plantas in *Alſatiâ* naſcentes deſignans : *Argentorati*, Bekins, 1747, *in*-8.

938. Marci MAPPI Hiſtoria Plantarum *Alſatiæ*, operâ J. C. EHRMANTORATI : 1742, *in*-4.

Cet Ouvrage eſt très-bon, & fait ſelon le ſyſtême

de Tournefort. On en trouve un extrait dans les *Actes de Léipsick*, 1743, *pag.* 596.

939. Nova Plantarum *Americanarum* genera ; auctore Carolo PLUMIER, Ordinis Minimorum in Provinciâ Franciæ, & apud insulas Americanas Botanico Regio : *Parisiis*, Boudot, 1703, *in*-4.

940. Description des Plantes de l'*Amérique* ; par le même : *Paris*, Imprimerie Royale, 1693, *in-fol.* fig. 108.

941. Traité des Fougères de l'*Amérique* ; par le même : *Paris*, Imprimerie Royale, 1695 & 1705, *in-fol.* fig. 172.

Ces deux Traités sont fort estimés, & on les joint ensemble.

942. Plantarum *Americanarum* fasciculi decem, continentes Plantas quas olim Carolus Plumierius Botanicorum princeps detexit, eruitque, atque in Insulis Antillis ipse depinxit. Has primùm in lucem edidit concinnis descriptionibus, & observationibus, æneisque tabulis illustravit Joan. BURMANNUS Doctor Medicus, Professor Botanices Amstelodamensis : *Amstelodami*, 1755-1760, *in-fol.*

Aux figures des Plantes dessinées par le P. Plumier dans ses trois Voyages aux Antilles, faits par ordre de Louis le Grand, M. Burmann a joint la Description de chaque Plante.

943. Deſcription des Plantes qui naiſſent dans l'*Amérique* méridionale & dans les Indes occidentales; par le P. Louis FEUILLÉE, Religieux Minime, Mathématicien & Botaniſte de Sa Majeſté.

Elles ſe trouvent à la fin des tom. II & III. du Journal de ſes Obſervations phyſiques : *Paris*, Giffart, 1714; & Mariette, 1725, *in*-4. 3 vol. fig.

944. Notes hiſtoriques ſur l'origine & l'ancien uſage de la Plante de Garance en *Artois;* par M. CAMP, de la Société Littéraire d'Arras: *Paris*, *ſans date*, *in*-4. 40 pages.

945. Mſ. Plantes du Pays d'*Aunis*, avec leurs vertus & les noms vulgaires; par M. GIRARD DE VILLARS, Médecin à la Rochelle : *in*-4.

Cet Ouvrage eſt entre les mains de l'Auteur.

946. ✱ Hiſtoire des Plantes d'*Auvergne;* par (Jean-Baptiſte) CHOMEL, Docteur en Médecine, & de l'Académie Royale des Sciences.

Il y en a pluſieurs fragmens d'imprimés dans l'Hiſtoire de cette Académie, de l'année 1702, pag. 44; de l'année 1703, pag. 57; de l'année 1704, pag. 41; de l'année 1705, pag. 69; & de l'année 1706, pag. 87.]

La ſuite eſt entre les mains de M. LE MONNIER, qui travaille à la même Hiſtoire.

947. Mſ. Mémoires pour ſervir à l'Hiſtoire

des Plantes d'*Auvergne*, & principalement de celles qui croiſſent aux environs de Gannat en Bourbonnois; par M. CHARLES le fils, Médecin Botaniſte; avec des Additions de M. CHARLES le père, & de M. CHOMEL.

Ces Recueils ſont entre les mains de MM. le Monnier, & Bernard de Juſſieu. La Société Littéraire de Clermont-Ferrand a acheté des héritiers de M. Charles un Recueil de Plantes sèches conſervées entre des feuilles de papier & dans des boëtes. Les Plantes que cet herbier contient, ont été en plus grande partie cueillies ſur les montagnes d'Auvergne. Les mêmes héritiers ont auſſi cédé à la Société quelques manuſcrits du même Auteur, qui ſont des Catalogues de ces Plantes.

948. Mſ. Diſſertation ſur le Meurier blanc; & ſur la bonté de la Soie qu'on peut recueillir dans la Province d'*Auvergne*; lue par M. TERNIER, dans l'Aſſemblée publique de la Société Littéraire de Clermont, le 26 Novembre 1750.

Elle eſt conſervée dans les Regiſtres de cette Société.

949. Deſcription des Plantes qui croiſſent ſur les montagnes d'*Auvergne*; par M. LE MONNIER. *Obſervations d'Hiſtoire Naturelle*; par le même, ci-devant, N.° 6.

B

950. ✠ Catalogue des Plantes qui croiſſent en *Béarn*, *Navarre* & *Bigorre*, ès côtes de la Mer

Mer de *Biſcaye ;* par J. PREVOST : *Paris*, 1655, *in*-8.]

951. Plantes qui croiſſent dans le *Berry*, & qui ne ſont pas ſi communes aux environs de *Paris ;* par M. LE MONNIER. *Obſervat. d'Hiſtoire Naturelle;* par le même, ci-devant, N.° 6.

952. Mſ. Mémoire ſur la Rhubarbe du Pays de *Béziers*, qu'on appelle vulgairement Rhapontic des montagnes ; par M. CROS, de l'Académie de Béziers : lu le 28 Août 1727.

Ce Mémoire eſt entre les mains du Secrétaire de l'Académie, qui en a donné un extrait très-court dans les *Mémoires pour l'Hiſtoire générale de Béziers: Béziers*, Barbut, 1728, *in*-4. Le but de l'Auteur eſt de prouver que la Rhubarbe de ſon Pays contient les mêmes vertus que celle du Levant, ſans en avoir les déſagrémens.

953. Lettre à M. Bri... (Brioys) ſur la ſituation de la *Bourgogne*, par rapport à la Botanique ; par M. MICHAULT : *Dijon*, Marteret, 1738, *in*-8.

M. Michault y ſoutient que la Bourgogne eſt au moins auſſi haute que les Alpes ; ce qu'il prouve par les Plantes Alpines qui croiſſent dans cette Province, & par le cours des Rivières qui en ſortent.

954. Mſ. Catalogue des Plantes de *Bourgogne;* par M. Barthélemy D'HUISSIER D'ARGENCOURT.

Cette Deſcription eſt entre les mains de M. Michault,

ancien Avocat au Parlement de Bourgogne, qui, dans ses *Mélanges historiques & philosophiques* (*tom. II. pag. 92*) promet de la donner au Public.

M. d'Argencourt est mort à Dijon le 24 Avril 1738.

C

955. Ms. Catalogue alphabétique des Plantes qui viennent aux environs de *Cadillac* sur Garonne, avec une Liste des Plantes particulières au terroir de Sainte-Foi sur Dordogne, & aux environs; par M. l'Abbé BELLET, Chanoine de Cadillac, & de l'Académie de Bordeaux.

Ce Catalogue est au Dépôt de cette Académie.

956. Ms. Catalogue des Arbres qui viennent dans le Pays de *Cadillac* & aux environs, avec quelques observations sur la vertu de leur bois; par le même.

Ce Catalogue est aussi au Dépôt de l'Académie de Bordeaux.

957. ✱ Ms. Ager Medicus *Cadomensis*, sive hortus Plantarum quæ in locis paludosis, pratensibus, maritimis, arenosis & silvestribus prope *Cadomum* in Normanniâ, sponte nascuntur; auctore Joan. Bapt. CALLARD DE LA DUCQUERIE, in Universitate Cadomensi antiquiore Primicerio, Regio Consi-

liario, & Facultatis Medicinæ Decano, necnon Regis Professore.

Ce Manuscrit (étoit) entre les mains de l'Auteur, & le titre de cet Ouvrage est rapporté dans le *Journal Littéraire de la Haye*, 1715, *Janvier*, *pag.* 243.]

M. Callard de la Ducquerie est mort vers 1746. Parmi les Manuscrits qu'il a laissés, on a trouvé une copie informe & tronquée du Traité dont il s'agit ici. Cet exemplaire est entre les mains de M. Desmoueux, Professeur en Médecine & Botanique à Caen, & Membre de l'Académie de cette Ville.

958. Mſ. Observations de M. VARNIER, Docteur en Médecine, & de la Société Littéraire de Chaalons-sur-Marne, au sujet de différentes Plantes qu'il a trouvées dans la Province de *Champagne*; lues en 1760 à la séance publique de la Société de Chaalons-sur-Marne.

Ces Observations sont conservées dans les Registres de cette Société.

959. Jacobi CORNUTI, Medici, *Canadensium* Plantarum Historia: *Parisiis*, 1635 & 1651, *in*-4.

960. Description des Plantes principales (du *Canada*, &) de l'Amérique septentrionale; par le P. DE CHARLEVOIX.

Elle se trouve à la fin du tom. IV. de son *Histoire de la Nouvelle France* : *Paris*, Didot, 1744, *in*-12. 6 vol.

961. Mémoire de M. DE LA CONDAMINE; ſur une Réſine élaſtique nouvellement découverte à *Cayenne* par M. Freſnau. *Mémoires de l'Académie des Sciences*, 1751, *pag.* 319.

On trouve un extrait de ce Mémoire dans le *Journal Economique*, 1756, *Mai*, *pag.* 97-100.

D

962. * Catalogue des Plantes les plus conſidérables qu'on trouve autour de la Ville de *Dijon*; par Philibert COLLET (Préſident à l'Election de Bourg en Breſſe): *Dijon*, Michard, 1702, *in*-12.]

« Ce Catalogue n'eſt pas aſſez travaillé : il range » les Plantes par claſſes, & il les diviſe par la forme des » feuilles. Les Bauhins & Ray, qui étoient les plus ha- » biles des Botaniſtes, ont cru qu'il étoit impoſſible de » ranger les Plantes de cette manière, parceque tou- » tes leurs eſpèces ne ſont pas encore aſſez connues. » *Mémoires de Littérature* du P. Deſmolets, *tom. III*, *pag.* 158.

M. Collet eſt mort en 1718.

963. Mſ. Index Plantarum collectarum in littore Maris oceani, à Portu vulgo Gratiæ dicto ad urbem *Dunkerque* anno 1649: *in*-8.

Cet Ouvrage manuſcrit vient de M. Gaſton, Duc d'Orléans, & a été fait par l'un de ſes deux Médecins

Botaniſtes, M. Gavois ou M. Marchant. Il eſt conſervé dans la Bibliothèque de M. Bernard de Juſſieu, à la ſuite d'un autre Catalogue du même Auteur, ſur les Plantes des environs de Paris.

E

964. Mſ. Enumeratio quarumdam Stirpium collectarum & nondum anteà conſpectarum in ſylvâ Regiæ *Fontainebleau*.

Cet Ouvrage eſt à la ſuite de celui de M. Marchant ſur les Plantes de la France, ci-devant, N.° 924.

965. Mſ. Diſſertation ſur les Plantes uſuelles de *Franche-Comté*; par M. ROMAN, Docteur en Médecine, & de l'Académie de Beſançon.

Elle eſt conſervée dans les Regiſtres de cette Académie.

G

966. Mémoire ſur le Safran (Plante qui croît principalement dans le *Gâtinois*) ſur les maladies auxquelles ſes Oignons ſont ſujets, ſur la récolte de cette Plante, & ſur ſes divers uſages. *Journal Economique*, 1763, *Avril*, *pag*. 161-168, & *Mai*, *pag*. 209-215.

L

967. ✠ Deſſein touchant la récolte des Plan-

tes du *Languedoc : Montpellier*, Gillet; 1605, *in*-4.]

968. Defcription du Corifpermum hyffopifolium, Plante du *Languedoc* d'un nouveau genre; par M. Antoine DE JUSSIEU, de l'Académie des Sciences. *Mémoires de l'Académie*, 1712, *pag.* 185.

969. Differtation Botanique fur l'origine & la nature du Kermès; par M. NISSOLE, de la Société de Montpellier. *Mémoires de l'Académie Royale des Sciences*, 1714, *pag.* 434.

Le Kermès eft un infecte qui croît fur une forte de chêne de *Languedoc*.

970. Mémoire fur l'Orfeille; par M. DESMARETZ, Infpecteur des Manufactures de la Généralité de Limoges.

L'Orfeille de terre, appellée Pérelle par les gens du Pays, eft un Lichen ou mouffe blanchâtre très-fine, qui croît dans le *Limofin* ou l'Auvergne, fur les maffes de granites, qui y font en abondance. Le Mémoire de M. Defmaretz eft dans les *Ephémérides de la Généralité de Limoges pour l'année* 1765, *pag.* 195 *& fuiv.*

971. Parallèle des Vipères & Herbes *Lyonnoifes*, avec les Romaines & Candiottes; par Claude PONS : 1600.

L'Auteur y donne la préférence à la Thériaque de Rome & de Venife fur celle de Lyon.

972. Antiparallèle des Vipères Romaines & Herbes Candiottes, auquel est preuvé la Thériaque *Lyonnoise* n'avoir pas seulement les vertus & effets du Thériaque Diatessaron, mais aussi du grand Thériaque d'Andromachus, par Louis DE LA GRIVE, Apothicaire du Roi, & Garde-Juré en la Ville de Lyon : *Lyon*, Chastellard, 1632, *in*-8.

Cet Ouvrage est une critique de quatre paradoxes avancés par Claude Pons, dans le Traité précédent.

973. Sycophantie Thériacale découverte dans l'Apologie du Parallèle des Vipères & Herbes *Lyonnoises*, avec les Romaines & Candiottes; illustrée de quatre nouveaux paradoxes, du vin, du miel, de la squille, & du tems auquel la Thériaque doit être composée, avec une exacte méthode d'user d'icelle; par Claude PONS, Docteur en Médecine : *Lyon*, Jasserme, 1634, *in*-8.

Cet Ouvrage est une réponse aux argumens allégués par Louis de la Grive, contre les quatre paradoxes du premier Traité de la Thériaque.

974. Ms. Index Plantarum quæ circà *Lugdunum* nascuntur; auctore D. GOIFFON, Doctore Medico Lugdunensi.

M. Bernard de Jussieu conserve un exemplaire de cet Ouvrage rangé selon l'ordre alphabétique, où il manque la lettre C. peut-être en trouveroit-on un complet à Lyon, chez les Descendans de M. Goiffon.

975. Mſ. Dictionnaire hiſtorique des Plantes qui ſe trouvent en *Lorraine*, contenant leurs différens noms Latins & François, leurs figures, leurs étymologies, leurs origines, leurs deſcriptions, le tems du fruit & de la fleur, l'analyſe ou les principes qu'elles renferment, leurs vertus, la doſe de leurs préparations uſitées dans la Pharmacie galénique & chymique, les formules Latines & Françoiſes; par M. MARQUET, Docteur en Médecine, ancien Médecin de S. A. R. Léopold I. & Doyen des Médecins de Nancy: *in-fol.* 3 vol. fig.

François-Nicolas Marquet, né à Nancy en 1687, a recueilli pendant quarante ans de voyages en Lorraine, les Plantes qu'il a pu y trouver. Son Ouvrage eſt entre les mains de M. Buchoz, ſon gendre, Docteur en Médecine à Nancy.

976. Traité hiſtorique des Plantes de la *Lorraine* & des Trois Evêchés, contenant leur deſcription, leur figure, l'endroit de leur naiſſance, leur culture, leur analyſe chymique & leurs propriétés, tant pour la Médecine que pour les Arts & Métiers, en vingt volumes *in*-8. ornés de quatre cens planches en taille-douce; par M. Pierre-Joſeph BUCHOZ, Docteur en Médecine, Médecin ordinaire du Roi de Pologne, Aggrégé au Collége Royal des Médecins de Nancy, Membre de l'Académie Electorale de Mayence,

ce, & Associé-Correspondant de la Société Royale des Sciences & Arts de Metz : *Nancy*, 1762, *& suiv.*

Cet Ouvrage est fait d'après le précédent, qui a servi de matériaux à l'Auteur. Voyez-en un extrait dans le *Journal Economique*, 1764, *Novembre*, *pag.* 495.

977. Réponse à une Critique sur l'Histoire des Plantes de *Lorraine*; par M. BUCHOZ. *Journ. Economique*, 1763, *Janvier*, *p.* 22.

M. Buchoz indique dans cette Lettre les Mémoires sur lesquels il a travaillé.

M

978. Ms. Mémoire sur les principales Plantes qui naissent dans la Province de la *Marche*.

Il fait partie du Recueil de Mémoires de MM. Jean & Pierre Robert, Lieutenans Généraux en la Ville de Dorat, ci-devant, N.° 52.

979. J. BAUHINI Catalogus Stirpium *Monspeliensium*.

Il est souvent fait mention de cet Ouvrage dans les Lettres de Gesner à Bauhin, imprimées à la suite de l'Ouvrage intitulé, *De Plantis à Divis sanctisve nomen habentibus : Basileæ*, 1591, *in*-12. Par la Lettre du 20 Octobre 1562, Bauhin marque qu'il le préparoit : *Jam occupor parando Catalogum Herbarum Monspeliensium.* On voit par celle du premier Août 1563, que ce sçavant Naturaliste avoit déja envoyé ce Catalogue à Gesner, & qu'il le lui avoit dédié ; que celui-ci cherchoit à le faire imprimer; que ce n'étoit qu'un petit Livre, &c. On ne sait ce que devint cette nomenclature : peut-être resta-t-elle entre les mains de Gesner, qui mourut sur la fin de l'année 1565. *Extrait d'une Lettre de M. Séguier, Secrétaire de l'Académie de Nismes.*

980. * Botanicum *Monspeliense*, sive Plantarum circa *Monspelium* nascentium Index (in quo Plantarum nomina meliora seliguntur; loca in quibus Plantæ sponte adolescunt, tùm à prioribus Botanicis, tùm ab Auctore observata indicantur, & præcipuæ facultates edocentur : adduntur variarum Plantarum nondum descriptarum descriptiones, & icones, tùm & figuræ quarumdam, quas solùm descripsit C. B. in Prodromo); auctore P. MAGNOL Doctore Medico, & Professore in Academiâ Monspeliensi : *Monspelii*, Carteron, 1676, *in*-8.]

Idem, cum Appendice : 1686, *in*-8.

L'Auteur de ce Catalogue est mort à Montpellier en 1715.

981. Francisci DE SAUVAGES Methodus foliorum, seu plantæ Floræ *Monspeliensis* juxta foliorum ordinem ad juvandam specierum cognitionem digestæ : *Hagæ-Com.* 1751, *in*-8.

982. Flora *Monspeliensis*; auctore Theoph. Erdm. NATHORST.

C'est la vingtième Dissertation insérée dans le tom. IV.

de l'Ouvrage de M. Linnæus, intitulé, *Amœnitates Academicæ, seu Dissertationes, &c.* Cette Dissertation, qui a été publiée en Suède, à Upsal, est faite d'après les deux Ouvrages précédens.

983. Antonii GOUAN D. M. Monspeliensis Flora *Monspeliensis*, sistens Plantas numero 1850, ad sua genera relatas & hybridâ methodo digestas, adjectis nominibus specificis, trivialibusque, synonymis selectis, habitationibus plurium in agro Monspeliensi nuper detectarum, & earum quæ in usus medicos veniunt nominibus Pharmaceuticis, virtutibusque probatissimis : *Lugduni*, Duplain, 1765, *in*-8.

Le titre seul de ce Livre annonce son utilité.

N

984. Mémoire sur l'utilité des Muriers blancs, la manière de les élever, & celle de soigner les Vers à soie (en *Normandie*); lu le 9 Janvier 1758 dans l'Académie de Caen; par M. DE CLAIRVAL.

Il est imprimé dans les Mémoires de cette Académie.

Les raisons de l'Auteur ont contribué à déterminer M. le Duc de Harcourt, Gouverneur de la Province, toujours occupé du bien public, à faire planter quantité de muriers dans des terreins arides & incultes. Son exemple a été suivi par plusieurs citoyens, & l'on attend avec impatience la réussite de ces essais.

O

985. Mſ. Hiſtoire des Plantes qui croiſſent aux environs d'*Orléans*; par M. LAMBERT DE CAMBRAI, ancien Maître des Eaux & Forêts; continuée depuis par M. DUHAMEL, & par M. SALERNE, Médecin à Orléans: *in-fol.* de 3 à 400 pages.

Ce Manuſcrit eſt aujourd'hui entre les mains de M. Arnault de Nobleville, Docteur en Médecine à Orléans. M. Salerne, avec lequel ce ſçavant Phyſicien a travaillé à la continuation de la Matière Médicale de M. Geoffroy, eſt mort en 1760.

Cet Ouvrage a été employé dans les Obſervations ſur les Plantes, ci-devant, N.° 931.

P

986. * Enchiridion Botanicum *Pariſienſe*, continens Indicem Plantarum, quæ in pagis, ſylvis, pratis, & montoſis juxtà *Pariſios* locis naſcuntur; auctore Jacobo CORNUTI, Pariſienſi: *Pariſiis*, le Moine, 1635, *in*-4.]

Cet Ouvrage eſt à la ſuite des Plantes du Canada, du même Auteur.

987. Mſ. Index noviſſimus, longèque prioribus exactior Plantarum quæ circà Lutetiam milliaribus ab urbe undecumque quadraginta pullulant: anno 1650, *in*-8.

Ce Catalogue a été attribué à M. Gavois; mais on

croit, avec plus de raison, qu'il est de M. Marchant. Peut-être a-t-il été composé par ces deux habiles Botanistes de Gaston, Duc d'Orléans. M. Bernard de Jussieu en a un exemplaire original.

988. * Histoire des Plantes qui naissent aux environs de *Paris*, avec leur usage dans la Médecine; par (Joseph PITTON) DE TOURNEFORT: *Paris*, Imprimerie Royale, 1698, *in*-12.]

La même, augmentée; par M. Bernard DE JUSSIEU: *Paris*, Musier, 1725, 2 vol. *in*-12.

L'édition qui porte 1741, est la même, avec un Frontispice nouveau.

La même, traduite en Anglois, avec des Additions, &c. par J. MARTYN, de la Société Royale de Londres: *London*, Rivington, 1732, *in*-8. 2 vol. *Ibid.* 1736, *in*-8. 2 vol.

989. Sebastiani VAILLANT Botanicon *Parisiense*, operis majoris prodituri Prodromus, ex edit. Hermanni Boerrhaave: *Lugduni Batavorum*, Vander-Aa, 1723, *in*-8.

Idem: *Lugduni Batavorum* (*Paris*, Briasson) 1743, *in*-8.

Cette édition est augmentée des Plantes qui sont dans l'Ouvrage suivant, & qui ne se trouvoient pas dans l'édition de Boerrhaave.

990. Botanicon *Parisiense*, ou, Dénombrement, par ordre alphabétique, des Plantes qui se trouvent aux environs de *Paris*, compris dans la Carte de la Prevôté & Election de ladite Ville, du Sieur Danet (Gendre du Sieur de Fer) avec plusieurs descriptions de Plantes, &c. par feu M. VAILLANT, enrichi de plus de trois cens planches gravées par Claude Aubriet: *Amsterdam*, Lackeman, 1727, *in-fol.*

Voyez sur cet Ouvrage les familles des Plantes de M. Adanson, *tom. I. pag. lxxxij.*

991. Description des Plantes qui naissent ou se renouvellent aux environs de *Paris*, avec leurs usages dans la Médecine & dans les Arts, le commencement & le progrès de cette Science, & l'histoire des Personnes dont il est parlé dans l'Ouvrage; par M. FABREGOU, Botaniste & Démonstrateur: *Paris*, Lambert, 1734-1737, 6 vol. *in*-12.

Cet Ouvrage est copié, sans aucun choix, de l'Anatomie des Plantes par Grew, de la Culture des Plantes de Liger, du Traité des Jardins de la Quintinie, des Institutions de M. de Tournefort, &c.

992. Observation nouvelle sur les fleurs d'une espèce de Plantain, nommé par M. DE TOURNEFORT, dans ses Elémens de Botani-

que, *Plantago paluſtris gramineo folio mo-nanthos Pariſienſis.*

Elle ſe trouve dans les *Mémoires de l'Académie des Sciences*, 1742, *pag.* 131.

993. Floræ *Pariſienſis* Prodromus, ou Catalogue des Plantes qui naiſſent dans les environs de *Paris*, rapportées ſous les dénominations modernes & anciennes, & arrangées ſuivant la Méthode ſexuelle de M. Linnæus, avec l'explication en François de tous les termes de la nouvelle nomenclature; par M. D'ALIBARD, Correſpondant de l'Académie des Sciences: *Paris*, Durand & Piſſot, 1749, *in*-12.

On a donné un extrait de cet Ouvrage dans les *Actes de Léipſick*, 1750, *pag.* 307 *& ſuiv.* On y reproche à l'Auteur d'avoir abandonné l'excellente Méthode de M. de Tournefort, pour en ſuivre une nouvelle bien moins claire, & dont les principes n'ont point à beaucoup près la même certitude.

994. Manuel de Botanique, contenant les propriétés des Plantes, utiles pour la nourriture, d'uſage en Médecine, employées dans les Arts, d'ornement pour les Jardins, & que l'on trouve à la campagne aux environs de *Paris;* (par M. DUCHESNE): *Paris*, Didot, 1764, *in*-12.

L'Auteur eſt un jeune homme de ſeize ans, fils de M. Ducheſne, Prevôt des Bâtimens du Roi. Son Ouvrage eſt rempli de remarques utiles. Il plaît par l'élégance du ſtyle autant qu'il inſtruit par les matières. Les Plantes, qui juſqu'alors n'avoient pas eu de noms François, en ont un dans ce Livre, & les dénominations déja reçues, ſont réformées avec la plus grande juſteſſe.

995. Catalogue des Arbres & Arbriſſeaux qui ſe peuvent élever aux environs de *Paris*; par M. Bernard DE JUSSIEU: *Paris*, Bullot, 1735, *in*-12.

Cet Ouvrage eſt fait, par ordre alphabétique, d'après un Catalogue Latin des Arbres & Arbriſſeaux qui ſe peuvent élever en pleine terre aux environs de Londres, publié en Angleterre quelques années auparavant. Pour rendre cet Ouvrage utile à la France, M. de Juſſieu a ajouté les noms que les François ont donné à chaque Arbre.

996. Jacobi Benigni WINSLOW Quæſtio Medica, an Cerealia & olera agri *Pariſienſis* ſalubria? propugnata anno 1703, in Univerſitate Pariſienſi: *Paris*, 1703, *in*-4.

Eadem propugnata; à J. F. LECHAT DE LA SOURDIERE: anno 1741: *Ibid.* 1741, *in*-4.

997. Expériences faites ſur la décoction de la fleur d'une eſpèce de Chryſanthemum, très-commun aux environs de *Paris*, de laquelle on peut tirer pluſieurs teintures à différentes couleurs; par M. Antoine DE JUSSIEU. *Mémoires de l'Académie Royale des Sciences*, 1724, *pag.* 353.

998. Mſ. Lettre concernant quelques Plantes

tes qui naissent en *Picardie*; par M. DESMARS, Médecin à Boulogne-sur-Mer, & de l'Académie des Sciences d'Amiens.

Cette Lettre se trouve dans les Registres de cette Académie.

999. Mémoire sur une Morille branchue, de figure & de couleur de Corail, très-puante, trouvée en bas *Poitou*, & nommée *Boletus ramosus, Coraloides, fœtidus*; par M. DE REAUMUR. *Mémoires de l'Académie des Sciences*, 1713, *pag.* 69.

1000. Plantæ à JO. RAYO collectæ in variis suis Itineribus, præsertim in Italiâ, &c. Gallo-*Provincia*, &c. anno 1664.

Cette Nomenclature est la seconde pièce de son Recueil intitulé, *Stirpium Europæarum extrà Britannias nascentium Sylloge: Londini*, Smith, 1694, *in*-8.

Ray a été appellé le Tournefort Anglois. Il s'est attiré les éloges les plus flatteurs de la part des Sçavans, qui ont rendu justice à la sagacité avec laquelle il a sçu faire dans tous ses Ouvrages, un choix judicieux de tout ce qu'il a trouvé de bon dans le travail des Maîtres qui l'ont précédé. Il étoit né en 1628, dans un petit Village obscur du Comté d'Essex, où son père étoit Forgeron: il est mort en 1706.

1001. Brief Traité de la Pharmacie *Provençale* & familière, dans lequel on fait voir que la *Provence* porte dans son sein tous les remèdes qui sont nécessaires pour la guérison des maladies; par Antoine CONSTANTIN,

Docteur en Médecine : *Lyon*, Ancelin, 1597, *in*-8.

Constantin est mort l'an 1616. Il a laissé un Traité manuscrit sur le même sujet, qu'on doit regarder comme la seconde partie de son Ouvrage, & qui étoit resté entre les mains de ses héritiers. Les Végétaux fournissent la plus grande quantité des remèdes que l'Auteur indique.

1002. Histoire des Plantes de *Provence* ; par GARIDEL : *Paris*, Briasson, 1723, *in-fol.*

Cet Ouvrage est le même que celui indiqué ci-devant, N.° 935. Il n'y a que le titre de différent.

1003. Ludovici GERARDI Flora Gallo-*Provincialis* : *Parisiis*, Bauche, 1761, *in*-8.

L'amour de la Botanique a fait parcourir à M. Gérard toute la Provence ; & le même zéle l'a conduit sur les Alpes, sur le mont Cénis, sur les montagnes du Dauphiné, & jusqu'à Turin. Tous ces voyages lui ont procuré un Herbier de dix-sept cens Plantes indigènes, dont il fait part au Public dans cet Ouvrage.

1004. Mss. Joannis PECH, Doctoris Medici Monspeliensis descriptiones Plantarum in *Pyrænaicis* montibus, circà *Perpinianum* & *Narbonem* sponte nascentium, juxtà systema sexuale digestarum.

L'Auteur, Médecin à Narbonne, travaille encore à cet Ouvrage.

R

1005. Mss. Catalogue alphabétique des Plantes qui croissent aux environs de la *Rochelle* ; par M. GIRARD DE VILLARS, Médecin à la Rochelle : *in*-4.

Ce Catalogue est entre les mains de l'Auteur.

1006. Mss. Mémoire sur les Plantes qui croissent aux environs de *Rouen*, & non aux environs de *Paris* ; par M. DUFAY.

Ce Mémoire est dans les Registres de l'Académie de Rouen.

1007. Mss. Mémoire sur la Pensée, Plante des environs de *Rouen* ; par M. PINARD.

Ce Mémoire est aussi dans les Registres de l'Académie de Rouen.

1008. Description des Plantes observées dans le *Roussillon* & dans les montagnes du Diocèse de *Narbonne* ; par M. LE MONNIER. *Observations d'Histoire Naturelle* ; par le même, ci-devant, N.° 6.

S

1009. ✻ Le Jardin Sénonois, ou les Plantes qui croissent aux environs de *Sens* ; par Thomas MONSAINET, Chirurgien : *Sens*, Niverd, 1604, *in*-8.]

1010. Lettre de M. DODART, de l'Académie des Sciences, sur le Seigle de *Sologne*, & de quelques autres Provinces de

France. *Journal des Sçavans*, 1676, *p.* 69 & *suiv.*

1011. Mémoire sur les maladies que cause le Seigle ergoté ; par M. DE SALERNE, Correspondant de l'Académie des Sciences. *Mémoires présentés à l'Académie*, *tom. II. pag.* 155.

Les Observations de M. de Salerne regardent principalement la *Sologne*, où cette maladie du grain fait le plus de ravage.

V

1012. Ms. Mémoire sur quelques Plantes rares, trouvées dans les environs de *Vitry-le-François* ; par M. VARNIER, de la Société Littéraire de Chaalons-sur-Marne.

Ce Mémoire est conservé dans les Registres de cette Académie.

§. II. *Collections des Plantes des Jardins publics & particuliers.*

1013. Ms. Mémoire sur le Jardin des Plantes nouvellement établi à *Amiens*; par M. D'ESMERY, Docteur en Médecine.

Ce Mémoire est conservé dans les Registres de l'Académie d'Amiens, dont l'Auteur est Membre, & sous la direction de laquelle il professe la Botanique.

1014. Marci MAPPI Catalogus Plantarum

horti Academici *Argentinensis*, in usum rei herbariæ studiosorum: *Argentorati*, Spoor, 1691, *in*-8.

C'est l'énumération des Plantes du Jardin de l'Université de Strasbourg, dont le nombre a été beaucoup augmenté depuis quelques années, par les soins de M. Spielmann.

1015. Hortus regius *Blesensis*; auctore Abele BRUNYER: *Paris.* Vitré, 1653, *in-fol.*

1016. Roberti MORISON Hortus regius *Blesensis* auctus, cui accessit præludiorum Botanicorum pars prior: *Londini*, Roycroft, 1669, *in*-8.

1017. Botanotrophium, seu Hortus Medicus Petri Ricarti Pharmacopolæ *Lillensis*, curâ Georgii WIONII artium Doctoris ac Medici, descriptus ac editus; additis Plantis quæ propè *Lillam* nascuntur: *Lillæ*, le Francq, 1644, *in*-12.

1018. ✠ Onomatologia, seu Nomenclatura Stirpium horti regii *Monspeliensis*; auctore Richerio DE BELLEVAL, Medico Regis, Monspeliensi Professore: *Monspelii*, 1598, *in*-8.]

1019. Remontrance & Supplication au Roi Henri IV. touchant la continuation de la recherche des Plantes de *Languedoc*, & peuplement de son Jardin de *Montpellier*; par Richier DE BELLEVAL: *in*-4. *fig.*

1020. P. MAGNOL hortus regius *Monspeliensis*, sivè Catalogus Plantarum quæ in hoc horto demonstrantur: *Monspelii*, Pech, 1697, *in*-8. *fig.*

1021. Antonii GOUAN, Doctor Medicus Monspeliensis, Regiæ Societatis Scientiarum socii, Hortus regius *Monspeliensis*, sistens Plantas tùm indigenas, tùm exoticas numero MM. CC. ad genera relatas, cum nominibus specificis, synonymis selectis, nominibus trivialibus, habitationibus indigenarum, hospitiis exoticarum, secundùm sexualem methodum digestas, in gratiam philiatrorum Monspeliensium: *Lugduni*, Tournes, 1762, *in*-8.

M. Gouan range ces Plantes suivant la Méthode de M. Linnæus. Il renvoie pour les caractères principaux aux *Genera plantarum* de ce Naturaliste; mais l'examen des racines, des feuilles & des fleurs, lui a donné lieu d'en ajouter de nouveaux, qu'il nomme Secondaires.

1022. Leçons de Botanique, faites au Jardin Royal de *Montpellier*; par M. IMBERT, Professeur & Chancelier en l'Université de Médecine de la même Ville, & recueillies par M. DUPUY DES ESQUILLES, Maître-ès-Arts, & ancien Etudiant en Chirurgie: *Hollande*, 1762, *in*-12.

Il seroit à souhaiter que l'Editeur n'eût eu d'autres vues, comme il le dit dans sa Préface, que de témoigner à M. Imbert la reconnoissance qu'il lui devoit, que d'être utile à ſes Confrères, & que de contribuer à leurs progrès dans la Botanique & dans la matière Médicale. Mais il s'en faut bien que la vérité s'accorde avec ce diſcours : il ſuffit de jetter un coup-d'œil rapide ſur ces Leçons, pour être convaincu, ou que M. Dupuy a peu profité des Leçons de M. Imbert, en quoi ſon Livre ne peut être d'une grande utilité, ou qu'il a tronqué exprès les matières, pour tourner ſon Maître en ridicule, ce qui eſt encore moins avantageux pour l'humanité.

1023. Le Jardin du Roi Henri IV. ou Recueil de Fleurs gravées par Pierre Vallet, Brodeur du Roi; & décrites par Jean ROBIN, avec une Préface & un Catalogue de quelques Plantes étrangères qu'il avoit apportées en 1603 de Guinée & d'Eſpagne : *Paris*, 1608, *in-fol. fig.*

Le même, ſous ce titre, Jardin du Roi Louis XIII. *Paris*, 1638, *in-fol.*

1024. Requête au Roi, pour l'établiſſement d'un Jardin Royal dans l'Univerſité de *Paris*; par Jean RIOLAN, Profeſſeur en Anatomie & Pharmacie : *Paris*, 1618, *in*-8.

1025. ✻ Deſſein du Jardin Royal, pour la culture des Plantes médicinales à *Paris*, avec l'Edit du Roi touchant l'établiſſement de ce Jardin en 1626; par Gui DE LA BROSSE, Médecin ordinaire du Roi : *Paris*, Baragne, 1628, *in*-8.]

Ce Deſſein eſt imprimé à la fin du Livre de la Broſſe,

intitulé, *De la nature & vertus des Plantes*; avec lequel ce Dessein fait corps.

L'Auteur est mort en 1641.

1026. Avis pour le Jardin Royal des Plantes, que le Roi Louis XIII. veut établir; par Gui DE LA BROSSE, Docteur en Médecine, & Intendant du Jardin Royal des Plantes: *Paris*, Dugast, 1631, *in*-4.

Le même, imprimé sous ce titre, Avis défensif du Jardin Royal des Plantes médicinales, &c. *Paris*, 1636, *in*-4.

On trouve dans cet Ouvrage, 1.° Mémoire des Plantes usagères, & de leurs parties, que l'on doit trouver à toutes les occurrences, soit récentes ou sèches, selon la saison, au Jardin Royal des Plantes, ensemble les sucs, eaux, simples & distillées, les sels & les essences; 2.° Edit du Roi Louis XIII. pour l'établissement du Jardin des Plantes médicinales, du mois de Janvier 1626; 3.° Cinq Lettres de Gui de la Brosse, écrites à M. Bouvart, au Roi Louis XIII. au Cardinal de Richelieu, au Garde-des-Sceaux, & au Surintendant des Finances, au sujet de l'établissement de ce Jardin; 4.° Description du Jardin Royal des Plantes médicinales, avec le Catalogue des Plantes qui y sont.

1027. Description du Jardin Royal des Plantes médicinales, établi par le Roi Louis le Juste à Paris; contenant le Catalogue des Plantes qui y sont de présent cultivées, ensemble le Plan du Jardin; par Gui DE LA BROSSE, Intendant dudit Jardin: *Paris*, 1636 & 1665, *in*-4.

1028. L'Ouverture du Jardin Royal de Paris, pour la démonstration des Plantes médicinales; par Gui DE LA BROSSE: *Paris*, Dugast, 1640, *in*-12.

1029. Catalogus Plantarum singularium scholæ Botanicæ Horti Regii *Parisiensis*, quibus erat instructus anno 1656; auctore M. A. E. P. P. *Parisiis*, Bessin, 1656, *in*-12.

1030. * Catalogus Plantarum scholæ Botanicæ Horti Regii *Parisiensis*, cum Indice aliarum quæ in cæteris ejusdem horti partibus solent quotannis demonstrari: *Parisiis*, Bessin, 1660, *in*-12.]

1031. Horti Regii *Parisiensis*, pars prior, cum Præfatione Joannis VALLOT: *Parisiis*, Langlois, 1663, *in-fol.*

M. Vallot étoit alors Intendant du Jardin du Roi. Cet Ouvrage a été fait par MM. FAGON, MAUVILLAIN, & JONCQUET.

Horti Regii *Parisiensis*, pars posterior, cum Appendice omissarum stirpium: *Parisiis*, Langlois, 1665, *in-fol.*

1032. * Schola Botanica, seu Catalogus Plantarum quas in Horto Regio *Parisiis* indigitavit Josephus PITTON DE TOURNEFORT, Medicinæ Doctor; edente Guillelmo SHERARD: *Amstelodami*, 1689, *in*-12. Idem:

Parisiis, 1699; edente Simone WARTON, Anglo.]

Le célèbre de Tournefort est mort en 1708.

1033. Réglement pour le Jardin Royal des Plantes: 1699, *in*-4.

1034. Discours sur le progrès de la Botanique au Jardin Royal de *Paris*, &c. prononcé par M. Antoine DE JUSSIEU: *Paris*, Ganeau, 1718, *in*-4.

Voyez *Mémoires de Trévoux*, 1719, *Avril*, *p.* 677-698.

1035. Recueil des Plantes du Jardin du Roi: *grand in-fol. gravé.*

Cette Collection ne renferme que quarante-cinq planches. Elle a été entreprise sous la direction de Gui de la Brosse, oncle maternel de M. Fagon. Elle devoit contenir une quantité de gravures bien plus considérables; mais un accident inconnu gâta les planches, & détruisit la plus grande partie de ces Desseins précieux. MM. Vaillant & Antoine de Jussieu sauvèrent ce qui existe, & en firent tirer seulement une soixantaine d'Exemplaires, qu'ils distribuèrent à leurs Amis. On peut en voir un au Cabinet des Estampes de la Bibliothèque du Roi.

1036. Jac. GREGOIRE Hortus Pharmaceuticus *Lutetianus*: *Parisiis*, Targa, 1638, *in*-16.

1037. Catalogue des Plantes du Jardin de MM. les Apothicaires de *Paris*, suivant leurs genres & les caractères des fleurs, conformément à la méthode de M. de Tournefort dans ses Instituts: *Paris*, 1741, *in*-12.

Le même, augmenté par M. J. DESCEMET, Docteur en Médecine de la Faculté de Paris: *Paris*, 1759, *in*-8.

1038. ✠ Catalogue des Plantes, tant Tulipes, qu'autres Fleurs du Jardin de J. B. DRU : *Lyon*, 1653, *in*-8.]

1039. Catalogue des Arbres cultivés dans le Jardin du Sieur LE LECTIER, Procureur du Roi au Présidial d'Orléans: *Orléans*, 1628, *in*-8.

1040. Catalogue des Tulipes, des Renoncules de Tripoli, & des Iris bulbeux du Jardin de P. MORIN : *Paris*, 1655, *in*-4.

1041. ✠ Catalogue des Plantes rares qui se trouvent dans le Jardin de P. MORIN (à Paris) : *Paris*, de Sercy, 1658, *in*-8.

Ce Catalogue est à la suite des *Remarques nécessaires pour la culture des fleurs diligemment observées*, par P. Morin.]

1042. ✠ Catalogus Stirpium tam indigenarum quàm exoticarum quæ *Lutetiæ* coluntur: auctore Joan. ROBINO : *Parisiis*, Philip. à Prato, 1601, *in*-12. *Ibid*. 1607 & 1624, *in*-8.]

1043. Histoire de Plantes aromatiques, &c. augmentée de plusieurs Plantes venues des

Indes, lesquelles ont été prises & cultivées au Jardin de M. ROBIN, Arboriste du Roi : *Paris*, Macé, 1619, *in*-16.

1044. Histoire des Plantes nouvellement trouvées en l'Isle de Virginie, & autres lieux, lesquelles ont été prises & cultivées au Jardin dudit ROBIN : *Paris*, Macé, 1720, *in*-16.

1045. Enchiridion isagogicum ad facilem notitiam Stirpium quæ coluntur in horto Joan. & Vespasiani ROBIN : *Parisiis*, de Bresche, 1623, *in*-12. *Ibid.* 1624, *in*-12.

X 1046. Index Plantarum quas *Parisiis* excolebat Dionysius JONCQUET Medicus Parisiensis : accessit Stirpium aliquot explicatio per G. BAUHINUM : *Parisiis*, Clousier, 1659, *in*-4.

1047. Catalogue des plus excellens Fruits qui se cultivent dans les pépinières des Chartreux de Paris, avec leurs descriptions : *Paris*, 1736, *in*-12.

§. III. *Culture des Terres, des Plantes, Vignes, &c.*

Quoiqu'il y ait dans ce Paragraphe quelques articles qui, à n'en juger que par le titre, semblent plutôt regarder l'Agriculture en général, que la manière de perfectionner cet Art en France ; comme ils ont été faits par des François dans leur propre Pays, on n'a pas cru devoir les omettre. La plupart renferment des Descriptions de Plantes cultivées dans le Royaume, & on y trouve aussi plusieurs moyens d'améliorer le Terroir de quelques Provinces. Ces derniers objets paroîtront, peut-être, au premier coup d'œil, appartenir principalement à l'économie. Mais cette partie étend considérablement les avantages de l'Histoire Naturelle, & ne peut que concourir à sa perfection.

L'ordre que l'on a mis dans les différens Traités, semble le plus méthodique. Ceux qui regardent le Sol & la manière d'améliorer le Terrein, sont placés à la tête: ensuite on traite de ceux dont le dessein embrasse la Culture de tous les genres de Végétaux; ils sont suivis des Traités sur les Arbres. Après cela sont placés successivement les Traités qui concernent les Fleurs, les Fruits, & quelques Plantes particulières. Le tout sera terminé par les Ouvrages sur la Vigne & sur les Vins, qui ne doivent point être séparés de l'Arbrisseau, que l'on ne cultive qu'à cause d'eux.

1048. Observations physiques sur les terres qui sont à la droite & à la gauche du Rhône, depuis Beaucaire jusqu'à la mer; ce qui comprend la Camargue, &c. avec un moyen de rendre fertiles toutes ces terres; par M. VERGILE DE LA BASTIDE, de Beaucaire: *Avignon*, Girard, 1733, *in*-4.

Ces Observations sont aussi insérées parmi les *Mémoires* de Mathématiques & de Physique, que divers Sçavans ont *présentés à l'Académie des Sciences*, *tom. I. pag.* 1. M. Vergile prétend qu'il suffiroit de procurer à ces Terres des arrosemens artificiels, par le moyen des eaux du Rhône, & il propose différentes manières de les y faire couler.

1049. Obſervations d'Hiſtoire Naturelle ſur le terrein de Régennes (près d'Auxerre) & des environs; par M. PASUMOT, de la Société Littéraire d'Auxerre.

Ces Obſervations ſont à la fin d'un Mémoire intitulé, *Diagnoſtique des Terres, relativement à l'Agriculture.* Dans les Regiſtres de la Société des Sciences & Belles-Lettres d'Auxerre.

1050. Analyſe chymique des terres de la Province de Touraine, des différens engrais propres à les améliorer, & des ſemences convenables à chaque eſpèce de terre : Mémoire lu à la Société Royale d'Agriculture du Bureau de Tours; par M. DU VERGÉ, Docteur en Médecine, Aggrégé au Collége des Médecins de Tours, & Membre de ce Bureau : *Tours*, Lambert, 1763, *in*-8.

Il ſe trouve auſſi dans le Recueil des *Délibérations de la Société de Tours :* ci-après, N.° 1153.

1051. Traité de la culture des terres, ſuivant les principes de M. Tull, Anglois; par M. DUHAMEL DU MONCEAU, de l'Académie des Sciences: *Paris*, Guérin & Delatour, 1753, 1761, *in*-12. 6 vol.

M. Duhamel a donné, comme Supplément à cet Ouvrage, un *Traité ſur la conſervation des Grains : Paris*, Guérin, 1753 & 1765, *in*-12. 2 vol. On trouve à la fin du ſecond quelques Mémoires d'Agriculture adreſſés à M. Duhamel, & une idée générale des occupations de pluſieurs Sociétés Royales d'Agriculture.

1052. Elémens d'Agriculture; par le même: *Paris*, Guérin, 1752, *in*-12. 3 vol.

M. Duhamel, dont les Ouvrages tendent toujours à l'utilité de ce Royaume, a rassemblé dans celui-ci un grand nombre d'Observations faites sur le Sol de différentes Provinces.

1053. Corps d'Observations de la Société d'Agriculture, de Commerce & des Arts, établie par les Etats de Bretagne, années 1757 & 1758: *Rennes*, Vatar, 1760, *in*-8.

1054. Recueil des Délibérations & des Mémoires de la Société de Tours, pour l'année 1761: *Tours*, Lambert, 1763, *in*-8.

1055. Observations & Mémoires de la Société Royale d'Agriculture de la Généralité de Rouen: *Rouen*, Lallemant, 1763, *in*-8.

1056. Recueil, contenant les Délibérations de la Société Royale d'Agriculture de la Généralité de Paris, au Bureau de Paris; & les Mémoires publiés par son ordre: *Paris*, *in*-8.

1057. Moyens faciles pour rétablir en peu de tems l'abondance de toutes sortes de grains & de fruits dans le Royaume, & de l'y maintenir toujours par le secours de l'Agriculture; par Louis LIGER: *Paris*, 1709, *in*-12.

1058. Des Prairies artificielles, ou moyens de perfectionner l'agriculture dans toutes les Provinces de France, sur-tout en *Champagne*, par l'entretien & le renouvellement de l'Engrais; avec un traité sur la culture de la Luzerne, du Trefle & du Sainfoin; & une Dissertation sur l'exportation du Bled; par M. (Simon-Philibert DE LA SALLE DE L'ETANG, Conseiller au Présidial de Reims: *Paris*, 1762, *in*-12.

Cet Ouvrage fut d'abord imprimé en 1756. Ce n'étoit alors qu'une très-petite brochure, mais forte de choses, & d'autant plus estimable, que les principes qui y étoient développés étoient tous appuyés de l'expérience. On en a fait une seconde édition en 1758. Voyez le *Journ. Econom.* 1756, *pag.* 36, & 1762, *pag.* 401.

M. de la Salle est mort le 20 Mars 1765.

1059. Projet pour fertiliser les mauvaises terres du Royaume, prenant pour objet celles de la *Champagne*.

Il se trouve dans le *Journ. Econom.* 1756, Septembre, *pag.* 36.

1060. Traité de l'Amélioration des terres; par M. PATULLO: *Paris*, Durand, 1758, *in*-12.

1061. Mémoire sur les Défrichemens; (par M. le Marquis de TURBILLY): *Paris*, Veuve d'Houry, 1760, *in*-12.

1062. Projet général pour améliorer les Landes du Royaume. *Journ. Economique*, 1760, *Août*, *pag.* 353.

1063. Mémoire sur les Prairies artificielles les plus convenables aux terreins ingrats de la *Champagne* & de la *Brie pouilleuse*, & autres Provinces où les Prairies à regain sont peu connues. *Journal Economique*. 1761, *Février*, *pag*. 56, & *Mars*, *p*. 104.

1064. Ms. Mémoire sur le rétablissement de la culture des terres en *Champagne*; par M. DE VILLIERS, de la Société Littéraire de Chaalons-sur-Marne.

Cet Ouvrage est conservé dans les Registres de cette Société.

1065. Ms. Réflexions sur les Labours de la haute *Champagne*; par M. FRANCE DE VAUGENCY, de la Société de Chaalons-sur-Marne.

Ces Réflexions, lues le 27 Février 1765 à l'Assemblée publique de la Société, sont conservées dans ses Registres. On en trouve un extrait dans le *Mercure*, 1765, *Juillet*, *pag*. 140-147.

1066. Mémoire adressé à M. Vallet de Salignac; par M. GOYON, concernant le défrichement & l'amélioration des Landes (du Royaume, & particulièrement de celles de Bordeaux). *Journ. Econom*. 1762, *Septembre*, *pag*. 392, & *Octobre*, *pag*. 440.

Observations sur la même matière. *Journal Econom*. 1762, *Juin*, *pag*. 257.

1067. Ms. Réflexions sur l'Agriculture, relativement au Pays d'*Aunis*; par M. MERCIER DU PATY; lues en 1763 à l'Académie de la Rochelle.

Ce Mémoire est divisé en deux parties. Dans la première, l'Auteur expose plusieurs obstacles qui s'opposent aux progrès de l'Agriculture dans cette Province. La seconde traite du Platane, dont M. du Paty fait connoître plusieurs particularités d'après Pline le Naturaliste, l'un des Auteurs qui en ont parlé avec le plus d'étendue. Voyez l'extrait de ce Mémoire dans le *Mercure*, 1763, *Juillet*, *pag.* 99-103, 2 vol.

1068. Mémoire sur les moyens de multiplier aisément les fumiers dans le Pays d'*Aunis*; par M. DE LA FAILLE, de la Société Royale d'Agriculture de la Généralité de la Rochelle. *Journ. Econom.* 1762, *Décembre*, *pag.* 537.

1069. Observations sur divers moyens de soutenir & d'encourager l'Agriculture, principalement dans la Province de *Guyenne*; par M. le Chevalier DE VIVENS, 1756 & 1763, *in*-12.

Voyez-en un extrait dans le *Journ. Econom.* 1756, *Novembre*, *pag.* 59, & *Décembre*, *pag.* 33.

1070. Mſ. Discours sur la nécessité de multiplier les Bois dans la Province de *Normandie*; lu le 13 Février 1755 dans l'Académie de Caen; par M. DU MENIL MORIN.

Il est entre les mains de l'Auteur, qui a proposé le partage des landes & bruyères de l'Election de Caen, parceque les Propriétaires seroient obligés de les planter. Si ce projet avoit eu lieu, les Habitans des campagnes ne seroient pas exposés à être tourmentés comme ils le peuvent être par des gens qui s'annoncent comme zèlés pour le bien des défrichemens. L'Auteur est descendant du célèbre Etienne Morin, Ministre de Caen, & l'un des premiers Membres de son Académie.

1071. Ms. Discours sur les branches d'Agriculture les plus avantageuses à la Province de *Normandie*, qui a remporté le prix de l'Académie de Caen, en 1761; par M. GUILLOT.

Julien-Jean-Jacques Guillot étoit un jeune homme de belle espérance, & très-studieux. Il est mort âgé de 24 ans, quelques mois après avoir remporté le prix. Il fit voir que la culture du Bled étoit préférable, parcequ'elle est la base de la population, des manufactures, des richesses & des forces de l'Etat. Ce Discours est conservé à la Bibliothèque de l'Académie de Caen.

1072. Manuel d'Agriculture pour le Laboureur, pour le Propriétaire, & pour le Gouvernement; contenant les vrais & seuls moyens de faire prospérer l'Agriculture, tant en France que dans tous les autres Etats où l'on cultive; avec la Réfutation de la nouvelle méthode de M. Tull; par M. DE LA SALLE. *Paris*, Lottin l'aîné, 1764, *in*-8.

1073. Défense de plusieurs Ouvrages sur l'Agriculture, ou Réponse au Livre précédent, dans lequel M. de la Salle a attaqué MM.

Duhamel, Tillet & Patullo; par M. DE LA MARRE: *Paris*, Guérin, 1765, *in*-12.

Les Cultivateurs ſçauront gré à l'Auteur d'avoir pris la défenſe des Triptolèmes François, en prenant celle du vrai & de l'utile.

1074. Les Remontrances ſur le défaut du labour & culture des Plantes, & de la connoiſſance d'icelles; contenant la manière d'affranchir & apprivoiſer les arbres ſauvages; par Pierre BELLON, du Mans, Médecin: *Paris*, Cavellat, 1558, *in*-12.

Eædem, in Latinum verſæ, à Carolo CLUSIO: *Antverpiæ*, Plantin, 1589, *in*-12. & cum Exoticis ejuſdem CLUSII: *Antverpiæ*, 1605, *in-fol.*

Bellon étoit Docteur en Médecine de la Faculté de Paris; il mourut à Rome en 1555, âgé de 65 ans.

1075. Secretorum agri Enchiridion primum, hortorum curam, auxilia ſecreta, & Medica præſidia, inventu prompta ac paratu facilia, libris pulcherrimis complectens; auctore Antonio MIZALDO, Monlucenſi, Medico: *Lutetiæ*, Morel, 1560, *in*-8.

Mizauld eſt mort à Paris en 1578.

Traduction des Livres de Mizauld; par André DE LA CAILLE, ſavoir, le Jardinage, contenant la manière d'embellir les Jardins; *item*, comme il faut enter les arbres, &c. 1578, *in*-8.

1076. Le Jardinier fidele, qui enſeigne la manière de ſemer dans toutes les ſaiſons de l'année toutes ſortes de grains & plantes, tant fleurs que potagères, &c. par ordre alphabétique : *Paris*, le Fevre, 1685, *in*-12.

1077. Traité de la manière de ſemer dans toutes les ſaiſons de l'année toutes ſortes de graines, de plantes & de fleurs : *Paris*, de Sercy, 1689, *in*-12.

1078. De la culture des Jardins potagers : *Paris*, de Sercy, 1692, *in*-12.

1079. Le Jardinier Solitaire, ou Dialogues contenant la méthode de cultiver un Jardin fruitier & potager ; (par Frère FRANÇOIS, Chartreux) : *Paris*, Rigaud, 1705, *in*-12.

1080. Le Jardinier Botaniſte, ou la manière de cultiver toutes ſortes de plantes, fleurs, arbres & arbriſſeaux, avec leur uſage en Médecine ; enſemble toutes les plantes étrangères qui peuvent être propres pour l'embelliſſement des Jardins ; par BESNIER : *Paris*, Prud'homme, 1705, *in*-8. & 1712, *in*-12.

Beſnier étoit Docteur de la Faculté de Médecine de Paris, & beau-père de M. Dionis, Membre célébre de la même Faculté.

1081. Théorie & pratique du Jardinage, où l'on traite à fond des beaux Jardins, appellés communément les Jardins de propreté, comme sont les parterres, les bosquets, les boulingrins, &c. avec des remarques & des règles générales sur tout ce qui concerne le Jardinage; par L. S. A. J. D. A. (le Sieur DEZALLIER D'ARGENVILLE): *Paris*, Mariette, 1709, *in*-4.

Seconde édition sous le nom d'Alexandre LE BLOND : *Paris*, 1713, *in*-4. fig.

La même, sous le nom de l'Auteur : *Paris*, 1722, *in*-4. fig.

1082. Culture parfaite des Jardins fruitiers & potagers, avec des Dissertations sur la taille des arbres; par Louis LIGER : *Paris*, Prud'homme, 1714, *in*-12. *Ibid.* 1717, *in*-12.

1083. Le Ménage des champs & de la ville; ou le nouveau Jardinier François, accommodé au goût du tems; contenant tout ce que l'on doit faire pour cultiver parfaitement les Jardins fruitiers, potagers & fleuristes: *Paris*, 1715 & 1741, *in*-12.

1084. Traité des Jardins; par le Sieur SAUSSAI, Jardinier de Madame la Princesse de Condé, à Anet : *Paris*, Simart, 1722, *in*-12.

1085. Instruction pour les Jardins fruitiers & potagers, avec un Traité des Orangers;

par M. DE LA QUINTINIE, Directeur des Jardins fruitiers & potagers du Roi: *Paris*, 1690, 1695, 1697, 1715, 1730, *in*-4. 2 vol.

M. de la Quintinie naquit près de Poitiers en 1626. Son goût pour l'Agriculture l'emporta sur l'étude du Barreau, auquel il s'étoit livré d'abord. Il lut tous les Ecrits des grands Maîtres de l'antiquité, & ceux de son tems; & il joignit à cette vaste théorie une pratique réfléchie, qui l'a rendu l'admiration de toute l'Europe.

1086. Dictionnaire Universel d'Agriculture & de Jardinage, &c. par M. DE LA CHESNAYE DES BOIS: *Paris*, David, 1751, *in*-4. 2 vol.

L'universel paroît de trop dans cette annonce. On cherche dans le Livre beaucoup d'articles sans les y trouver, & la plupart de ceux qu'on y lit, ne sont ni assez étendus ni digérés.

1087. L'Ecole du Jardin potager, qui comprend la Description exacte de toutes les plantes potagères; les qualités des terres, les situations & les climats qui leur sont propres; la culture qu'elles demandent; leurs propriétés pour la vie, & leurs vertus pour la santé; les différens moyens de les multiplier; le tems de recueillir les graines; leur durée, &c. la manière de dresser & de conduire les couches, d'élever des champignons en toute saison, &c. par M. DE COMBES: *Paris*, Boudet, 1752, *in*-12. 2 vol.

1088. Le Gentilhomme Cultivateur, ou Corps d'Agriculture, tiré de l'Anglois; par M. DUPUY D'EMPORTES: *Paris*, 1761 & *suiv.* *in*-4. 8 vol.

Quoique le titre de ce Livre semble restreindre ses avantages à un climat différent du nôtre, on y trouve cependant beaucoup d'Observations sur les Arbres & les autres Plantes de la France, & sur la manière de les cultiver.

1089. Observations sur les Villages de Montreuil, Bagnolet, Vincennes, Charonne & Villages adjacens, à deux lieues ou environ de Paris, au sujet de la culture des végétaux, avec une idée de la méthode qu'on y emploie pour traiter les arbres, surtout les pêchers; par M. l'Abbé ROGER. *Journal Economique*, 1755, *Février*, *pag.* 44-79.

L'Auteur divise ses Observations en trois principaux articles, où il fait entrer le terrein de Montreuil & ses diverses productions, l'établissement des pêchers & des autres arbres à Montreuil, l'invention & l'établissement des murailles qui partagent en tous sens le terrein de Montreuil.

1090. Nouvelles Observations physiques & pratiques sur le Jardinage & l'Art de planter, avec le Calendrier des Jardiniers; Ouvrage traduit de l'Anglois DE BRADLEY: *Paris*, 1756, *in*-12. 3 vol. fig.

Quoique ce Livre soit adapté au climat d'Angleterre pour lequel il a été fait, on peut cependant y trouver des Observations utiles pour la France.

1091. Le bon Jardinier, Almanach contenant une idée générale de quatre ſortes de Jardins, les règles poür les cultiver, la manière de les planter, & celle d'élever les plus belles fleurs: *Paris*, Guillyn, 1765, 1766, *in*-24.

On y trouve, *pag.* 219-228, un Catalogue d'Arbres ou Arbriſſeaux fruitiers & d'ornemens, qui ſe trouvent à Vitry-ſur-Seine, chez le Sieur Germain JOUETTE.

1092. Petri BELLONII de arboribus coniferis, reſiniferis, aliiſque ſemper-virentibus; de mille cedrino, cedria, agarico, &c. *Pariſiis*, Prevoſt, 1553, *in*-4. fig.

1093. Le Jardinier Royal, qui enſeigne la manière de planter, cultiver & dreſſer toutes ſortes d'arbres, &c. *Paris*, de Sercy, 1671, *in*-12.

1094. Eſſai ſur l'Agriculture moderne, dans lequel il eſt traité des arbres, arbriſſeaux & ſous-arbriſſeaux de pleine terre, &c. enſemble des oignons de fleurs & autres plantes, tant vivaces qu'annuelles, & des arbres fruitiers, ſurtout ceux qui méritent la préférence dans les plans de Potagers; (par MM. NOLIN & BLAVET): *Paris*, Prault, 1755, *in*-12.

1095. Abrégé pour les arbres nains & autres, contenant tout ce qui les regarde, tiré en partie des derniers Auteurs qui ont écrit de cette matière, joint une expérience avec application de vingt ans & plus ; avec un Traité des Melons, & auſſi un Traité général & ſingulier pour la culture de toutes ſortes de fleurs, & pour les arbuſtes, & auſſi pour faire & conduire une groſſe vigne, & beaucoup d'autres choſes pour les autres vignes ; par Jean LAURENT : *Paris*, de Sercy, 1675 & 1683, *in*-4.

Les Obſervations de l'Auteur ſentent un peu le goût ancien : il admet les influences de la Lune, & des uſages ſurannés.

1096. Inſtruction pour connoître les bons fruits & les arbres fruitiers, ſelon les mois de l'année, & la façon de les cultiver ; par Claude DE SAINT-ESTIENNE, Bernardin : *Paris*, de Sercy, 1660, *in*-12.

Nouvelle Inſtruction pour connoître les bons fruits ſelon les mois de l'année ; avec une méthode pour la connoiſſance & la culture des arbres fruitiers : *Paris*, de Sercy, 1670 & 1687, *in*-12.

1097. L'Abrégé des bons fruits, avec la manière de les connoître & de cultiver les arbres : *Paris*, de Sercy, 1675, *in*-12.

1098. Manière de cultiver les arbres fruitiers ; par LE GENDRE, Curé d'Hénouville : *Paris*, de Sercy, 1676, *in*-12.

1099. Obſervations ſur le Livre du Curé d'Hénouville, ou de l'Abbé de Pont-Château de Cambout de Coiſlin, Jardinier de Port-Royal.

Elles ſe trouvent à la ſuite de l'*Art de cultiver les Fleurs*; par le même, 1677, *in*-12.

1100. Art de tailler les arbres fruitiers, avec un Dictionnaire des mots dont ſe ſervent les Jardiniers, en parlant des arbres: un Traité de l'uſage des fruits des arbres, pour ſe conſerver en ſanté ou pour ſe guérir, & une Liſte des fruits fondans pendant toute l'année: *Paris*, de Sercy, 1683, *in*-8.

1101. La connoiſſance parfaite des arbres fruitiers, & la méthode facile & aſſurée de les planter, de les enter, de les tailler, & de leur donner toutes les autres façons néceſſaires pour leur faire porter de beaux & bons fruits, & pour leur donner des figures agréables; par le Sieur DE LA CHATAIGNERAYE: *Paris*, Villette, 1692, *in*-12.

1102. Obſervations ſur la culture des arbres fruitiers: *Paris*, Collombat, 1718, *in*-12.

1103. Inſtruction pour connoître & cultiver les Orangers & Citronniers, avec un Traité des Arbres; (par Pierre MORIN): *Paris*, de Sercy, 1680, *in*-12.

1104. Nouvelle Inſtruction facile pour la culture des Figuiers, où l'on apprend la manière de les élever, multiplier & conſerver, tant en caiſſes qu'autrement ; avec un Traité de la culture des Fleurs : *Paris*, de Sercy, 1692, *in*-12.

1105. Traité de la culture des Pêchers ; par M. DE COMBES ; *Paris*, Delaguette, 1750, *in*-12.

1106. Le naturel & profit admirable du Mûrier, qui en l'ouvrage de ſon bois, feuilles & racines, ſurpaſſe toutes ſortes d'arbres, que les François n'ont encore ſçu connoître, &c. avec la perfection de les ſemer & élever, ce qui manque aux Mémoires de tous ceux qui en ont écrit ; par B. D. L. F. (Barthelemi DE LA FLEMAS, Sieur de Bauthor, Valet de Chambre du Roi, Contrôleur-Général du Commerce de France) : *Paris*, Bourriquant, 1604, *in*-8.

1107. La façon de faire & ſemer la graine de Mûrier, les élever & replanter, gouverner les vers à ſoie au climat de la France ; par le même : *Paris*, Pautonnier, 1604, *in*-12.

1108. Inſtruction du plantage des Mûriers, pour MM. du Clergé de France, avec les figures pour apprendre à nourrir les vers,

& faire tirer les soies ; par Bénigne LE ROI : *Paris*, 1605, *in*-4.

La même ; publiée par LE ROI, Jacques CHABOT, Jean VANDER-VEKENE, & Claude MOULLET, Jardiniers du Roi, & Entrepreneurs dudit Plant : *Paris*, 1615, *in*-4.

1109. Mémoires & Instructions pour le Plant des Mûriers blancs, nourriture des vers à soie, &c. dans Paris & lieux circonvoisins ; par Christophe ISNARD : *Paris*, Soly, 1665, *in*-8.

1110. Lettre sur les plantations des Mûriers. *Mercure*, 1759, *Novembre*, *p.* 183.

1111. Plantation & culture du Mûrier : *Au Mans*, 1760, *in*-4.

C'est l'Ouvrage d'un Membre de la Société d'Agriculture de Tours.

1112. Mémoire sur l'utilité des plantations de Mûriers blancs dans le Royaume. *Journ. Econom.* 1761, *Mai*, *pag.* 200.

1113. De la culture des Mûriers ; par M. l'Abbé BOISSIER DE SAUVAGES, de la Société Royale des Sciences de Montpellier : *Nismes*, Gaude, 1763, *in*-8.

1114. Traité sur la culture des Mûriers blancs, la manière d'élever les vers à soie, & l'usage qu'on doit faire des cocons : *Orléans*, 1763, *in*-8. fig.

1115. Le Jardinier Fleuriste, ou la culture universelle des fleurs, arbres, arbustes, arbrisseaux, servant à l'embellissement des Jardins, avec des Descriptions de Parterre, Bosquets, Boulingrins, Salles, Sallons, & autres ornemens de Jardins; la manière de rechercher les eaux, de les conduire dans les Jardins, & une Instruction sur les Bassins; par L. LIGER : *Paris*, 1704, 1717, & 1718, *in*-12.

1116. Instruction ou l'Art de cultiver toutes sortes de Fleurs, avec des instructions pour cultiver & greffer les arbres fruitiers; par ARISTOTE, Jardinier de Puteaux : *Paris*, de Sercy, 1677 & 1678, *in*-12.

1117. Remarques nécessaires pour la culture des Fleurs; par P. MORIN : *Paris*, de Sercy, 1658, *in*-8. 1677 & 1689, *in*-12.

1118. Traité pour la culture des Fleurs : *Paris*, de Sercy, 1682, *in*-12.

1119. La culture des Fleurs, où il est traité généralement de la manière de semer, planter, transplanter, & conserver toutes sortes de fleurs & d'arbres, ou arbrisseaux à fleurs, connus en France : *Bourg-en-Bresse*, Jos. Ravoux, 1692, *in*-12.

L'Auteur promet plus qu'il n'exécute. Il est trop succinct dans bien des endroits ; d'autres sont peu digérés, quelques-uns ridicules.

1120. Connoissance & culture parfaite des belles Fleurs, des Tulipes rares, des Anemones extraordinaires, des Œillets fins, & des belles Oreilles-d'Ours panachées : *Paris*, de Sercy, 1696, *in*-12.

Ce Livre est dédié à M. le Nostre, si connu par son habileté pour la décoration des Jardins. On y trouve de bonnes Observations ; mais elles ne sont pas aussi parfaites que le titre semble l'annoncer.

1121. L'Ecole du Jardinier Fleuriste ; par M*** : *Paris*, Panckoucke, 1764, *in*-12.

1122. Traité sur la connoissance & la culture des Jacinthes ; par M. DARDENNE, Prêtre de l'Oratoire : *Avignon*, Chambeau, 1759, *in*-12.

L'Auteur a rapproché dans cet Ouvrage ce qui étoit épars en plusieurs Livres. Il a réformé dans les uns ce que d'autres avoient justement désapprouvé : il a éclairci ce qui lui a paru peu digéré, ou trop succinct, & a enfin augmenté le tout de ce que l'expérience lui a appris au-delà de ses lectures.

1123. Jardinage des Œillets ; par L. B. *Paris*, Boulanger, 1647, *in*-12.

En général, l'Auteur écrit d'un style métaphorique, & laisse briller un feu qui montre le Littérateur. Il paroît avoir beaucoup lu ; mais son érudition est souvent étrangère au sujet, ou peu digérée. Il adopte plusieurs opinions qui paroissent un peu surannées. Cependant son travail peut être utile.

1124. Nouveau Traité des Œillets, la façon la plus utile & facile de les bien cultiver, leurs noms, leurs couleurs & leur beauté; avec la Liste des plus nouveaux; par L. C. B. M. *Paris*, de Sercy, 1676 & 1698, *in*-12.

L'Auteur paroît dire dans cet Ouvrage tout ce qu'il sçait, & dit de fort bonnes choses. Son Livre est très-instructif dans le total, mais ce n'est pas sans quelques exceptions.

1125. Traité des Œillets; par M. DARDENNE, Prêtre de l'Oratoire: *Avignon*, Chambeau, 1762, *in*-12.

L'Auteur a ramassé dans les Ecrivains qui l'ont précédé, ce qu'il a trouvé de plus intéressant. Il l'a présenté sous un nouveau jour, & avec des graces nouvelles. On lui doit aussi des découvertes & des observations utiles.

1126. Traité de la culture parfaite de l'Oreille-d'Ours, ou Auricule; par un curieux de Province INGENU (GUENIN): *Bruxelles*, Fricx, 1745, *in*-12.

1127. Traité des Renoncules, dans lequel, outre ce qui concerne ses fleurs, on trouvera l'observation physique & plusieurs remarques utiles, soit pour l'Agriculture, soit pour le Jardinage; par M. DARDENNE, Prêtre de l'Oratoire: *Paris*, Lottin, 1746, *in*-8.

Les Ouvrages de cet Auteur joignent l'agrément du style aux Observations des Naturalistes.

1128. Traité de la culture des Renoncules, des Œillets, des Auricules & des Tulipes: *Paris*, Saugrain, 1754, *in*-12.

Cet Ouvrage eſt rempli de vols Littéraires. L'Auteur, ſans rien donner au public, n'a fait que dénaturer le don des autres.

1129. Le Fleuriſte François, traitant de l'origine des Tulipes; avec un Catalogue des noms des Tulipes; par Charles DE LA CHESNÉE MONSTEREUL: *Caen*, Mangeant, 1654 & 1673, *in*-8.

Cet Auteur eſt un des premiers qui ait donné ſur la Tulipe un Traité en forme. On y trouve de bons principes, parmi des opinions antiques. En 1678, on donna ſous le titre de *Traité des Tulipes*, *&c.* une nouvelle édition de cet Ouvrage; ou plutôt, on copia fidélement Monſtereul, ſans lui faire honneur de ſon travail.

1130. Traité des Tulipes, avec la manière de les bien cultiver; leurs noms, leurs couleurs & leurs beautés: *Paris*, *in*-12.

1131. Traité des Tulipes, qui non-ſeulement réunit tout ce qu'on avoit précédemment écrit de raiſonnable, mais eſt augmenté de quantité de remarques nouvelles ſur l'éducation de cette belle fleur; par M. DARDENNE, Prêtre de l'Oratoire: *Avignon*, Chambeau, 1760, *in*-12.

1132. Mémoire ſur les Champignons, & la manière qu'on emploie à Metz pour les cultiver. *Journ. Econom.* 1752, *Décembre*, *pag.* 44, 48.

1133. Mémoire ſur la Garance, & ſa culture; par M. DUHAMEL: *Paris*, de l'Imprimerie Royale, 1757, *in*-4. & 1765, *in*-12.

1134. Mémoire ſur la culture du Lin, en Picardie; par M. DE RHEINVILLERS, d'Abbeville.

Ce Mémoire, qui eſt le réſultat des Obſervations de l'Auteur, ſe trouve dans les *Ephémérides Troyennes* de M. Groſley, année 1763, *pag.* 109 & *ſuiv.*

1135. Sommaire Traité des Melons; par J. P. D. E. M. (Jacques PONS, Docteur en Médecine): *Lyon*, de Tournes, 1583, *in*-8. *Ibid.* Rigaud, 1586, *in*-16.

1136. De la manière dont on cultive les Oignons aux environs de Paris, & quelle eſt la meilleure méthode qui ſe pratique en France. *Journ. Economique*, 1759, *Avril*, *pag.* 153-157.

L'Auteur a raſſemblé dans ce Mémoire juſqu'aux Obſervations les plus communes, qui n'en ſont pas pour cela moins intéreſſantes pour bien des contrées où les mêmes méthodes ne ſont point en uſage.

1137. Obſervations ſur la culture & la préparation qu'on fait en Languedoc, du Paſtel ou Gueſde. *Journ. Econom. Juillet*, 1757, *pag.* 67-71.

Le Paſtel eſt une Plante d'un grand uſage dans la Teinture, pour donner un beau bleu d'azur.

1138. Mſ. Mémoire de M. DESMAREST, ſur la culture des Raves & des Navets, dans la Guyenne; lu en 1763 à la Société Littéraire de Chaalons ſur-Marne.

Ce Mémoire eſt conſervé dans les Regiſtres de cette Société. On en trouve un extrait dans le *Mercure*, 1763, *Juillet*, 1 vol. *pag.* 130-132.

Quoique ce Mémoire paroiſſe ne concerner que la Guyenne, l'intention de M. Deſmareſt eſt d'engager à étendre la culture des Raves & des Navets dans toutes les parties du Royaume où elle peut réuſſir. Il invite ſur-tout les Cultivateurs de Champagne, à ne pas négliger cette branche d'Agriculture, qui peut très-bien réuſſir dans les Terres de cette Province, aux environs des Rivières.

1139. Mémoire ſur la culture du Sain-Foin, & ſes avantages dans la haute Champagne; par M*** (FRANCE) de la Société Littéraire de Chaalons-ſur-Marne, & Aſſocié-Correſpondant de l'Académie des Sciences & Arts de Metz: *Amſterdam*, 1764, *in*-12.

1140. Traité ſur la nature & ſur la culture de la Vigne, ſur le Vin, la façon de le faire, & la manière de le bien gouverner, à l'uſage des différens vignobles du Royaume de France: *Paris*, 1752, *in*-12.

Le même, augmenté & corrigé, par M. BIDET, de l'Académie d'Agriculture de Florence en Toſcane, & Officier de la Maiſon du Roi; revu par M. DUHAMEL DU MONCEAU, de l'Académie Royale des Sciences: *Paris*, Savoye, 1759, *in*-12. 2 vol.

Dans la première édition de ce Livre, on n'y faisoit que développer l'usage observé dans les Vignobles de Champagne. On trouve dans la seconde des remarques utiles, non-seulement sur les Vignobles de Champagne, mais aussi sur ceux de Bourgogne, du Dauphiné, du Languedoc, de la Provence, de l'Auvergne, de l'Anjou, du Berry, de l'Orléanois, de l'Isle-de-France, de la Franche-Comté, de la Lorraine, des Pays du Rhin. L'Auteur compare entr'eux les principaux Vins de ces Provinces; & en bon Patriote, il donne à celui de Champagne la supériorité sur celui de la Bourgogne. Voyez sur cet Ouvrage, les *Mémoires de Trévoux*, 1759, *Mai*, *pag.* 1204-1220.

1141. Nouvelle méthode de cultiver la Vigne dans tout le Royaume; par M. MAUPIN: 1763, *in*-12.

1142. Observations sur les Vignes de 1754, faites dans le Bordelois, avec des remarques particulières sur les grands froids & les grandes chaleurs de l'année; par le P. P. R. D. N. D. D. V. *Mercure*, 1755, *Juin*, 2e vol. *pag.* 124-128.

1143. De la manière de provigner en Languedoc. *Journ. Econom.* 1758, *Février*, *pag.* 70.

1144. Mémoire sur les Vignes du Lyonnois;

Forez & Beaujolois; par M. ALLEON DULAC, Avocat en Parlement & aux Cours de Lyon.

Il se trouve à la fin des *Mémoires pour servir à l'Histoire Naturelle du Lyonnois, &c. Lyon*, Cizeron, *in-8.* 2 vol. L'Auteur y décrit avec soin les vers & les insectes qui s'attachent à la Vigne, & donne les moyens de s'en délivrer.

1145. Engrais pour les Vignes, en usage dans le Pays Messin. *Journ. Econom.* 1752, *Septembre, pag.* 43-45.

1146. Ms. Mémoire de M. TIPHAIGNE, Président en l'Election de Rouen, & Membre de l'Académie de cette Ville, sur la manière de cultiver les Vignes en Normandie; lu le 9 Janvier 1758, dans l'Académie de Caen.

Il est conservé dans les Régistres de cette Académie. L'Auteur prétend que si la Vigne n'a point eu encore de succès dans cette Province, c'est par la faute de ceux qui ont fait des tentatives; qu'ils ont mal préparé leurs terres, ou mal choisi l'espèce de Vigne qui convient à chaque terrein.

1147. Question; Ne reste-t-il plus d'épreuve à faire sur la nature des Vignes en Normandie, & autres Pays qui ne donnent point de Vin, ou en donnent un sans qualité? par le même.

C'est la première partie des *Observations Physiques* de M. TIPHAIGNE, *sur l'Agriculture, les Plantes, les*

Minéraux, &c. La Haye (*Paris*, Delalain) 1765, *in*-8. L'Auteur, après une courte expoſition du Terroir de la Normandie, montre que l'établiſſement des Vignobles ſeroit très-utile dans cette Province, & remonte juſqu'aux cauſes qui ont fait avorter les moyens tentés juſqu'à préſent pour en tirer du Vin.

1148. L'Art de cultiver les Pommiers & les Poiriers, & de faire des Cidres ſelon l'uſage de la Normandie; par M. le Marquis DE CHAMBRAI : *Paris*, Ganeau, 1765, *in*-12. 66 pages.

M. de Chambrai commence par une Hiſtoire abrégée du Cidre. Son uſage a paſſé d'Afrique en Eſpagne, & d'Eſpagne en Normandie, il y a trois ſiècles ou environ. Après cette Introduction, l'Auteur traite en pluſieurs chapitres, de la Pépinière, de la Greffe, des différentes Pommes acides dont il indique cinquante-deux eſpèces, diviſées en trois claſſes ſuivant le tems de leur maturité; de la façon des Cidres; des Poiriers, des Poires à Cidre, dont il y a dix eſpèces; enfin du Poiré.

1149. Quæſtio Medica, an gracilibus *Pomaceum* vino ſalubrius? propugnata ann. 1725, in Univerſitate Pariſienſi; à Joanne Baptiſta DUBOIS, Præſide Claudio BURLET, affirmatur : *Pariſiis*, 1725, *in*-4.

1150. Mſ. Catalogue des différentes eſpèces de Raiſins qu'on cultive à *Sainte-Foi*, en Périgord, en Languedoc, à Cadillac, & aux environs de Bordeaux; par M. l'Abbé BELLET.

Ce Catalogue eſt conſervé dans le Dépôt de l'Académie de Bordeaux, & fait partie de la Relation d'un Voyage Littéraire adressé par l'Auteur à cette Académie, le 4 Juin 1736.

1151. Mſ. Mémoire ſur les différentes espèces de Raiſins du Terroir Auxerrois, & ſur la variété du Terroir; par M. MERRAT, Apothicaire.

L'Auteur fait l'énumération, & donne les noms de vingt-huit eſpèces de raiſins qu'on trouve dans le Territoire d'Auxerre. Quatre de ces eſpèces donnent le meilleur Vin rouge; neuf donnent le meilleur Vin blanc; onze donnent un Vin de qualité inférieure; & les huit dernières ſont bonnes pour être ſervies ſur les tables. L'Auteur finit par dire que la meilleure expoſition des Vignes dans une côte, eſt d'être ſur le milieu du penchant. Son Mémoire eſt conſervé dans les Regiſtres de la Société Littéraire d'Auxerre.

1152. Mſ. Mémoire ſur le tranſport d'une Vigne d'un côté de l'Yonne à l'autre; par M. RONDÉ, de la Société Littéraire d'Auxerre.

Ces Mémoires ne ſont que l'expoſition de ce qui eſt écrit dans les Annales de Berlin, ſur ce fait ſingulier qu'on révoque en doute; & M. Rondé a ajouté une explication phyſique pour en prouver la poſſibilité. Ils ſe trouvent dans les Regiſtres de la Société.

1153. De Rheni, Galliæ, Hiſpaniæ, &c. Vinis atque eorum uſu, tractatio compendiaria; auct. Andrea BACCIO, Doctore Medico.

Ce petit Traité eſt à la ſuite de l'Ouvrage du même Auteur, intitulé, *De naturali Vinorum hiſtoria, de Vi-*

nis Italiæ, & de Conviviis Antiquorum libri VIII. Romæ, Mutius, 1596, 1597, 1598, *in-fol. Francofurti,* Steinius, 1607, *in-fol.*

1154. Mſ. Mémoire ſur la nature & les qualités des Vins d'Anjou; par M. BERTHELOT DU PATY, Docteur en Médecine de l'Univerſité d'Angers.

Ce Mémoire eſt conſervé dans les Regiſtres de l'Académie des Sciences & Belles-Lettres d'Angers.

1155. Mſ. Mémoire ſur l'excellence des Vins d'Auvergne, ſous la domination des Romains, la cauſe de leur mauvaiſe qualité actuelle, & le moyen d'y remédier; par M. DE VERNINES, de la Société Littéraire de Clermont-Ferrand.

Il eſt dans les Regiſtres de cette Société.

1156. Manière de cultiver la Vigne & de faire le Vin de Champagne, ce qu'on peut imiter dans les autres Provinces: *Paris,* Multeau, 1718, *in-4.* fig.

La même, nouvelle édition: 1722, *in-4.*

1157. Petri LAURENCEAU, Quæſtio Medica, an Vinum Remenſe omnium ſaluberrimum: propugnata, an. 1679, in Univerſitate Pariſienſi: *Pariſiis,* 1679, *in-4.*

1158. Quæſtio Medica, an Vinum Remenſe omnium ſaluberrimum, in Univerſitate Remenſi habita: *Remis,* 1689, *in-4.*

1159. Francisci MIMIN, Quæstio Medica, an Vinum Remense Burgundo suavius & salubrius? in Universitate Remensi habita: *Remis*, 1700, *in*-4.

1160. Question agitée le 5 Mai 1700, aux Ecoles de Médecine de Reims, si le Vin de Reims est plus agréable & plus sain que le Vin de Bourgogne: *Reims*, Pottier, *in*-4. 12 pages.

1161. Défense du Vin de Bourgogne contre le Vin de Champagne, qui sert de réponse à l'Auteur de la Thèse soutenue aux Ecoles de Médecine de Reims, le 5 Mai 1700; par Jean-Baptiste DE SALINS, Docteur en Médecine; avec une Lettre de M. LE BELIN, Conseiller au Parlement de Bourgogne: *Dijon*, Ressayre, 1701, *in*-4.

La même, avec quelques changemens; par Hugues DE SALINS: *Luxembourg* (*Dijon*) 1704, *in*-8.

Eadem, Latinè versa (ab Hugone DE SALINS) cum Epistolâ D. DE BELIN: *Parisiis*, 1702: *Belnæ*, Simonnet, 1705: *Divione*, 1706, *in*-4. *Ibid.* 1706, *in*-12.

Voyez un extrait de cet Ouvrage dans le *Journal des Sçavans*, 1706, *pag.* 125 *& suiv.*

1162. Réponse à la troisième édition de la Lettre de M. DE SALINS, contre la Thèse soutenue à Reims : seconde édition : *Reims*, Pottier, 1706, *in*-4.

On en trouve un extrait dans les *Mémoires de Trévoux*, 1706, *Septembre*, *pag.* 1590-1596.

1163. Lettre de M** à M*** Auteur de la Thèse sur le Vin de Champagne : 1706, *in*-4. 13 pages.

1164. Car. Fr. BOUTIGNY DES PREAUX, Quæstio Medica, an Vinum Remense ut suave, sic salubre ? propugnata, ann. 1741, in Universitate Parisiensi : *Parisiis*, *in*-4.

1165. Eloge des Vins d'Auxerre ; (par M. l'Abbé LEBEUF). *Mercure*, 1723, *Novembre*, *pag.* 872, 883.

L'Auteur ne fonde point ses preuves sur l'analyse même du Vin ; il s'arrête principalement à l'autorité des personnes qui en ont fait usage.

1166. Lettre écrite par M*** à l'Auteur de l'Eloge ci-dessus. *Mercure*, 1723, *Décembre*, 1 vol. *pag.* 1096-1109.

On y ajoute différens objets sur l'antiquité, la fécondité, & la bonté des Vignobles d'Auxerre, que M. le Beuf avoit passés sous silence.

1167. Lettre de M. LE BEUF, Capitaine de Milice Bourgeoise de la Ville de Joigny, écrite aux Auteurs du Mercure, sur la bonté des Vins de Joigny. *Mercure*, 1731, *Février*, *pag.* 271-282.

M. le Beuf veut prouver dans cette Lettre que les

Vins de Joigny ne cédent en rien à ceux des Pays voisins, & peuvent aller de pair avec les meilleurs d'Auxerre, soit qu'on en regarde la force & la vigueur, soit qu'on en considère la délicatesse. Ils sont, selon lui, bons, délicieux & mousseux, sans être sujets à tirer sur la graisse, toutes qualités inséparables d'un Vin parfait, & qui ne se trouvent pas toujours rassemblées dans les meilleurs Vins.

1168. Voyage dans les Etats de Bacchus, & Ordonnance de ce Dieu donnée dans le Printems dernier. *Mercure*, 1731, *Septembre*, *pag*. 2106-2123.

L'Auteur feint un voyage dans les Châteaux & les Palais des Dieux du Paganisme, d'où il a rapporté plusieurs Ordonnances, & en particulier une de Bacchus, pour supprimer l'Ecrit sur le Vin de Joigny.

1169. Lettre de M. LE BEUF, écrite à M*** au sujet de l'Ordonnance de Bacchus. *Mercure*, 1732, *Mars*, *pag*. 487-492.

L'Auteur ne s'amuse pas à éplucher scrupuleusement l'Ordonnance. Après quelques légers reproches, il s'en tient toujours à dire que le terrein des côtes de Joigny est propre, par excellence, pour la Vigne.

1170. Lettre sur cette Réponse. *Mercure*, 1732, *Septembre*, *pag*. 1912-1929.

On y prouve, principalement par des raisons physiques, la supériorité des Vins d'Auxerre sur ceux de Joigny.

1171. Notice des lieux où croissent les meilleurs Vins de Bourgogne. *Nouvelles Recherches ſur la France*, 1 vol. *pag.* 122-133.

La première partie de cette Notice eſt tirée du *Dictionnaire du Citoyen*, *tom. II. pag.* 379, 381, d'après un Mémoire de la Société des Sciences & Belles-Lettres d'Auxerre. La ſeconde partie, où il n'eſt queſtion que de la haute Bourgogne, eſt détachée du N.° 28 des *Annonces*, *Affiches*, *&c.* de M. de Querlon, 1752, *pag.* 110.

1172. Leand. PEAGET, Quæſtio Medica, an à Vino Burgundo arthritis? affirmatur, ann. 1739, in Univerſitate Pariſienſi : *Pariſiis*, *in*-4.

1173. Lettre au ſujet du Vin de Frontignan; par M. BRUHIER, Docteur en Médecine. *Mercure*, 1756, *Juin*, *pag.* 155-158.

1174. Diſcours du Vin de Garanbaud, où il eſt traité des Vins du pays de Roannois, &c. par M. DE LA BELLERIE : *Lyon*, 1669, *in*-8.

Le Vignoble de Garanbaud, appellé *les Perelles de Garanbaud*, eſt ſitué dans la Paroiſſe de Nouailly, Diocèſe de Lyon, à deux lieues de Roanne, aſſez près de l'Abbaye Royale de Béniſſons-Dieu, du côté de l'Orient.

1175. L'Hercule Gueſpin, à M. Deſcures; par Simon ROUZEAU, d'Orléans.

Cette Pièce, qui eſt la cinquième du Recueil de *Poëmes & Panégyriques de la Ville d'Orléans*, *&c. Orléans*, 1646, *in*-4. eſt un Poëme François de plus de 700 vers à la louange du Vin Orléanois. L'Ouvrage eſt écrit ſans ſel & ſans enjouement. L'Auteur prend la Vigne depuis Noé, & après avoir paſſé en revue tous les Vins, non-seulement de France & d'Europe, mais encore des autres parties du Monde, il adjuge la préférence au Vin Orléanois, dont il relève beaucoup le mérite. Il y expose la nature des différens Cantons de ce Vignoble, les qualités particulières à chacun. Il entre dans un détail assez long, néanmoins peu instructif, des propriétés & des vertus du Vin Orléanois, & finit par exhorter à en avoir grand soin.

1176. Devis sur les Vignes, Vins & Vendanges d'Orléans : *Paris*, Sertenas, 1650, *in*-8.

1177. Manière de bien cultiver la Vigne, de faire la Vendange & le Vin dans le Vignoble d'Orléans, utile à tous les autres Vignobles du Royaume, &c. par J. BOULLAY, Chanoine d'Orléans.

Seconde édition : *Orléans*, Borde, 1712, *in*-12.

Troisième édition, beaucoup plus ample & plus exacte que les précédentes, & divisée en trois parties : *Orléans*, Rouzeau, 1723, *in*-8.

A la fin de cet Ouvrage, rempli d'Observations très-utiles, est un petit Dictionnaire de tous les termes qui sont en usage pour la culture de la Vigne, surtout dans l'Orléanois.

1178. Lud. DUVRAC, Quæstio Medica, an agri Parisiensis tenuia vina, Burgundo, Campano, salubriora ? propugnata, anno 1724, in Universitate Parisiensi : *Parisiis*, 1724, *in*-4.

On en trouve un extrait dans le *Journal des Sçavans*, 1724, *pag.* 804 & *suiv.*

SECTION VI.

Histoire Naturelle des Animaux de la France.

On indique dans cette Section, comme dans celle des Végétaux, un assez grand nombre d'Ouvrages dont les titres n'annoncent point qu'ils aient été composés pour ce Royaume; mais ils n'en appartiennent pas moins à l'Histoire Naturelle de la France. Les Observations qu'ils contiennent ont été faites sur des Animaux de ce Pays, & par des Auteurs François. Quelques - unes des vastes compilations données par des Naturalistes Etrangers, ne sont point non plus déplacées dans cet endroit. En traitant de l'Histoire Naturelle des différentes parties du monde, ils y ont nécessairement compris le Royaume que nous habitons; & au défaut d'autres Ouvrages plus particuliers, on peut consulter ces Livres généraux, qui offrent souvent des remarques propres à chaque lieu.

Ces différens Ouvrages sont moins rangés suivant l'ordre chronologique, que selon le dégré d'utilité dont ils peuvent être pour l'Histoire des Animaux de la France.

§. I. *Traités généraux.*

1179. Volatilium, Gressibilium, Piscium & Placentarum, magis frequentium apud Gallias nomina; per LEODEGARIUM A QUERCU.

Cette Nomenclature est à la suite du petit Ouvrage intitulé, *In Ruellium de Stirpibus Epitome*, *Rothomagi*, Jo. le Marchand, 1539, *in*-8. *Parisiis*, Tiletan, 1544, *in*-8. L'Auteur croît trop facilement aux Monstres.

1180. Mſſ. Deſcription des Oiſeaux, Poiſſons & Inſectes trouvés aux environs de Straſbourg; par Léonard BALDNER: en Allemand, avec figures.

Baldner, Pêcheur de Straſbourg, homme intelligent, a fait dans le cours de 20 ans ce Recueil d'Animaux des environs de Straſbourg. Son Ouvrage, achevé en 1666, & écrit de ſa propre main, eſt aujourd'hui dans la Bibliothèque de M. Spielmann, Profeſſeur en Médecine à Straſbourg, qui l'a reçu des Parens de Baldner, Bourgeois de Straſbourg. Le Chevalier François *WILLUGHBY* a fait uſage des Obſervations de Baldner dans ſon Ornythologie (*Ornithologiæ libri tres in quibus aves hactenùs cognitæ omnes accuratè deſcribuntur; ex recenſione Joannis Raii: Londini*, 1676 & 1686, *in-fol.*) & dans l'Ouvrage qu'il a donné ſur les Poiſſons ſous ce titre, *De Hiſtoria piſcium libri quatuor, ex recenſione Raii: Oxon.* 1686, *in-fol.*

1181. Mémoires pour ſervir à l'Hiſtoire des Animaux; par Claude PERRAULT: *Paris*, Imprimerie Royale, 1671, 1676, *in-fol.* 2 vol.

Les mêmes, traduits en Anglois; par Alexandre PITTIELD: *Londres*, 1687, *in-fol.*

Ces Mémoires avoient déja paru en partie l'an 1667, *in*-4. Depuis on en a donné une édition plus ample dans les *Mémoires de l'Académie Royale des Sciences*, avant 1699. Ce ſont des deſcriptions & diſſections faites par MM. Perrault & du Verney, de Quadrupèdes & d'Oiſeaux tirés de la Ménagerie du Roi.

1182. Hiſtoire Naturelle générale & particulière; par MM. DE BUFFON & D'AUBENTON : ci-devant, N.° 96.

Après des Réflexions générales sur la Théorie de la terre, & quelques dissertations sur l'homme, les Auteurs donnent une Histoire complette des Animaux quadrupèdes. On y voit que bien des espèces, regardées auparavant comme étrangères, viennent naturellement dans la France.

1183. Histoire Naturelle des Animaux; par MM. Arnault DE NOBLEVILLE & SALERNE, Médecins à Orléans: *Paris*, Desaint & Saillant, 1756, *& suiv.* 6 vol.

Cette Histoire a été composée pour servir de suite à la Matière Médicale de M. Geoffroy. La plus grande partie des Animaux dont elle traite, sont ceux qui vivent dans notre climat.

1184. Dictionnaire raisonné & universel des Animaux, ou le Règne Animal, consistant en quadrupèdes, cétacées, oiseaux, reptiles, poissons, insectes, vers, zoophytes ou plantes animales; leurs propriétés en Médecine; la classe, la famille; où l'ordre, le genre, l'espèce, avec ses variétés, où chaque animal est rangé suivant les différentes méthodes ou nouveaux systêmes de MM. Linnæus, Klein & Brisson; par M. D. L. C. D. B. (DE LA CHESNAYE DES BOIS) Ouvrage composé d'après ce qu'ont écrit les Naturalistes anciens & modernes, les Historiens

Historiens & les Voyageurs : *Paris*, Bauche, 1759, *in*-4. 4 vol.

L'Auteur, par le conseil de plusieurs sçavans Naturalistes, tant de France que des Pays Etrangers, a emploié plus de dix années à perfectionner cet Ouvrage qui n'étoit d'abord qu'une simple Nomenclature. Feu M. de Réaumur s'intéressoit vivement à sa perfection. Plusieurs Académiciens célèbres ont jetté les yeux sur le Manuscrit. On peut y trouver de très-grands secours pour l'Histoire Naturelle des Animaux de ce Royaume.

1185. De Venenatis Galliæ animalibus Dissertatio Medica, quam tueri conabitur Josephus BERTHELOT, Seurriensis apud Cabillonenses, Liberalium Artium magister, die 7 Novemb. 1763 : *Monspelii*, 1763, *in*-4. *pag*. 20.

M. Sauvages, Docteur en Médecine de Montpellier, que l'on croit avoir contribué à cet Ouvrage, avoit remporté en 1754, à l'Académie de Rouen, un Prix proposé sur le même sujet.

1186. Conradi GESNERI Medici Tigurini & Philosophiæ Professoris in schola Tigurina, Historiæ animalium de quadrupedibus viviparis & oviparis, de Avium, Piscium, Aquatilium & Serpentum natura, Libri quinque : *Tiguri*, Froschoverus, 1551, 1555, 1558 & 1587, *in-fol*. 4 vol. fig.

1187. Ulyssis ALDROVANDI Philosophi ac Medici Bononiensis Historiam naturalem in gymnasio Bononiensi profitentis Ornithologiæ, hoc est de Avibus Historiæ libri XII. de Animalibus insectis libri VII. cum singulorum iconibus ad vivum expressis; de reliquis Animalibus exanguibus libri quatuor, nempe de mollibus, crustaceis, testaceis & zoophytis; de Piscibus libri V. & de Cetis liber unus; de Quadrupedibus solipedibus volumen integrum; Quadrupedum omnium bisulcorum Historia; de Quadrupedibus digitatis viviparis libri tres, & de digitatis oviparis libri duo; Serpentum & Draconum libri duo : *Bononiæ*, de Franciscis, 1599-1640, *in-fol.* 13 vol. fig.

La manière dont cet Ouvrage est fait, le rend utile pour l'Histoire Naturelle des Animaux de la France. Après la description de chaque espèce, Aldrovande cite les différens Pays qui leur donnent naissance, ce qui lui fournit l'occasion de faire souvent quelques remarques sur celles que l'on nourrit, ou qui viennent naturellement dans notre climat. On trouve à la fin de chaque volume une Table des noms que les François ont donnés aux différens Animaux. Aldrovande fut sans contredit le plus sçavant & le plus laborieux de tous les Naturalistes. Ses Livres doivent être regardés comme ce qu'il y a de mieux sur la totalité de l'Histoire Naturelle. Le plan de son Ouvrage est bon, ses distributions sensées, ses descriptions fidéles; mais l'historique est souvent mêlé de fabuleux, & l'Auteur laisse voir trop de penchant à la crédulité.

1188. Historiæ naturalis de Quadrupedibus libri VII. de Avibus VI. de Piscibus & Cetis V. de exanguibus aquaticis IV. de Insectis III.

de Serpentibus & Draconibus duo, cum æneis figuris; Joannes JONSTONUS, Medicus Doctor concinnavit : *Francofurti*, Merian, 1650 & 1653, *in-fol.* 4 vol. fig.

Eadem : *Amstelodami*, 1657, *in-fol.* 4 vol. figures.

Quoique la partie de l'impreſſion ſoit plus belle dans cette dernière édition que dans la première, on préfére cependant l'original, parceque les figures ſont du fameux Mérian ; au lieu que celles qui ont été miſes dans l'édition de Hollande, ne ſont que des copies.

§. II. *Traités particuliers.*

Les Animaux qui ſont l'objet de la plûpart des Ouvrages indiqués dans ce Paragraphe, ne ſont pas tous particuliers à la France. Quelques-uns ſont auſſi communs au reſte de l'Europe. Mais les Traités qui ont été faits par des François ſur les individus de notre climat, n'en ſont pas moins propres à éclaircir l'Hiſtoire Naturelle du Royaume. De ſçavans Naturaliſtes ont conſeillé de ne point omettre ici ces Ouvrages, ni même les meilleurs de ceux qui ont été faits par des François ſur l'Hippiatrique (ou la Médecine des Chevaux) & ſur la Chaſſe. Le but principal de leurs Auteurs n'eſt point, il eſt vrai, de donner l'Hiſtoire Naturelle des Animaux qui entrent dans le plan de leurs Traités; mais comme elle s'y trouve raſſemblée en grande partie, on n'a pu négliger ces Livres qui renferment des connoiſſances étendues ſur les Quadrupèdes & les Oiſeaux de nos contrées.

Traités sur les Quadrupèdes.

L'ordre ſuivi dans cet Article, eſt celui de l'Hiſtoire Naturelle de M. de Buffon. Les Animaux Domeſtiques, qui nous ſont les plus utiles, précédent ceux qui nous intéreſſent moins. On commence par les Bêtes de ſomme, qui ſont ſuivies de celles à cornes, de celles à laine, des Bêtes ſauvages, & de celles que l'on chaſſe.

== Hiſtoire Naturelle des Quadrupèdes des environs de Paris; par M. LE BEGUE DE PRESLE.

C'eſt la première partie du *Manuel du Naturaliſte*: ci-devant, N.° 58.

1189. Le parfait Cavalier, ou la connoiſſance du Cheval, ſes maladies & remèdes; par J. J. (Jean JOURDAIN): *Paris*, 1655, *in-fol.*

1190. Advis; on peut en France élever des Chevaux auſſi beaux, auſſi grands & auſſi bons qu'en Allemagne, & Royaumes voiſins. Il y a un ſecret pour faire aux belles Cavales entrer en chaleur & retenir; il y a un autre ſecret pour faire que les Cavales que l'on voudra porteront des mâles quaſi toujours: cela eſt expérimenté; & pour toute ſorte d'autres animaux, Chiens, Pourceaux, &c. préſenté au Roi par QUERBRAT CALLOET, ci-devant Avocat-Général en la

Chambre des Comptes de Bretagne : *Paris*, Langlois le jeune, 1666, *in*-4. fig.

L'Auteur donne ſouvent dans cet Ouvrage des Obſervations un peu ſurannées. L'Hiſtoire Naturelle n'étoit point alors au même dégré où elle eſt parvenue de nos jours.

1191. L'Ecuyer François, qui enſeigne à monter à Cheval, à voltiger, à bien dreſſer un Cheval ; l'Anatomie de leurs veines & de leurs os ; la ſcience de connoître leurs maladies, & des remèdes ſouverains & éprouvés pour les guérir, &c. enrichi de figures très-utiles, tant à la Nobleſſe qu'à ceux qui ont, ou qui gouvernent les Chevaux : *Paris*, 1694, *in*-8.

1192. La connoiſſance parfaite des Chevaux ; contenant la manière de les gouverner, nourrir & entretenir en bon corps, & de les conſerver en ſanté dans les voyages, avec un détail général de toutes leurs maladies, des ſignes & des cauſes d'où elles proviennent, des moyens de les prévenir & de les en guérir par des remèdes expérimentés depuis longtems, & à la portée de tout le monde : jointe à une nouvelle Inſtruction ſur les Haras, bien plus étendue que celles qui ont paru juſqu'à préſent, afin d'élever de bons & beaux Poulains, pour toutes ſortes d'uſages, & l'art de monter à cheval &

de dresser les Chevaux de Manége; tiré non-seulement des meilleurs Auteurs qui en ont écrit, mais encore des Mémoires manuscrits de M. DESCAMPES. Le tout enrichi de figures en taille douce : *Paris*, 1712 & 1730, *in*-8.

1193. Réglement du Roi & Instruction touchant l'administration des Haras du Royaume : *Paris*, 1717, *in*-4.

1194. L'Anatomie générale du Cheval; contenant une ample & exacte description de la forme, situations & usages de toutes ses parties, leurs différences & leurs correspondances avec celles de l'homme, &c. La manière de disséquer certaines parties du Cheval difficiles à anatomiser, & quelques Observations physiques, anatomiques & curieuses, sur différentes parties du corps & sur quelques maladies, le tout enrichi de figures, traduit de l'Anglois; par F. A. DE GARSAULT : *Paris*, Despilly, 1733, *in*-4.

Quoique cet Ouvrage ait été fait pour l'Angleterre, il peut cependant regarder l'Histoire Naturelle de la France : les différences qui se trouvent entre les Chevaux de ces deux climats, ne regardent point leur structure intérieure. D'ailleurs, le but du Traducteur a été de donner de l'émulation aux Maréchaux François, par l'exemple de l'Auteur Anglois, qui ne dédaignoit point de disséquer des cadavres de Chevaux, pour parvenir à la gloire de conſerver la vie & la ſanté des Chevaux dont on lui confioit le ſoin.

Voyez ſur ce Traité le *Journal des Sçavans*, 1733, *pag.* 140.

1195. Le Parfait Maréchal, qui enſeigne à connoître la beauté, la bonté & les défauts des Chevaux, &c. avec un Traité des Haras; par Jacques DE SOLEISEL, Ecuyer: *Paris*, 16.... &c. 1718, *in*-4. *Ibid.* Mariette, 1733, *in*-4. fig.

M. de Soleiſel a porté l'Art du Manége au plus haut point de perfection : il mourut en 1680, & M. Perrault a mis ſon Eloge parmi les cent Illuſtres François du ſiècle dernier.

1196. Ecole de Cavalerie, contenant la connoiſſance, l'inſtruction, & la conſervation du Cheval; par M. ROBICHON DE LA GUERINIERE: *Paris*, Guérin & Delatour, 1736, *in*-8. 2 vol. fig.

Cet Ouvrage eſt diviſé en trois parties. Dans la première, l'Auteur donne le nom & la ſituation des parties extérieures du Cheval, avec leurs beautés & leurs défauts, l'âge, la différence des poils, l'embouchure, la ferrure & la ſelle. La ſeconde renferme les principes pour dreſſer les Chevaux; elle ne regarde que les arts. La troiſième contient l'oſtéologie du Cheval, la définition de ſes maladies, les remèdes pour les guérir, avec un Traité des opérations de Chirurgie, qui ſe pratiquent ſur cet animal. On trouve à la fin un Traité des Haras. Le tout eſt orné de figures gravées ſur les deſſeins de M. de Parrocel.

Voyez sur cet Ouvrage le *Journal des Sçavans*, *pag.* 412 & *suiv.*

1197. Systême général de l'art d'élever & de dresser les Chevaux dans toutes ses branches: *Paris*, 1743, *in-fol.* 2 vol.

Le premier volume contient une Traduction de l'Ouvrage du Duc de *Newcastle*. Le second comprend, en quatre parties, 1.° le choix des Etalons & des Cavales, la manière de sévrer les Poulains & de les former, jusqu'au tems où ils sont propres au service; 2.° l'art d'élever & d'exercer les Coureurs; 3.° les accidens qui peuvent survenir aux Chevaux; 4.° la description anatomique de leurs os & de leurs muscles.

Voyez sur cet Ouvrage le *Journal des Sçavans*, 1743, *pag.* 188 & *suiv.*

1198. Elémens d'Hippiatrique, ou nouveaux principes sur la connoissance & sur la Médecine des Chevaux; par M. BOURGELAT: *Lyon*, 1750 & *suiv.* *in*-12. 3 vol.

Le premier volume contient la connoissance du Cheval, considéré extérieurement, & un Traité abrégé théorique & pratique sur la ferrure. Les suivans renferment les autres objets que l'on peut desirer sur les Chevaux.

M. Bourgelat a été reçu de l'Académie de Berlin en 1763.

== La Zoologie, ou Observations sur l'Histoire Naturelle des Animaux du Lyonnois, Forez & Beaujolois; par M. ALLÉON DULAC.

Ces Observations font partie des *Mémoires pour servir à l'Histoire Naturelle des Provinces du Lyonnois*, ci-

devant

devant, N.° 51. L'objet principal & presque unique de l'Auteur, est de faire connoître l'Ecole Royale Vétérinaire établie à Lyon en 1761, par M. Bourgelat. Cette Ecole s'occupe des Maladies des Animaux Domestiques.

1199. Observations sur la maladie qui attaque les Bêtes à cornes & les Chevaux dans la Généralité d'Auvergne, & qui s'est introduite sur la fin du mois d'Avril dernier dans l'Election de Gannat, Généralité de Moulins. *Mercure*, 1731, *Octobre*, *p.* 2396, & *Bibliothèque de Médecine*, *in*-4. *tom. III. pag.* 19 *& suiv.*

1200. Observations sur la maladie contagieuse, qui règne en Franche-Comté, parmi les Bœufs & les Vaches; par M. CHARLES, Docteur en Médecine : *Besançon*, Rochet & Daclin, 1744, *in*-8.

1201. Mémoire sur les maladies des Bœufs du Vivarais; par M. DE SAUVAGES, Conseiller-Médecin du Roi, Professeur en Médecine, Membre des Sociétés Royales des Sciences de Montpellier & de Suéde : *Montpellier*, Rochard, 1746, *in*-4.

Voyez sur cet Ouvrage le *Journal des Sçavans*, 1746, *pag.* 119 *& suiv.*

1202. Lettre au P. BERTIER, Jésuite, au sujet de la contagion qui fait périr les Bêtes à cornes en plusieurs Provinces du

Royaume. *Mémoires de Trévoux*, 1747, *Mai*, *pag.* 899, & *Bibliothèque de Médecine*, *tom. III. pag.* 13 *& ſuiv.*

1203. Lettre écrite touchant la mortalité des Beſtiaux, principalement du gros Bétail, qui a ravagé pluſieurs Provinces du Royaume dans l'été de 1682. *Journal des Sçavans*, 1682, *pag.* 337 *& ſuiv.*

1204. Moyen pour augmenter les Revenus du Royaume, de pluſieurs millions, &c. dédié à M. Colbert; par QUERBRAT DE CALLOET: *Paris*, Langlois le jeune, 1666, *in*-4.

L'Auteur entre dans des détails phyſiques & économiques ſur les Beſtiaux de la France.

1205. Pour tirer des Brebis & des Chèvres plus de profit qu'on n'en tire; par M. C. Q. A. G. D. P. *Paris*, veuve Langlois, *in*-4. fig.

1206. Des Lieux de la France où il ſe fait une plus grande nourriture des Beſtiaux, & d'où la Ville de Paris & les autres principales Villes du Royaume tirent leurs proviſions pour leurs Boucheries; par M. DE LA MARRE, Commiſſaire du Roi au Châtelet de Paris.

Ces Remarques ſont dans le tom. II. du *Traité de la Police*, *liv. V. tit. XVII. pag.* 1141-1147. Le tit. XXIII. du même Livre, où l'Auteur traite de la Venaiſon, du Gibier & des Volailles qui ſervent à nos alimens, contient une Description souvent fort étendue de ceux de ces Animaux qu'on trouve en France. M. de la Marre a soin de faire observer les lieux où ils se rencontrent le plus communément.

1207. Mémoire sur les Bêtes à laine, sur leur logement, tel qu'il convient à leurs tempéramens & à nos climats, sur leur nourriture, sur la manière de les élever dans les différentes Provinces de la France, &c. *Journal Economique*, 1759, *Mai*, *p*. 201, *& Juin*, *pag*. 256.

1208. Considérations sur les moyens de rétablir en France les bonnes espèces de Bêtes à laine; (par M. l'Abbé CARLIER): *Paris*, Guillyn, 1762, *in*-12. 180 pages.

Cet Ouvrage, qui paroît n'avoir rapport qu'à l'économie, est encore utile pour l'Histoire Naturelle. On y traite de la qualité des Pâturages, des différentes températures de la France, des Provinces les plus favorables à l'établissement des Bêtes à laine, & en particulier de l'état de la Flandre & du Côtentin à ce sujet.

On en trouve un extrait dans le *Journal Economique*, 1762, *Décembre*, *pag*. 533 *& suiv*.

1209. Mémoire sur la mortalité des Moutons en Boulonnois, dans les années 1761 & 1762; par M. DESMARS, Médecin Pensionnaire de la Ville de Boulogne-sur-Mer: *Boulogne*, Ch. Battut, 1762, *in*-4. 21 pages.

1210. Bref Recueil des Chasses du Cerf,

du Sanglier, du Lièvre, du Renard, du Blèreau, du Connil & du Loup; & de la Fauconnerie; par Jean LIÉBAULT, Médecin.

Il se trouve à la suite de son *Agriculture* ou *Maison rustique: Lunéville*, 1577, *in*-8.

1211. La Chasse Royale; composée par le Roi CHARLES IX. *Paris*, Rousset, 1625, *in*-8.

Ce Traité est divisé en XXIX. Chapitres. Le premier montre principalement le dessein & le plan des autres. Les cinq qui suivent regardent le rut, la retraite, la mue, & les fumées de Cerfs. Le sixième est plein d'érudition. L'Auteur Monarque, y a rassemblé une partie de ce que les Anciens ont dit de la nature du Cerf. Depuis le septième jusqu'au dix-neuvième, il traite des Chiens & de leurs maladies. Le reste ne regarde point l'Histoire Naturelle: c'est la didactique des Véneurs. Charles IX. employa, dit-on, les Hommes les plus sçavans de son Royaume pour recueillir les matériaux qui devoient entrer dans cet Ouvrage.

On peut encore trouver des notions assez étendues sur la Chasse au Cerf, dans le second Livre de la Philologie de Budé, dédiée aux Enfans de François I. (Henri d'Orléans & Charles d'Angoulême.) Budé s'étoit adonné à la Chasse pendant sa jeunesse, & avoit fait des Observations sur les Animaux qui sont l'objet ou les instrumens de cet exercice. Gesner a fait usage de cet Ouvrage de Budé, dans son Histoire Naturelle des Quadrupèdes, où il en extrait des morceaux considérables sans y rien changer.

1212. La Vénerie de Jacques DU FOUIL-

LOUX, avec quelques Additions : ſçavoir, le Traité de Gaſton Phœbus, Comte de Foix, de la Chaſſe des Bêtes ſauvages, revu & corrigé ; & pluſieurs Traités de Chaſſes du Loup, du Connil, du Lièvre ; & quelques remèdes pour les maladies des Chiens, &c. *Paris*, 1606, 1628 & 1640 : *Rouen*, 1650 : *Paris*, 1653 : *Rouen*, 1656 : *Poitiers*, 1661, *in*-4.

Quoique l'Auteur s'écarte quelquefois de ſon but principal, & donne dans des digreſſions inutiles, on remarque néanmoins dans ſon Ouvrage plus de liaiſon que dans ceux qui ont paru avant lui ; & on ne peut aſſez le louer d'avoir préparé de riches matériaux aux Naturaliſtes qui ont écrit depuis. Ses Obſervations ſur les différentes eſpèces de Chiens de Chaſſe, ſur la manière de les élever, de les nourrir, & de guérir leurs maladies, méritent principalement d'être lues. La Chaſſe au Cerf occupe une très-grande partie de l'Ouvrage ; celles au Sanglier, au Lièvre & au Bléreau, ſuppoſent beaucoup d'expérience dans celui qui les décrit. MM. de Buffon & d'Aubenton citent ſouvent ce Traité dans leur Hiſtoire Naturelle.

Jacques du Fouilloux, Gentilhomme Poitevin, mourut pendant le règne de Charles IX.

1213. La Vénerie Royale, qui contient les Chaſſes du Cerf, du Lièvre, du Chevreuil, du Loup, du Sanglier & du Renard ; avec le dénombrement des Forêts & grands Buiſſons de France, où ſe doivent placer les Logemens, Quêtes, Relais pour y chaſſer ; par

Messire Robert DE SALNOVE : *Paris*, Sommaville, 1655 & 1665, *in*-4.

Ce Traité est divisé en quatre parties. Les trois premières comprennent les Chasses au Cerf, Lièvre, Chevreuil, Loup, Sanglier & Renard. L'Auteur donne aussi, d'après ses observations & les préceptes des Anciens, qu'il réfute quelquefois, une idée de la nature de châque Animal qu'il faut chasser, des qualités des Chiens, de leur éducation, de leurs maladies, & des remèdes qui leur sont propres. La quatrième partie contient un dénombrement des Forêts & grands Buissons du Royaume, avec les situations les plus convenables aux Quêtes, Relais, & Logemens pour y chasser.

M. de Salnove, qui avoit été Page du Roi Henri IV. & de Louis XIII. fut pendant plus de trente-cinq ans Lieutenant de la Grande Louveterie de France.

1214. Nouveau Traité de la Vénerie, contenant la Chasse du Cerf, celle du Chevreuil, du Sanglier, du Loup, du Lièvre & du Renard, &c. par un Gentilhomme de la Vénerie du Roi (Antoine GAFFET, Sieur de la Brisardiere).

Le plan de cet Auteur est plus régulier que celui de Salnove. La Chasse au Cerf est traitée avec beaucoup d'intelligence; celle au Chevreuil, au Sanglier, au Loup, au Lièvre & au Renard, n'annoncent pas une expérience consommée dans celui qui les décrit. On trouve dans cet Ouvrage des instructions & des remèdes contre la rage & les maladies les plus essentielles aux Chiens de Chasse. M. Gaffet apprend aussi à connoître les Chevaux propres à la Chasse, à leur porter un secours prompt & efficace lorsqu'ils se blessent, &c. Au reste, il laisse entrevoir dans tout son Livre, qu'il étoit peu instruit de l'Histoire Naturelle.

1215. L'Ecole de la Chasse aux Chiens courans; par M. LE VERRIER DE LA CONTERIE, Ecuyer, Seigneur d'Amigny, lès-Aulnets, &c. précédée d'une Bibliothèque historique & critique des Théreuticographes; par MM. Nicolas & Richard LALLEMANT: *Rouen*, N. & R. Lallemant, 1763, *in*-8.

La Bibliothèque, qui est à la tête de ce Livre, paroît faite avec beaucoup de jugement. Les Ouvrages n'y sont point indiqués tels qu'on les trouve dans la plûpart des Catalogues, sans chaleur & sans vie. On voit les principales productions du génie des Auteurs, & les traits distinctifs de leur caractère. On lit aussi dans des Notes intéressantes, quelques particularités sur l'Histoire Naturelle des Animaux dont il traite. L'Ecole de la Chasse offre sur le même objet des détails plus multipliés, des digressions plus étendues. Le but principal de l'Auteur est bien de former un Elève; il saisit l'art dans son berceau, & insiste beaucoup sur les principes élémentaires. Mais dans les différentes Chasses qu'il décrit, il sème beaucoup de traits qui ont rapport à l'Histoire de chaque Animal. Le Chapitre préliminaire regarde les Chiens; les autres ont pour objet le Lièvre, le Chevreuil, le Cerf, le Sanglier, le Loup, le Renard & la Loutre. Le style de M. de la Conterie, proportionné à chaque partie de son Ouvrage, annonce moins dans l'ensemble le dessein de répandre des fleurs, que celui d'être utile.

1216. La Chasse du Loup; par Jean DE CLAMORGAN, Seigneur de Saane, premier

Capitaine de la Marine du Ponent: *Paris*, Dupuis, 1576, *in*-4. fig.

Cet Ouvrage traite de la nature du Loup, des remèdes que l'on peut tirer de ses différentes parties, de la manière de dresser les Chiens pour cette Chasse. M. de Clamorgan avoit étudié l'Histoire Naturelle dans les meilleurs Livres connus de son tems; mais elle ne consistoit guères alors que dans quelques Observations très-difficiles à démêler du faux merveilleux.

1217. Discours de Guillaume LE BLANC, Evêque de Grasse & de Vence, à ses Diocésains, touchant l'affliction qu'ils endurent des Loups en leur personne, & des Vers en leurs Figuiers, en la présente année 1597: *Lyon*, 1518 (1598) *in*-8. 221 pages: *Paris*, Richer, 1599, *in*-12. 176 pages.

On trouve un extrait de ce Livre singulier dans les *Mémoires de Trévoux*, 1765, *Novembre*, *pag.* 1256-1276.

1218. Nouvelle invention de Chasse, pour prendre & ôter les Loups de la France, comme les Tables le démontrent; avec trois Discours aux Pastoureaux François; par M. Louis GRUAU, Prêtre-Curé de Sauge, Diocèse du Mans: *Paris*, Chevalier, 1613, *in*-8.

Cet Ouvrage est divisé en quatre Livres. Le premier traite de la Chasse en général, du Loup, de son naturel, de ce qu'il choisit pour sa nourriture, de sa timidité, & des lieux où il se retire selon les saisons, &c. Le second

contient

contient les Chasses des Loups, pour les prendre par la campagne. Le troisième enseigne à les prendre dans les forêts & lieux déserts. Le quatrième contient les moyens & dépenses nécessaires pour ôter en peu de tems les Loups de France, & les empêcher d'y entrer. Le premier des Discours montre les maux, pertes & incommodités que les Loups apportent en général à la France. Les deux autres sont remplis de Réflexions morales. On voit partout une érudition conforme aux idées du siècle où cet Ouvrage a été écrit.

1219. Dissertation sur l'Hyène, à l'occasion de celle qui a paru dans le Lyonnois, &c. en 1754, 1755 & 1756; (par le Père THOLOMAS, Jésuite): *Paris*, Chaubert, 1756, *in*-12.

Voyez sur cet Animal les *Mémoires pour servir à l'Histoire Naturelle du Lyonnois*, par M. Dulac, *tom. I. pag.* 52-54.

1220. Lettres sur la Bête féroce du Gévaudan. *Année Littéraire*, 1765, *tom. I. pag.* 311-329. = *Tom. III. pag.* 25-42. = *Tom. IV. pag.* 43-47, 140-143.

Ces Bêtes, que leur cruauté & leurs ravages avoient fait regarder comme des monstres, ont été reconnus pour des Loups, dès que leur mort ne les a plus fait craindre, & a permis de les examiner.

1221. Mémoire sur les Musaraignes, & en particulier sur une nouvelle espèce de Musaraigne qui se trouve en France, & qui n'a pas été remarquée par les Naturalistes; par

M. D'AUBENTON. *Mémoires de l'Acad. des Sciences, 1756, pag. 203.*

La Musaraigne tient, pour ainsi dire, le milieu entre le Rat & la Taupe : sa couleur ordinaire est d'un brun mêlé de roux.

Traités sur les Oiseaux.

1222. Histoire de la nature des Oiseaux, en sept Livres; par Pierre BELON : *Paris*, Cavellat, 1555, *in-fol.* fig.

On trouve dans Belon, l'Histoire d'un grand nombre d'Oiseaux de la France, tant de ceux qui y fixent leur demeure, que des espèces qu'on n'y apperçoit que dans certaines saisons. Il marque le tems & le lieu où elles viennent. Son Ouvrage est très-bien fait. Il s'est fort étendu sur l'Anatomie des Oiseaux, qu'il met en comparaison avec celle de l'Homme. Belon, né dans le Maine vers 1518, est connu par différens autres Ouvrages fort curieux. Il comptoit en donner encore sur plusieurs sujets; mais il fut tué près de Paris en 1564, dans un âge où la force, jointe à l'expérience, promet de nouveaux succès à un génie dont les vues se sont étendues & rectifiées par un travail assidu.

1223. La Fauconnerie de Charles D'ARCUSSIA, de Capre, Seigneur d'Esparron, de Pallières, & du Révest, en Provence, divisée en dix parties; avec les Portraits au naturel de tous les Oiseaux : *Aix*, 1598, *in*-8. *Paris*, 1604 & 1608, *in* 8. 1615, 1621 & 1627, *in*-4. *Rouen*, 1644, *in*-4.

Si, pour juger du mérite de cet Ouvrage, le grand

nombre d'éditions qui en ont paru ne suffisoit pas, l'estime où il a été chez les Nations les plus instruites dans l'art de la Fauconnerie, pourroit déposer en sa faveur. Il est rempli de recherches sur toutes sortes d'Oiseaux, principalement sur ceux de la France, & même sur l'Histoire Naturelle de différens autres Animaux & de Plantes, dont M. d'Esparron rapporte des particularités singulières. Il réfute fort judicieusement les erreurs des anciens Naturalistes & des Historiens; mais quelquefois ses jugemens portent à faux, & montrent qu'il n'a pas toujours également approfondi les objets qu'il discute. Il seroit à desirer qu'il y eût moins d'érudition, & que l'Auteur, à l'occasion de la Fauconnerie, n'eût point traité de Morale & de Métaphysique.

1224. Ornithologiæ specimen novum, sive Series Avium, in Ruscinone, Pyrenæis montibus, atque in Galliâ Æquinoctiali observatarum, in classes, genera, & species novâ methodo, digesta; auctore Petro BARRERE, Societatis Regiæ Scientiarum Monspeliensis Socio, in Academiâ Perpiniacensi Medicinæ Professore, &c. *Perpiniani*, le Comte, 1745, *in*-4.

Voyez un extrait de cet Ouvrage dans le *Journal des Sçavans*, 1745, *pag.* 633 *& suiv.* = Les *Mémoires de Trévoux*, 1745, *Septembre*, *pag.* 1596. = Les *Nouveaux Actes de Léipsick*, 1758, *pag.* 413.

1225. Histoire Naturelle des Oiseaux; par Eléazar ALBIN, traduit de l'Anglois, & ornée de trois cens six Estampes gravées en taille-douce, avec des Remarques curieuses; par W. DERHAM : *La Haye*, de Hondt, 1750, *in*-4. 3 vol.

Les Sçavans, qui ont comparé l'Ornithologie de l'Angleterre avec celle de la France, ne seront point étonnés de trouver ici l'annonce de cet Ouvrage. Ces deux Pays nourrissent les mêmes Oiseaux Domestiques, & voient revenir à des saisons marquées les mêmes Oiseaux de passage. On peut consulter sur ces derniers l'*Histoire Naturelle des Oiseaux peu communs*, &c. par Georges EDWARDS : *Londres*, 1745-1551, 4 parties en deux vol. *in*-4. Cet Ouvrage est plus recherché que le précédent, pour la beauté des figures.

1226. Ornithologie, ou Histoire Naturelle des Oiseaux, en Latin & en François; par M. BRISSON, de l'Académie Royale des Sciences: *Paris*, Bauche, 1760 & *suiv. in*-4. 6 vol. fig.

Cet Ouvrage est enrichi de plusieurs Figures gravées en taille-douce.

1227. Essai sur l'Histoire Naturelle des Oiseaux, ou Traduction du *Synopsis avium* de M. Ray; augmenté de Recherches critiques & d'Observations curieuses sur les Oiseaux de nos climats; par feu M. DE SALERNE, Médecin à Orléans: *Paris*, Debure père, 1766, *in*-12. 2 vol.

1228. Ornithologie, ou Histoire Naturelle des Oiseaux du Lyonnois, Forez & Beaujolois; par M. ALLÉON DULAC, Avocat en Parlement & aux Cours de Lyon.

Elle fait partie de ses *Mémoires pour servir à l'Histoire*

Naturelle des Provinces du Lyonnois, &c. ci-devant, N.° 51. L'Auteur s'attache à faire connoître ce qui caractérise plus particulièrement chaque Oiseau ; & en en donnant la description, il suit les définitions de M. Linnæus.

1229. Histoire Naturelle des Oiseaux que l'on voit le plus ordinairement dans le climat de Paris & de ses environs ; par M. LE BEGUE DE PRESLE, Docteur en Médecine.

Elle fait partie du *Manuel du Naturaliste*, ci-devant, N.° 58.

1230. Instructions pour élever les Oiseaux de Volière : *Paris*, 1674, *in*-12.

X 1231. Ædologie, ou Traité du Rossignol, contenant la manière de le prendre au filet, de le nourrir facilement en cage, & d'en avoir le chant pendant toute l'année : *Paris*, Debure, 1751, *in*-12.

1232. Mémoire sur les Macreuses de France ; par M. ROBINSON, de la Société Royale de Londres (en Anglois). *Transactions philosophiques*, numéro 172, *pag*. 1036.

Quoique des Casuistes, peu versés dans l'Histoire Naturelle, aient permis de manger des Macreuses dans un tems où tout usage de la viande est interdit, on a cependant cru ne point devoir placer cette espèce d'Animaux parmi les Poissons, avec lesquels elle n'a pas plus de ressemblance que les Canards. Tous ses caractères distinctifs sont ceux des Oiseaux de Rivières.

1233. Traité singulier de l'origine des Macreuses; par feu M. GRAINDORGE, & mis au jour par Thomas MALOUIN : *Caen*, 1680, *in*-12.

1234. Mémoire sur les Chauves-Souris; par M. D'AUBENTON. *Mémoires de l'Acad. des Sciences*, 1759, *pag*. 374.

§. V. *Traités sur les Poissons.*

1235. Petri BELLONII de Aquatilibus libri duo, cum iconibus ad vivam ipsorum effigiem expressis in ligno : *Parisiis*, 1555, *in*-8. *oblong*.

La nature & diversité des Poissons, avec leurs pourtraicts représentés au plus près du naturel; par Pierre BELLON : *Paris*, Ch. Estienne, 1555, *in*-8. *oblong*.

1236. Guillelmi RONDELETII de Historiâ Piscium libri XVIII. cum alterâ parte in quâ Testacea, Turbinata, & Cochleæ, Insecta & Zoophyta, stagnorum marinorum, lacuum, fluviorum, paludum pisces, postremò amphibia delineantur, cum figuris eorum ligno incisis: *Lugduni*, Bonhomme, 1554 & 1555, 2 *tom. en* 1 *vol. in-fol*.

Histoire entière des Poissons; composée premièrement en Latin par Guillaume RONDELET; traduite en François (par Laurent JOUBERT) & divisée en deux parties; avec les Figures au naturel gravées en bois : *Lyon*, Bonhomme, 1558, *in-fol.*

Quelques Auteurs ont mal-à-propos attribué cet Ouvrage à Guillaume Pélicier, Evêque de Montpellier. Rondelet avoit assez de connoissances dans l'Histoire Naturelle pour composer lui-même ce Traité, qui est un des plus complets sur cette partie. Les Observations qu'on y trouve, ont été faites presque toutes sur les côtes du Languedoc, où l'Auteur avoit demeuré longtems.

1237. Des différentes sortes de Poissons qu'on sert en France sur les Tables ; par M. DE LA MARRE, Conseiller Commissaire du Roi au Châtelet de Paris.

Cet Ouvrage fait partie du Livre V. du *Traité de la Police*, *tom. III.*

1238. Enumération des principales productions de la Manche ; par M. TIPHAIGNE.

Cette Nomenclature des différens Poissons des Mers Occidentales de la France, forme l'article I. de la part. I. de son *Essai sur l'Histoire Economique de ces Mers*, ci-devant, N.° 463.

1239. Traité sur la Pêche du Saumon (à Château-Lin en Basse-Bretagne) ; par M. DESLANDES, Inspecteur de la Marine.

C'est une Lettre insérée parmi les *Traités de Physique & d'Histoire Naturelle* du même Auteur : *Paris*, Quillau, 1750, *in-12. tom. I. pag.* 103. Le récit de cette Pêche est accompagné d'une description très-détaillée du Poisson même, qui, comme on sçait, est très-commun sur les côtes de Bretagne. M. Valmont de Bomarre a donné une Analyse de ce Traité dans son *Dictionnaire raisonné d'Histoire Naturelle*, tom. V. pag. 135, article *Saumon*.

1240. L'Ichthyologie, ou Histoire Naturelle des Poissons du Lyonnois, Forez & Beaujolois; par M. ALLÉON DULAC, Avocat en Parlement & aux Cours de Lyon.

Elle fait partie de ses *Mémoires pour servir à l'Histoire Naturelle des Provinces du Lyonnois*, ci-devant, N.° 51. Après avoir traité de tous les Poissons spécialement propres à ces Provinces, l'Auteur rappelle, au sujet des Saumons, les Observations précédentes de M. Deslandes; & il termine l'Histoire Naturelle de ce genre de Poissons, par l'exposition du plan des Avaloirs qu'on a construits sur la Loire pour les prendre, & dont il rapporte la structure & le méchanisme. On pourroit reprocher à l'Auteur de s'être un peu trop étendu sur des Poissons que tout le monde connoît, dans un Livre qui ne renferme que des Mémoires, & qui par conséquent n'est point une Histoire complette.

1241. Histoire Naturelle des Poissons des environs de Paris; par M. LE BEGUE DE PRESLE.

Elle fait partie de l'Ouvrage du même Auteur, intitulé, *Manuel du Naturaliste*, ci-devant, N.° 58.

1242. Mſ. Description d'une Tortue de Mer, prise dans l'embouchure de la Loire, le 4 Août 1739, avec la représentation de cet Animal; par M. LAFOND, de l'Académie de Bordeaux; avec une Lettre, du 6 Août 1730, sur une autre Tortue de la même espèce,

espèce, prise aussi à l'embouchure de la Loire, au mois de Juillet 1730.

Cet Ouvrage est au Dépôt de l'Académie de Bordeaux. Il en est fait mention dans les Mémoires de l'Académie des Sciences, année 1730.

1243. Ms. Relation de la prise d'un gros Cachalot, entré dans la Rivière de l'Adour à Bayonne, le premier Avril 1741, & harponné le même jour au Port de la House, à une lieue de la porte de Mousserolle, avec la description & la figure de ce Poisson monstrueux (espèce de Baleine): *Bayonne*, 1741, *in*-4.

Cette Relation est conservée dans le Cabinet de M. d'Esbiey, premier Echevin, ancien Maire de la Ville de Bayonne. Il en est aussi fait mention dans les Mémoires de l'Académie des Sciences, année 1742.

1244. Remarque sur un Poisson, qu'on croit être la Torpille; par M. DE VILLENEUVE. *Mercure*, 1758, *Avril*, *pag.* 151-158.

Une tempête, qui avoit fait échouer ce Poisson sur la côte du Croisic, donna occasion à l'Auteur de faire cette Remarque.

1245. Ms. Mémoire sur la Sèche, Insecte-Poisson assez commun sur les côtes de France, dans les mois de Juin & de Juillet; par M. LE CAT, Secrétaire de l'Académie des Sciences & Arts de Rouen: lu dans la Séance publique de cette Académie, le 11 Août 1764.

Ce Mémoire n'eſt que l'extrait d'un Ouvrage plus conſidérable, que l'Auteur ſe propoſe de donner au Public. Il eſt diviſé en deux parties. La première traite de la ſtructure extérieure de la Sèche, qui reſſemble au Polype par ſes bras, à la Tortue par ſa tête & par ſon dos, au Perroquet par ſon bec. Les organes intérieurs, le nerveux, le liquoreux, l'alimentaire, la liqueur noire, &c. font le ſujet de la ſeconde partie. Voyez le *Journal de Verdun*, 1764, *Novembre*, *pag.* 364.

Traités ſur les Inſectes, les Coquillages, les Reptiles, &c.

Dans l'arrangement de ces différens Traités, après ceux qui ſont généraux, on a ſuivi à peu de choſes près autant qu'il a été poſſible, l'ordre des Mémoires de M. de Réaumur, détaillé au N.° 1248. C'eſt en quelque ſorte celui de la nature. M. de Buffon en a ſuivi un ſemblable dans ſon grand Ouvrage ſur l'Hiſtoire Naturelle.

1246. Hiſtoire des Inſectes de l'Europe, deſſinés d'après nature, & expliqués par Marie Sybille MERIAN, Ouvrage traduit du Hollandois en François; par Jean Marret: *Amſterdam*, Bernard, 1730, *in-fol.* figures.

Mademoiſelle Mérian, fille de Matthieu Mérian, célèbre Graveur Allemand, voyagea dans preſque toute l'Europe, & même en Amérique, pour obſerver & peindre les Inſectes. Ses deſſeins ſont beaux & aſſez exacts. Elle mourut à Amſterdam en 1717. Son Ouvrage renferme les Inſectes de la France.

1247. Joannis SWAMMERDAM, Biblia naturæ, sive Historia Insectorum, in certas classes redacta & exemplis, æneisque tabulis illustrata: opus Belgicè conscriptum, cum versione latinâ Hieronymi Davidis Gaubii, & Præfatione Hermanni Boerrhave: *Leydæ*, Severinus, 1737, *in-fol.* 2 vol.

Quoique cet Ouvrage ait été composé en Hollande, il appartient cependant, plus qu'aucun autre, à l'Histoire des Insectes de la France. Swammerdam demeura longtems à Paris chez M. Thévenot, & fit toutes ses Observations aux environs de Paris. Son Livre est divisé en quatre parties, suivant les quatre ordres de changemens qu'il avoit observés par rapport aux Insectes. Dans chacune de ces Parties, il commence par expliquer l'ordre de changement qui la caractérise; il fait ensuite l'énumération, & souvent l'Histoire des Insectes qu'il y rapporte. C'est sur-tout dans l'Anatomie de ces petits Animaux, que Swammerdam a excellé, & qu'il a surpassé tous ceux qui sont entrés dans la même carrière.

On peut consulter sur cet Auteur la *Théologie des Insectes* de LESSER: *La Haye*, J. Swart, 1742, *in-8. pag.* 34, 39.

M. l'Abbé PLUCHE, en commençant par les Insectes son *Spectacle de la Nature*: (*Paris*, 1732, *&c. in-12.*) s'est beaucoup servi de Swammerdam, & a rendu populaire cette partie de l'Histoire Naturelle.

1248. Mémoires pour servir à l'Histoire Naturelle des Insectes; par M. René-Antoine FERCHAULT DE REAUMUR, de l'Académie Royale des Sciences: *Paris*, Imprimerie Royale, 1734 & *suiv.* *in*-4. 6 vol. figures.

Les Observations de l'Auteur ont été faites sur des Insectes qui lui avoient été envoyés des différentes Provinces de France, ou des Colonies. Il commence par une Histoire des Insectes en général, passe ensuite aux genres principaux qui se présentent souvent à nos yeux, & il en examine les différentes propriétés. Les deux premiers Tomes contiennent l'Histoire des Chenilles & des Papillons, & celle des Insectes ennemis des Chenilles. Le troisième présente l'Histoire des Vers mineurs des feuilles, des Teignes, des fausses Teignes, des Pucerons, des ennemis des Pucerons, des faux Pucerons, & l'Histoire des Galles des Plantes & de leurs Insectes. Dans le IV. le V. & le VI. on trouve l'Histoire des Gallinsectes, des Progallinsectes, des Mouches à deux aîles, & de celles à quatre aîles. La suite, que M. GUETTARD, Elève de M. de Réaumur, prépare maintenant, renfermera les Insectes à étuis & ceux qui n'ont point d'aîles. Les Journalistes de Hambourg ont dit en 1736, *pag.* 815, que l'Ouvrage de M. de Réaumur étoit un chef-d'œuvre d'érudition, d'exactitude, d'élégance, & de recherches agréables. Les Mémoires ne sont nullement inférieurs aux éloges des Journalistes. Cet Académicien est peut-être le seul qu'on puisse dire avoir véritablement approfondi le sujet, sur-tout par rapport à ce qui regarde l'industrie des Insectes, & le méchanisme de leurs opérations. Ses nouvelles idées qu'il fournit seront d'un très-grand secours à tous ceux qui voudront traiter cette matière avec ordre. Le Public lui doit une reconnoissance singulière de ce qu'il a bien voulu lui rendre compte des moyens ingénieux dont il s'est servi pour faire tant de belles découvertes, & de ce qu'il a mis chacun en état de vérifier ses expériences. Les planches ont été faites sous les yeux de l'Auteur, avec tout le soin possible. M. de Réaumur est mort en 1757, âgé de 75 ans.

On peut voir des extraits de son Ouvrage dans l'*Histoire de l'Académie des Sciences, an.* 1734, *pag.* 18, 1736, *pag.* 8, 1737, *pag.* 9, 1738, *pag.* 16, 1740, *pag.* 3, 1742, *pag.* 10. = Dans le *Journal des Sçavans*, 1735, *pag.* 121, 1736, *pag.* 515 & 634, 1743, *pag.* 25, 68, 148, 206, 286 & 291. = Dans les *Mémoires de Trévoux*, 1737, 1738, 1739, 1741. = Dans les *Actes de Léipsick*, 1736, *pag.* 260, 1737, *pag.* 263, 1739, *pag.* 114.

1249. Histoire Naturelle des Abeilles, avec des figures en taille-douce; (par M. Gilles-Augustin BAZIN): *Paris*, Guérin, 1744, *in*-12. 2 vol.

1250. Abrégé de l'Histoire des Insectes, pour servir de suite à l'Histoire Naturelle des Abeilles, avec des figures en taille-douce; (par le même): *Paris*, Guérin, 1748 & *suiv. in*-12. 4 vol.

Le fond de ces Ouvrages est pris entièrement des Mémoires de M. de Réaumur. Le but de l'Auteur a été de présenter les merveilles que la Nature, cette sage ouvrière, a opérées dans les Insectes. Ce que M. Pluche en avoit dit dans le tome I. de son *Spectacle de la Nature*, étoit si abrégé, au jugement de M. Bazin, & se réduisoit à si peu de choses, qu'il paroissoit n'avoir eu en vue que de nous faire souhaiter d'en sçavoir davantage. C'est ce desir que M. Bazin a entrepris de satisfaire. Il a donné à son Ouvrage la forme de Dialogue, comme la plus propre à instruire sans avoir l'air dogmatique : ses Dialogues ont un tour agréable.

Voyez les *Mém. de Trévoux*, 1745, *Mai*, *pag.* 951, *Juillet*, *pag.* 1261, *Septembre*, *pag.* 1637, 1747, *Juin*, *pag.* 1157, *Juillet*, *pag.* 1456. = Le *Journal des Sçavans*, 1744, *pag.* 89 & *suiv.* 1747, *pag.* 190.

1251. Traité d'Insectologie ; par Charles BONNET, de la Société Royale de Londres, & Correspondant de l'Académie des Sciences de Paris : *Paris*, Durand, 1745 ; & *suiv.* *in*-8. 6 vol.

1252. Histoire abrégée des Insectes qui se trouvent aux environs de Paris, dans laquelle ces Animaux sont rangés suivant un ordre méthodique ; (par M. GEOFFROY, Docteur en Médecine de la Faculté de Paris) : *Paris*, Durand, 1762, *in*-4. 2 vol. fig.

Un précis de tout ce qui a été publié de plus exact sur l'économie animale, la structure & les organes des Insectes, précéde la description de deux mille espèces différentes, trouvées dans les diverses promenades de Paris, & à deux ou trois lieues aux environs. L'Auteur a suivi, pour l'arrangement de ces Animaux, le systême de M. Linnæus, Professeur de Botanique en l'Université d'Upsal, & de l'Académie Royale des Sciences de Paris. Mais les changemens & les additions considérables que M. Geoffroy a cru devoir y faire, donnent au Naturaliste François le mérite de la perfection, peut-être aussi rare aux yeux des connoisseurs que celui de la découverte. Il divise son Ouvrage en six Livres. Ce sont les six Sections dans lesquelles il a partagé la classe des Insectes. Le premier Volume, qui ne renferme que les deux premières, est terminé par deux Tables alphabétiques des noms François & Latins dont il a été fait mention. A la fin sont placées neuf planches gravées avec beaucoup de soin. Le second Volume traite les quatre dernières Sections dans le même ordre, & avec l'intérêt que l'on trouve dans les deux premières. Il est terminé par 12 planches.

Plusieurs exemplaires portent au frontispice la datte de 1764, & le nom de l'Auteur qui ne se trouve point aux autres: ce n'est pas cependant qu'il y ait eu deux éditions de cet Ouvrage.

1253. Ms. Discours sur une Histoire des Insectes & des Vers qui se trouvent dans la Province de Champagne; par M. LE BLANC DU PLESSIS, de la Société Littéraire de Châlons-sur-Marne.

Ce Discours, lu à cette Société, est entre les mains de l'Auteur. Le projet de l'Histoire est abandonné depuis la publication du Livre précédent, pour lequel M. Duplessis a fourni un nombre considérable d'Observations curieuses. Il se propose seulement de donner en forme de supplément l'Histoire des Insectes de la Champagne, qui ne se trouvent pas aux environs de Paris, & dont il possède une riche Collection.

1254. Histoire Naturelle des Insectes des environs de Paris; par M. LE BEGUE DE PRESLE.

Elle fait partie de son ouvrage intitulé: *Manuel du Naturaliste*, &c. ci-devant, N.° 58.

1255. Observations sur l'origine d'une espèce de Papillon d'une grandeur extraordinaire,

& quelques autres Insectes; par M. SEDILEAU. *Mém. de l'Académie des Sciences, depuis 1666 jusqu'en 1699, tom. X. pag.* 158-164.

Le Papillon, décrit par M. Sedileau, est l'espèce de Phalène connue sous le nom de grand Paon.

1256. Description de deux espèces de nids singuliers faits par des Chenilles; par M. GUETTARD. *Mém. de l'Acad. des Sciences*, 1750, *pag.* 163 *& suiv.*

Ces nids sont de l'Isle de France : ils sont faits par des Chenilles, dont une espèce vit en société, & l'autre est solitaire. A la suite de ce Mémoire, l'Auteur a mis un ordre systèmatique des Chenilles, Chrysalides, & Papillons, sous lequel il range tous ceux de ces Insectes dont il est parlé dans les Mémoires sur les Insectes par M. de Réaumur, & dans les Ouvrages de Mademoiselle Mérian.

1257. Ms. Mémoire sur les Chenilles plieuses de feuilles, qui abondèrent dans les Vignes (des environs d'Auxerre) en 1753; par M. LE PERE, de la Société Littéraire d'Auxerre.

Ce Mémoire contient tout ce qui regarde ces espèces de Chenilles, depuis leur naissance jusqu'à leur mort. Il est conservé dans les Registres de la Société.

1258. Ms. Mémoire sur les Chenilles qui s'attachent à la Vigne; par M. RONDÉ, de la Société Littéraire d'Auxerre.

Il est également conservé dans les Registres de cette Société.

Société. On dit que M. Rondé a étudié scrupuleusement ces Insectes. C'est un travail important.

1259. Lettre de M. DE BONS, Capitaine au Régiment Suisse de Jenner, concernant une Chenille à soye qui se trouve dans les environs de *Genève*, & particulièrement près de *Farges*, au Pays de Gex. *Journal Etranger*, 1758, *Octobre*, *pag.* 235.

Supplément à cette Lettre. *Journal Etranger*, 1760, *Mars*.

M. Dulac a fait réimprimer cette Lettre dans ses *Mélanges*, *tom. IV. pag.* 402.

1260. Mémoire sur une espèce de Chenilles (du Pays de *Gex*) qui produisent de la soye; par M. DE LA ROUVIERE D'EYSSAUTIER, Chevalier de l'Ordre Royal & Militaire de Saint-Louis, Commissaire des Guerres au Département de Languedoc, Membre de l'Académie des Sciences & Belles-Lettres de Béziers: *Béziers*, Barbut, 1762, *in*-12.

Il est aussi dans le *Mercure*, 1762, *Juillet*, *pag.* 127, & dans les *Mélanges* de M. Dulac, *tom. IV. pag.* 452.

1261. Mémoire sur l'Insecte qui dévore les grains de l'Angoumois; par MM. DUHAMEL & TILLET de l'Académie des Sciences. *Mém. de l'Acad. des Sciences*, 1761, *pag.* 289 & *Hist. pag.* 66.

Cet Animal est un Papillon décrit par M. de Réaumur, dans ses *Mémoires sur les Insectes*, *tom. II.*

pag. 490, où il est rangé dans la seconde classe des Phalènes, ou Papillons de nuit.

1262. Histoire d'un Insecte qui dévore les grains de l'Angoumois; par MM. DUHAMEL & TILLET, de l'Académie des Sciences: *Paris*, Guérin & Delatour, 1763, *in*-12. 314 pages.

Cet Ouvrage est divisé en trois Parties ou Chapitres, dont le premier contient l'Histoire même de l'Animal dont il est question; le second dévoile les causes physiques auxquelles on peut attribuer l'origine & la multiplication de cet Insecte; le troisième décrit les tentatives que l'on a faites pour le détruire & pour conserver les récoltes des grains. Ces Chapitres sont précédés d'une Introduction, où l'on peint avec les plus vives couleurs, le triste état auquel les Cultivateurs de l'Angoumois ont été réduits jusqu'en l'année 1760, par les ravages de cet Insecte.

1263. Histoire des Teignes ou des Insectes qui rongent les Laines & les Pelleteries; par M. DE REAUMUR. *Mém. de l'Académie des Sciences*, 1728, *pag.* 139-188, & 311-337.

1264. La Cueillete de la soye pour la nourriture des Vers qui la font; par Olivier DE SERRES, Sieur de Pradel: *Paris*, 1599, *in*-8.

1265. La Sérodocimasie, ou Histoire des Vers qui filent la soye, Poëme; par François DE BEROALDE, Sieur de Verville: *Tours*, 1600, *in*-12.

1266. Brief Diſcours contenant la manière de nourrir les Vers à ſoye ; par Jean-Baptiſte LE TELLIER : *Paris*, 1602, *in*-12.

1267. Mémoire ſur la manière d'élever des Vers à ſoye en France & dans tous les climats où les Mûriers peuvent être cultivés ; par M. GOYON DE LA PLOMBANIE. *Journ. Econom.* 1752, *Juillet*, *pag.* 43.

1268. Mémoire inſtructif ſur les Pépinières & les Manufactures des Vers à ſoye, dont le Conſeil a ordonné l'établiſſement dans le Poitou ; par M. LE NAIN, Intendant de Poitou : *Poitiers*, 1742, *in*-12.

Le même, augmenté : *Poitiers*, 1754, *in*-12.

1269. Lettre à M*** ſur l'utilité de la culture des Mûriers, & de l'éducation des Vers à ſoye en France, pour ſervir de réfutation à un paſſage des Mémoires Hiſtoriques ſur les Finances ; par M. DEON DE BEAUMONT : *Paris*, 1758, *in*-12. 2 vol. & *Journ. Econom.* 1759, *Juillet*, *pag.* 302.

Autre Lettre ſur le même ſujet. *Journ. Econom.* 1756, *Mars*, *pag.* 65.

Nouvelles Obſervations ſur le même ſujet. *Journ. Econom.* 1762, *Octobre*, *pag.* 451.

1270. Mémoires ſur l'éducation des Vers à ſoye & la culture des Mûriers ; par M. l'Abbé

DE SAUVAGES : *Nismes*, Gaude, 1763, *in*-8. 2 vol.

Cet Ouvrage enseigne la manière d'élever les Vers à soye dans les Cévennes.

1271. Précis sur la manière d'élever les Vers à soye : *Tours*, 1763, *in*-8. fig.

On peut trouver encore des éclaircissemens sur la même matière, dans quelques Traités sur les Mûriers, indiqués ci-devant à la culture des terres, &c. N.os 1106-1114.

1272. Traité des Animaux ayans aîles, qui nuisent par leurs piqueures ou morsures, avec les remèdes ; outre plus, une Histoire de quelques Mousches ou Papillons non vulgaires apparues l'an 1590, qu'on a estimé fort venimeuses ; le tout composé par Jean BAUHIN, Docteur Médecin de Très-Illustre Prince, Monsieur Fridérich, Comte de Wirtemberg, Montbéliard, &c. *Montbéliard*, 1593, *in*-8.

Les Animaux dont il s'agit ici, ravageoient le territoire de Lyon.

1273. Description d'un Insecte qui s'attache aux Mouches ; par M. DE LA HIRE.

Elle se trouve dans les *Mémoires de l'Académie des Sciences*, depuis 1666, jusqu'en 1698, *tom*. *X*. *p*. 425-427.

1274. Nouvelle découverte des yeux de la Mouche & des autres Insectes volans, faite à la faveur du Microscope; par M. DE LA HIRE. *Mém. de l'Acad. des Sciences, tom. X. pag.* 609.

Ces Observations sont très-courtes.

1275. Description de cette sorte d'Insecte, qui s'appelle ordinairement Demoiselle; par M. HOMBERG. *Mém. de l'Acad. des Sciences*, 1699, *pag.* 145-151.

Ce que M. Homberg a observé sur leur bisarre accouplement, fait comprendre combien la nature est féconde & inépuisable en inventions méchaniques, pour parvenir à ses fins.

1276. Histoire du Formicaleo; par M. POUPART. *Mém. de l'Acad. des Sciences*, 1704, *pag.* 235-246.

M. Poupart donne d'abord la description de cet Insecte, & le suit dans les différentes vicissitudes & les divers états de sa vie, jusqu'à ce que de vermisseau il devienne une belle Mouche qu'on appelle Demoiselle.

1277. Dissertation sur la Cigale, dont l'esprit est un remède spécifique contre la peste; par Bernard SEGONNE: *Toulouse*, le Camus, *in*-8.

1278. Observation sur la Cicade de l'Amérique Septentrionale; par M. COLLINSON.

C'est l'article X. des *Transactions Philosophiques*, *tom. LIV*. La Cicade est une espèce de Sauterelle. Il y en a de deux espèces dans l'Amérique. L'une est plus grande que l'autre. La plus petite a le corps noir, les yeux couleur d'or, & les aîles rayées de jaune.

1279. Traité des Mouches à Miel, ou les règles pour les bien gouverner, & le moyen d'en tirer un profit considérable par la récolte de la cire & du miel; augmenté de plusieurs avis touchant les Vers à soye: *Paris*, Musier, 1697, *in*-12.

1280. Traité des Abeilles, où l'on voit la véritable manière de les gouverner & d'en tirer profit; par M. D. L. F. Prêtre: *Paris*, Jombert, 1720, *in*-12.

1281. Nouvelle construction de Ruches de bois, avec la façon d'y gouverner les Abeilles, inventée par M. PALTEAU, premier Commis du Bureau des Vivres de la Généralité de Metz, & l'Histoire Naturelle de ces Insectes; le tout arrangé & mis en ordre par M***: *Metz*, Collignon, 1756, *in*-12. fig.

1282. Mss. Le gouvernement admirable, ou la république des Abeilles, & les moyens d'en tirer une grande utilité; par M. Jean SIMON, Avocat au Parlement. *Paris*, Nyon, 1758, *in*-12.

== Histoire naturelle des Abeilles; par M. BAZIN, ci-devant, N.° 1249.

1283. Mss. Mémoire sur l'éducation des

Abeilles pendant l'hyver, relativement au climat & aux productions de la Province d'Artois; par M. l'Abbé DE LYS, de la Société Littéraire d'Arras.

Il est conservé dans les Registres de cette Société.

X 1284. Histoire des Guespes; par M. DE REAUMUR. *Mém. de l'Acad. des Sciences*, 1719, *pag.* 230 & *suiv.*

1285. Ms. Abrégé de l'Histoire des Guespes; par M. RONDÉ, de la Société Littéraire d'Auxerre.

Cet Ouvrage est conservé dans les Registres de cette Société.

X 1286. Observations sur les Araignées; par M. HOMBERG. *Mém. de l'Acad. des Sciences*, 1707, *pag.* 339 & *suiv.*

On y trouve la description des Araignées en général, & des particularités sur six espèces principales, dont la dernière, qui, selon M. Homberg, est la Tarentule, ne se trouve guères qu'en Italie, supposé même qu'elle existe.

1287. Dissertation sur l'Araignée; par M. BON, Conseiller à la Chambre des Comptes de Montpellier, avec une Lettre sur le même sujet, écrite par M. POUGET: *Paris*, 1710, *in*-8.

La même en Italien: *Siena*, 1710, *in*-12.

1288. Dissertation sur l'utilité de la soye

des Araignées, avec l'analyse chymique de la même soye; ensemble de la manière de composer les Gouttes appellées *Gouttes de Montpellier*; par M. BON: *Montpellier*, 1710, *in*-8.

La même, en Anglois, dans les Transactions Philosophiques: vol. 27, num. 325, *pag*. 2.

1289. Examen de la soye des Araignées; par M. DE REAUMUR. *Mém. de l'Acad. des Sciences*, 1710, *pag*. 386-408.

C'est le résultat des Observations que fit M. de Réaumur, après avoir été chargé par l'Académie d'examiner l'ingénieuse découverte que M. Bon a développée dans les Ouvrages précédens.

1290. Ms. Mémoire de M. DAGOT, de Donzy, sur un Insecte, auteur d'un bruit qu'on attribue à l'Araignée.

Ce Mémoire, qui est conservé dans les Registres de la Société Littéraire d'Auxerre, renferme des Observations curieuses. L'Insecte en question est une espèce de petite Cantharide.

1291. Extrait de trois Lettres de MM. AUZOUT & DELAVOYE, sur des Vers luisans qui se trouvent dans les huitres & dans les pierres. *Hist. de l'Acad. des Sciences*, depuis 1666, jusqu'en 1698, *tom. X. pag*. 453, 455 & 458.

1292.

1292. Observations sur une petite espèce de Vers aquatiques assez singulière; par M. DE REAUMUR. *Mém. de l'Académie des Sciences*, 1714, *pag.* 203.

1293. Observations sur une espèce de Ver, singulière, extraite des Lettres écrites de Brest à M. de Reaumur; par M. DESLANDES. *Mém. de l'Académie des Sciences*, 1728, *pag.* 401.

1294. Histoire du Ver-Lyon; par M. DE REAUMUR. *Mém. de l'Acad. des Sciences*, 1733, *pag.* 402.

1295. Mémoire sur les Insectes des Limaçons; par M. DE REAUMUR. *Mém. de l'Acad. des Sciences*, 1710, *pag.* 305-310.

On découvre rarement ces Insectes dans les tems pluvieux. Pour les voir, il faut examiner les Limaçons après une sécheresse, parceque, suivant M. de Réaumur, la chaleur est apparemment propre à faire éclore ces Insectes, ou qu'elle empêche la destruction de ceux qui sont déja formés.

1296. L'Analyse des cornes du Limaçon des Jardins, avec la raison méchanique de leur mouvement. *Choix des Mercures*, *tom.* *XXXIX. pag.* 197.

1297. L'Analyse des vaisseaux prolifiques du Limaçon de Jardin. *Ibid. p.* 202.

1298. La progression du Limaçon aquatique,

dont la coquille eſt tournée en ſpirale conique. *Ibid. pag.* 207.

1299. Obſervations ſur une eſpèce de Limaçon terreſtre, dont le ſommet de la coquille ſe trouve caſſé ſans que l'animal en ſouffre; par M. BRISSON. *Mém. de l'Académie*, 1759, *pag.* 99.

1300. Obſervations qui peuvent ſervir à former quelques caractères de Coquillages; par M. GUETTARD. *Mém. de l'Acad. des Sciences*, 1756, *pag.* 145.

Il s'agit de Coquillages de France.

1301. Mſ. Conchyliographie, ou Traité général des Coquillages de mer, de terre & d'eau-douce, du Pays d'Aunis; par M. DE LA FAILLE, Contrôleur Ordinaire des Guerres, & de l'Académie de la Rochelle; avec des figures deſſinées d'après nature : *in*-4. 400 pages & 40 planches.

Cet Ouvrage n'eſt pas tant une deſcription exacte des Coquillages qui habitent les côtes du Pays d'Aunis, de leur forme, de leur variété, de leurs couleurs, qu'une ſuite d'Obſervations & de Recherches ſur tout ce qui peut intéreſſer l'Animal qui s'y trouve renfermé.

La Diſſertation ſur la *Pholade*, Coquillage connu dans le Pays ſous le nom de *Dail*, imprimée dans le tom. III. du *Recueil des Pièces de l'Académie de la Rochelle*, *p.* 50, fait partie de cette Conchyliographie. On trouve auſſi dans le *Mercure*, 1751, *au mois de Septembre*, & dans les *Mélanges d'Hiſtoire Naturelle* de M. Dulac, un extrait d'un autre Mémoire de M. de la Faille, sur les différentes espèces d'Huitres des côtes de la Rochelle.

La dépense des gravures retarde l'impression de l'Ouvrage entier.

1302. Des merveilles des Dails, ou de la lumière qu'ils répandent; par M. DE REAUMUR. *Mém. de l'Acad. des Sciences*, 1723, *pag.* 199.

Les Dails sont, comme nous venons de le dire, un Coquillage des côtes de France. On en distingue deux espèces principales.

1303. Mémoire sur le mouvement progressif & quelques autres mouvemens de diverses espèces de Coquillages, Orties & Etoiles de Mer; par M. DE REAUMUR. *Mém. de l'Acad. des Sciences*, 1710, *pag.* 439-490, & *Hist. pag.* 10-13.

Les Voyages que l'Auteur avoit faits quelques années auparavant sur les côtes du Poitou & de l'Aunis, lui avoient fourni des occasions commodes d'examiner de près des Animaux négligés jusqu'alors par les Physiciens.

1304. Mémoire sur les Bouchots à Moules, pour servir à l'Histoire Naturelle du Pays d'Aunis; par M. MERCIER DU PATY, Trésorier de France, & de l'Académie de la Rochelle. *Recueil des Mémoires de cette Académie, tom. II. pag.* 79-95.

Les Bouchots sont des Parcs formés par des pieux, de neuf à dix pieds, d'environ cinq pouces de diamètre, qu'on enfonce dans la vase jusqu'à moitié, à cinq pieds de distance. On entrelasse dans ces pieux des perches très-longues, qui forment une espèce de clayonnage solide, capable de résister aux efforts des flots. Les Moules attachées à ces pieux & à ces claies y déposent leur frai, dont il naît une prodigieuse quantité de nouveaux habitans. Voyez sur une omission de ce Mémoire le *Discours Préliminaire de l'Histoire de la Rochelle: Paris, 1757, in-4. tom. I. pag.* 8.

1305. Remarques faites sur la Moule des Etangs; par M. MERY. *Mém. de l'Acad. des Sciences, année* 1710, *pag.* 408-426; & *Hist. pag.* 30-33.

M. Méry, après avoir donné la description de cet Animal à l'extérieur, examine son mouvement, sa progression, la manière dont il reçoit sa nourriture, ses parties intérieures, telles que son cœur, ses poumons, &c.

1306. Découverte d'une nouvelle teinture de pourpre, & diverses expériences pour la comparer avec celle que les anciens tiroient de quelques espèces de Coquillages que nous trouvons sur nos côtes de l'Océan; par M. DE REAUMUR. *Mém. de l'Acad. des Sciences*, 1711, *pag.* 166 *& suiv.*

1307. Sur la pourpre d'un Coquillage de Provence; par M. DUHAMEL, de l'Académie des Sciences. *Hist. de l'Acad.* 1736, *pag.* 6 *& suiv.*

1308. Sur un Coquillage des côtes de Poitou, nommé Coutelier; par M. DE REAUMUR. *Mém. de l'Acad. des Sciences*, 1713.

1309. Mſ. Mémoire ſur le banc de Coquillages qui forme une partie de la côte de Sainte-Croix-du-Mont (Paroiſſe ſituée ſur la rive droite de la Garonne, à ſix lieues Sud de Bordeaux) lu à l'Académie le 25 Août 1718; par M. SARRAU DE BOYNET, de l'Académie de Bordeaux : *in*-4.

Ce Mémoire eſt au Dépôt de cette Académie.

1310. Ophiologie, ou Traité des Serpens ſans venin des Bains de Digne, avec une ſommaire Deſcription de tous les autres; par M. D. L. (DE LAUTARET) Docteur-Médecin de l'Univerſité de Montpellier, habitant à Digne.

Il eſt à la fin (*pag.* 105) de la ſeconde partie de l'Ouvrage du même Auteur, ſur les Bains de Digne, indiqué ci-devant, N.° 678. Ces Serpens ſe cachent pendant l'hiver dans le milieu des rochers, où ſe trouvent ces Bains, & ſortent vers le mois d'Avril pour chercher leur nourriture.

1311. Nouvelles Expériences ſur les Vipères; par Moyſe CHARAS : *Paris*, 1669, *in*-8.

Suite des nouvelles Expériences : *Paris*, 1672 & 1678, *in*-8.

Les mêmes, réunies : *Paris*, 1694, *in*-8.

L'Anatomie que Charas donne de ce Reptile eſt fort bonne, ſuivant M. de Haller.

1312. Recherches & Obſervations ſur les

Vipères; par M. BOURDELOT : *Paris*, Barbin, 1670, *in*-12.

Le but de l'Auteur eſt de réfuter le ſentiment de Charas, qui faiſoit conſiſter le venin dans la ſeule colère de l'Animal. Ses expériences ont été faites ſur des Vipères de France qui lui ont paru moins furieuſes que celles des autres Pays, parcequ'apparemment il ne les a pas tant irritées.

1313. Obſervations & Expériences ſur une des eſpèces de Salamandre, faites en Bretagne; par M. DE MAUPERTUIS, de l'Académie des Sciences. *Mém. de l'Académie*, 1727, *pag*. 27 *& ſuiv*.

La Salamandre, dont traite ce Mémoire, eſt la Salamandre terreſtre, très-commune en Picardie, en Normandie, & en Bretagne. C'eſt une eſpèce de Lézard long de cinq à ſix pouces, dont la tête eſt large & platte comme celle du Crapaud. M. de Maupertuis prouve, par pluſieurs expériences, que cet animal n'a point, comme l'ont cru les anciens, la propriété de vivre dans les flammes; que ſon venin n'eſt point dangereux, ſur-tout pour l'homme; enfin, qu'il n'eſt privé ni des organes de l'ouie, ni de ceux de la génération.

1314. Obſervations phyſiques & anatomiques ſur pluſieurs eſpèces de Salamandres qui ſe trouvent aux environs de Paris; par M. DU FAY, de l'Académie des Sciences. *Mém. de l'Académie*, 1729, *pag*. 135 *& ſuiv*.

Les différentes eſpèces de Salamandres trouvées par M. du Fay, dans des foſſés autour de la Capitale, la peau nouvelle dont elles se couvrent plusieurs fois en été & en hiver, leur manière de se reproduire, la structure des parties qui les composent, sont décrites & développées avec le plus grand soin dans ce Mémoire. Une Observation particulière qui s'y trouve, c'est que les Salamandres sont ovipares & vivipares.

1315. Mémoire sur la fécondation de la Salamandre femelle; par M. DEMOURS, Médecin de la Faculté de Paris.

La Salamandre femelle, qui est une des espèces décrites dans la Dissertation précédente, se trouve communément autour de Paris, dans des bassins négligés, & dans les marres de la Campagne. Le Mémoire de M. Demours fait partie des additions qu'il a jointes à sa Traduction des Essais & Observations de Médecine de la Société d'Edimbourg: *Paris*, Guérin, 1740, *in*-12.

SECTION VII.

Histoire Naturelle des Prodiges, Tremblemens de terre, & autres effets Physiques arrivés en France.

Dans le nombre des effets Physiques, on a cru devoir comprendre les Géans & les Monstres qui ont paru dans ce Royaume en différens tems. Quoique ces jeux de la nature ne soient que momentanés, leur connoissance n'est cependant point à négliger. Ce sont des prodiges locaux, qui doivent nécessairement entrer dans l'Histoire complette d'un Pays.

1316. Dionysii SALVAGNII BOESSII (Salvaing de Boissieu) Sylvæ quatuor de totidem miraculis Delphinatûs, ut pote, 1. de fonte ardente : 2. de turre veneni experte : 3. de monte inaccesso : 4. de tinis, sive cupis Sassenagiis : *Gratianopoli*, Rabanus, 1638, *in*-4.

* Ejusdem Sylvæ septem, sive de totidem Miraculis Delphinatûs, ut pote, 1. de fonte ardente, &c. 5. de fonte vinoso : 6. de Manna Brigantiensi : 7. de Barbeto : *Gratianopoli*, 1656, *in*-8. *Lugduni*, 1661, *in*-8.

Les Historiens du Dauphiné nous ont débité sous le nom de merveilles, certaines singularités de leur Province, qui ne sont que des bagatelles pour ceux qui les voyent de près. » J'ai eu la curiosité (dit le P. Ménestrier dans la Préface de son Histoire de Lyon) de les » examiner sur les lieux. Leurs cuves de Sassenage sont » une fable semblable à celle de Mélusine. La Tour sans » venin n'est qu'une mazure où l'on trouve des Araignées, des Serpens & des Plantes vénéneuses comme » par-tout ailleurs. Le Pré flottant, la Fontaine qui » brûle, & celle dont l'eau a le goût du vin, ne sont » pas comparables à cent curiosités plus remarquables » que j'ai vues en France, en Italie, en Hollande, & » dont on n'a pas fait beaucoup de cas «.]

Dans le Catalogue de M. le Comte de Sainte-Maure : *Paris*, Bauche, 1764, *in*-8. on trouve au num. 2760, ce titre, *Scipio Guilletus de Delphinatûs miraculis : Gratianopoli*, 1638, *in*-4. Cet Ouvrage n'est autre

autre chose que la première édition du Livre de M. Boissieu. Comme elle contient une Epithalame sur son Mariage, par Scipion Guillet, on a confondu l'Auteur de l'Epithalame avec celui du Livre.

1317. De rebus mirabilibus quæ in Provincia Delphinatûs visuntur; per Aymarum FALCONEM.

C'est le Chapitre XXIII. de la seconde partie de son *Antonianæ Historiæ compendium : Lugduni*, 1534, feuillet 41.

1318. MENTELII Medici, septem Miracula Delphinatûs : *Gratianopoli*, Charuys, 1656, *in*-8.

1319. Des Merveilles naturelles du Dauphiné; par Nicolas CHORIER.

Ces Observations se trouvent dans le Livre I. de son *Histoire générale du Dauphiné : Grenoble*, 1661, *in-fol.* L'Auteur y parle avec un enthousiasme déplacé, de merveilles à qui la saine Physique refuse ce nom.

1320. Observations sur les Merveilles du Dauphiné. *Hist. de l'Académie des Sciences*, 1699, *pag.* 23, 1700, *pag.* 3, & 1703, *pag.* 21.

1321. Discours sur les sept Merveilles du Dauphiné; par M. LANCELOT, de l'Académie des Inscriptions & Belles-Lettres. *Mém. de l'Acad. tom. VI. pag.* 756-770.

Ce Mémoire est très-bien fait. On y apprécie avec exactitude les singularités qui en font l'objet.

1322. Mſ. Expériences ſur un Méphitis qui ſe forma dans un puits de Toulouſe, lorſque pendant la chôme du Canal Royal duquel ce puits eſt voiſin, les eaux qu'il en reçoit par filtration ſe furent retirées; par MM. DARQUIER & MANGAUD; lues à l'Académie des Sciences & Belles-Lettres de Toulouſe, le 4 Janvier 1748.

Ce Mémoire eſt conſervé dans les Regiſtres de cette Académie.

1323. Mſ. Diſſertation ſur la nature des Vapeurs étouffantes des caves de Chamaillère; par M. OZY, Apothicaire Chymiſte, & de la Société Littéraire de Clermont.

Elle eſt dans les Regiſtres de cette Société, & on en trouve un extrait dans les *Mercures de* 1754.

1324. Deſcription de l'Aimant qui s'eſt formé à la pointe du Clocher neuf de Notre-Dame de Chartres; par M. DE VALLEMONT, Prêtre, Docteur en Théologie : *Paris* 1692, *in*-12.

Voyez ſur cette Deſcription les *Actes de Léipſick*, *année* 1694, & la *Collection Académique*, *tom. VI. pag.* 471.

1325. Deſcription de l'Aimant qui s'eſt trouvé dans le Clocher neuf de Notre-Dame de Chartres; par M. DE LA HIRE, de l'Académie des Sciences.

Elle ſe trouve dans les *Mémoires* de cette Académie,

du 29 Août 1691. = Le *Journal des Sçavans*, 1691, *p.* 469 & *suiv.* = Le *Choix des Mercures*, *tom.* XXXVII. *pag.* 205.

1326. Mſ. Diſſertation ſur le ſon & la lumière, avec quelques particularités, d'un Echo ſingulier qui ſe trouve dans la haute Auvergne; lue par le P. MONESTIER, dans l'Aſſemblée publique de la Société Littéraire de Clermont, le 31 Août 1749.

Elle eſt dans les Regiſtres de cette Société.

1327. Mſ. Deſcription d'un Echo dans le Diocèſe de Béziers; par M. MASSIP, de l'Académie de Béziers; lu le 9 Septembre 1723.

Cette Deſcription, qui n'eſt accompagnée d'aucune explication phyſique, eſt entre les mains du Secrétaire de l'Académie. L'Echo remarqué par M. Maſſip, repréſente diſtinctement le claquet d'un Moulin ſitué au-deſſous des murailles de Béziers, ſur la Rivière d'Orbe.

1328. Remarques ſur un Echo ſingulier, qui s'entendoit autrefois près du Pont de Charenton, aux environs de Paris.

Elles ſont partie d'une Deſcription du Bourg de Charenton, inſérée dans les *Nouvelles Recherches ſur la France*, *tom. I. Paris*, 1766, *in*-12. *pag.* 207-210. où l'on trouve quelques Obſervations ſur l'Hiſtoire Naturelle du Canton. Cet Echo, qui étoit ſitué à l'endroit qu'occupent maintenant les Carmes Déchauſſés, répétoit juſqu'à dix-ſept fois uniformément, & continuoit, en s'affoibliſſant, plus de trente fois.

1329. Relation d'un bruit extraordinaire comme de voix humaines, entendu dans l'air, par plusieurs particuliers de la Paroisse d'Ansacq, Diocèse de Beauvais, la nuit du 27 au 28 Janvier 1730; avec des Réflexions sur ce Phénomène, & une Description du Village d'Ansacq. *Mercure*, 1730, *Décembre*, *tom. II. pag.* 2807-2833; & *Journ. Ecclésiastique*, 1765, *Avril*, *pag.* 67-84.

Cette Relation a été envoyée par M. TREULLIOT DE PTONCOURT, Curé d'Ansacq, à Madame la Princesse de Conty, troisième Douairière; avec une Lettre qui est à la tête, & dans laquelle l'Auteur donne le nom d'Akousmate à ce Phénomène.

1330. Extrait d'une Lettre écrite de Bourgogne, à M. D. L. R. le 4 Février 1731, contenant quelques Réflexions sur l'Akousmate d'Ansacq. *Mercure*, 1731, *Février*, *pag.* 333-337.

1331. Mss. Description d'un bruit souterrain de Marsanne, Village du Dauphiné, à deux lieues de Montelimard; par le Père DUFESC, de l'Académie de Béziers; lu le 4 Novembre 1723.

Cette Description est entre les mains du Secrétaire de l'Académie. L'Auteur explique, par plusieurs raisons physiques, la cause de ce bruit singulier qu'on entend toutes les nuits, vers les onze heures, & que les gens du Pays appellent *le Picqueur*, parcequ'il semble que l'on donne plusieurs coups sous terre.

1332. Dissertation physique sur le balancement d'un Arc-boutant de l'Eglise de Saint Nicaise de Reims : Lettre à M*** par M. LE CAT, Secrétaire perpétuel de l'Académie de Rouen : *Reims*, 1724, *in*-12.

1333. Explication du Phénomène qui s'observe à Saint Nicaise de Reims ; par M. l'Abbé PLUCHE.

Elle se trouve dans le *Spectacle de la Nature* du même Auteur, *tom. VII. pag.* 327-347 : *Paris & La Haye*, *in*-12.

1334. Extrait véritable d'une Lettre de D. Francisco DE MENDOSA au Duc d'Albe, au sujet de plusieurs grandes merveilles, Tremblemens, Eclairs & Tonnerre, arrivés près de Montpellier le 5 Septembre 1573 : *Cologne*, P. Hanse (en Allemand).

1335. Tremblement de terre advenu à Lyon, le Mardi 20 Mai 1578, peu avant les quatre heures du soir : *Lyon*, Rigaud, 1578, *in*-8.

1336. Discours épouvantable de l'horrible tremblement de terre arrivé ès Villes de Tours, Orléans & Chartres, le Lundi 26 Janvier 1579 : *Paris*, Dangays, *in*-8.

1337. Désordres causés par le tremblement de terre arrivé le 21 Juin 1660 à Bagnères : *une feuille in*-4.

1338. Relation du tremblement de terre

arrivé à Paris & en plusieurs autres endroits le 12 Mai 1682 : *Journal des Sçavans*, 1682, *pag.* 159 *& suiv.*

1339. Journal des tremblemens de terre arrivés à Manosque en Provence; par MARIUS : *Mém. de Trév.* 1708, *pag.* 2094.

1340. Mſ. Tremblement de terre arrivé à Toulouse, le 24 Mai 1750.

Ce Mémoire est dans les Registres de l'Académie des Sciences & Belles-Lettres de cette Ville.

1341. Observations sur quelques singularités de l'Histoire Naturelle, qui sont au lieu de la Roquette, près de Castres (en Languedoc); par M. MARCORELLE, de l'Académie des Sciences & Belles-Lettres de Toulouse, & Correspondant de celle des Sciences de Paris. *Mercure*, 1749, *Mars*, *pag.* 45-61 ; & *Mélanges d'Histoire Naturelle*, par M. Dulac, *tom. I. pag.* 113-131.

Ces Observations regardent seulement un Rocher qui tremble, si l'on en croit le préjugé vulgaire, lorsque le moindre vent agit sur lui, ou qu'une légère force lui est communiquée, & qu'une trop grande rend immobile. L'Auteur établit les vraies propriétés de ce Rocher : quoique dépouillé d'une grande partie de son merveilleux, il ne laisse pas d'être frappant en lui-même, & digne de l'attention d'un Philosophe.

1342. Observations touchant Belle-Isle, & la Grève du Mont Saint-Michel. *Mém. de*

Trévoux, 1701, *Septembre*, *pag.* 224; & *Choix des Mercures*, *tom. LXII. p.* 206.

Ces Obſervations ont pour objet un Sable mouvant, qui borde les Côtes de la Mer.

1343. Récit véritable du grand déſaſtre advenu dans la Ville de Tours, & lieux circonvoiſins, par un grand tourbillon de vent entremêlé de feu : (*Paris*) Brunet, 1637, *in*-12.

Cette Relation ſe trouve auſſi dans le *Recueil C. Paris*, 1759, *in*-12. *pag.* 190-191. L'Auteur, à la fin de ce Récit, promet l'explication phyſique de cet effet prodigieux; mais on ne ſçait s'il a tenu ſa parole.

1344. Relation de l'ouragan de Champagne; (par Pierre NICOLE): *Châlons*, 1669.

Un orage furieux, qui s'éleva aſſez ſubitement le 18 Août 1669, & qui renverſa onze grands Clochers dans le voiſinage de l'Abbaye de Haute-Fontaine, où l'Auteur étoit alors, fait tout le ſujet de cette Relation.

1345. Relation ſuccinte de ce qui s'eſt paſſé à l'Abbaye de Saint Médard, près de Soiſſons, pendant un orage & un tonnerre extraordinaire, en 1676. *Choix des Mercures*, *tom. XIX. pag.* 124.

1346. Extrait d'une Lettre écrite de Provins; par M. GRILLON, Docteur en Médecine, touchant le furieux ouragan arrivé en ce Pays-là, le 7 du mois de Juin de l'année 1680; avec des Raiſonnemens ſur la cauſe physique de ce désordre. *Journal des Sçavans, 1680, pag. 262 & suiv.*

1347. Ms. Description d'un Havre formé naturellement à Bernières, sur la Mer (Diocèse de Bayeux) par l'ouragan des 9 & 10 Janvier 1735; lue à l'Académie de Caen, le 3 Mars suivant; par M. DE BIÉVILLE, Professeur en Droit de l'Université de Caen.

L'Histoire de ce Havre consiste en ce que la Rivière de Seulles avoit autrefois deux embouchures; la première à Courseulles, & l'autre à Bernières, près de Saint-Aubin. Les Seigneurs de Courseulles coupèrent le bras de la Rivière qui alloit à Bernières; & le Traitant qui avoit mis les Huitres en parti, acheva de détruire le Havre qui se trouvoit à cette embouchure. L'ouragan de 1735, fit entrer une si prodigieuse quantité d'eau de la mer dans l'embouchure de Courseulles, qu'elles inondèrent le Pays, & rentrèrent dans le Canal ancien. Elles le débouchèrent, & le creusèrent de plus de vingt pieds, ce qui rétablit ce Port. On a depuis négligé de l'entretenir, & à peine les Matelots de la Côte s'en souviennent-ils aujourd'hui. M. de Biéville est mort en 1759. Son Mémoire est entre les mains de M. de Biéville son fils, Docteur en Droit de l'Université de Caen. *Extrait d'une Lettre de M. Rouxelin, Secrétaire perpétuel de l'Académie de Caen.*

1348. Lettre missive, écrite par M. THOMAS MONTSAINT, Maître Chirurgien à Sens, à un sien Ami de cette Ville de Paris, sur le sujet du fait prodigieux advenu le jour de Fête-Dieu dernière (1617) en ladite Ville de de Sens, où il est tombé grande quantité de Pluie rouge comme sang.

Cette Lettre se trouve dans le *Recueil C. Paris*, 1759, *in*-12. *pag.* 192-195. M. Montsaint ne fait que rapporter l'évènement, sans y joindre l'explication physique.

1349. De causis naturalibus Pluviæ purpureæ Bruxellensis, judicia clarorum virorum: *Bruxellæ*, 1647, *in*-8.

1350. Gottifr. VENDELINI Pluvia purpurea Bruxellensis: *Parisiis*, de Heuqueville, 1647, *in*-8.

1351. Extrait de deux Lettres, touchant les quatre Soleils qui ont paru à Chartres en 1666. *Choix des Mercures*, *tom. XVI. pag.* 117.

1352. Phénomènes météorologiques, observés à Paris le 17 Mars 1677, d'une Croix blanche au-dessus de la Lune, & d'une Couronne autour du Soleil; avec trois faux Soleils qui ont paru le 20 du même mois. *Choix des Mercures*, *tom. XXI. pag.* 195.

1353. Question proposée, sur un Phénomène météorologique (un ouragan qui s'est fait sentir à Paris le 2 d'Avril 1757). *Journal de Verdun*, 1757, *Juillet*, *pag.* 51-53.

1354. Lettre au sujet du même Phénomène; par M. RIGAUD, de Saint-Quentin. *Ibid. Octobre*, *pag.* 276-282.

1355. Joan. CASSANIO de Gigantibus, eorumque reliquiis, atque iis, quæ ante annos aliquot noſtrâ ætate in Galliâ reperta ſunt: *Baſileæ*, 1580, & *Spiræ*, 1587, *in*-8.

1356. Hiſtoire véritable du Géant Theutobocus, Roi des Theutons, Cimbres & Ambroſins, défait par Marius, Conſul Romain, cent cinq ans avant la venue de Notre Seigneur; lequel fut enterré près du Château nommé Chaumont, maintenant Langon, proche la Ville de Romans en Dauphiné, &c. (par Jacques TISSOT): *Paris*, Bourriquant (1613) *in*-8.

La même, traduite en Flamand: *Utrecht*, 1614, *in*-8.

Un prétendu Squélette humain, long de vingt-cinq pieds & demi, trouvé en Dauphiné, le 11 Janvier 1613, dans un Tombeau de brique; avec des Médailles d'argent, & cette Inſcription en lettres Romaines, *Theutobocus Rex*, a fait naître ce petit Ecrit. Proſper Marchand, dans ſon *Dictionnaire hiſtorique*, prétend, d'après le *Mercure François*, *tom. III.* que l'Auteur ſe nommoit *Baſſot*, & que c'eſt à tort qu'on l'a nommé *Tiſſot*, dans les *Recherches ſur la Chirurgie en France*, ainſi que dans Moréri. Cependant, à la fin de l'Ouvrage, *pag.* 15, on lit: « Le tout eſt à la plus grande gloire de » Dieu, & à l'honneur du Sieur de Langon; par ſon » très-humble ſerviteur Jacques Tiſſot. »

1357. Gigantoſtéologie, ou Diſcours ſur les os d'un Géant; par Nicolas HABICOT: *Paris*, Houſé, 1613, *in*-8.

1358. L'imposture découverte des Os humains supposés, & faussement attribués au Roi Theutobocus : *Paris*, 1614, *in*-8.

Cet Ouvrage, dont on trouve un extrait dans le *Mercure François*, *tom. III. pag.* 191-195, a été attribué à Jean RIOLAN, Docteur en Médecine, qui, dans la première Critique qu'il fit, se cacha sous le titre d'Ecolier. Ces réfutations occasionnèrent une vive dispute, qui duroit encore en 1618. Le détail des Ouvrages qu'elle produisit, se trouve dans les *Recherches sur la Chirurgie en France*, *pag.* 271-287 ; dans le *Dictionnaire* de Moréri, à l'article *Habicot* ; & dans celui de Prosper Marchand, aux mots *Antigigantologie* & *Bassot*.

Le célèbre Peiresck a aussi écrit contre cette découverte. (Voyez sa *Vie*, par Gassendi, *pag.* 88-90, 152-156.) Les Sçavans ne la croient plus; & elle fut annoncée comme une imposture, dans le tems même, par l'Auteur du *Mercure François*, *tom. III. pag.* 191. Voyez les *Mémoires* d'Artigny, *tom. I. pag.* 136-139. Cependant l'Auteur de quelques *Mémoires* sur le même sujet, insérés dans les *Jugemens sur quelques Ouvrages nouveaux*, *tom. VI. pag.* 217, ne doute nullement de l'authenticité de la découverte. Il rapporte, 1.° une Copie de la Lettre que le Roi Louis XIII. écrivit à M. de Langon, dans la Terre duquel on trouva les Ossemens dont il s'agit; 2.° le Certificat de l'Intendant des Antiquités du Roi; 3.° une Copie exacte du Procès-verbal dressé dans le tems.

1359. Joan. RIOLANI disputatio de Monstro nato Lutetiæ, an. 1605 : *Parisiis*, 1605, *in*-8.

1360. Description d'un Monstre, dont une

femme de la Ville de Rouen accoucha, le mois d'Octobre, 1672: *Rouen*, 1672, *in*-4.

1361. Description de deux Monstres, dont l'un a été trouvé à Paris, & l'autre à Strasbourg. *Choix des Mercures tom. XVIII, pag.* 99.

1362. Extrait d'une Lettre de Besançon; touchant un Monstre né à deux lieues de cette Ville. *Choix des Merc. tom. XXIV, pag.* 111.

TABLE GEOGRAPHIQUE

Des Noms de Lieux, sur lesquels on trouve quelque Traité dans cet Ouvrage.

Les chiffres marquent les Numeros; les abréviations qui les précédent désignent les différentes parties, SÇAVOIR:

Gen. .... Traités Généraux.
Clim. .... Traités sur le Climat.
Mont. .... Traités sur les Montagnes.
Min. .... Minéralogie.
Hydr. .... Hydrologie.
Plant. .... Traités des Plantes.
Cult. .... Traités sur la Culture.
Anim. .... Traités des Animaux.
Eff. Phys. .... Effets Physiques.

B

C

Forvière,

M.

N.

O.

P.

Q.

R.

S.

T.

V.

Y.

TABLE ALPHABÉTIQUE DES AUTEURS.

Les Chiffres désignent les Pages.

A.

B.

De

E.

F.

G.

M.

Q.

R.

S.

T.

V.

Changemens & Corrections à faire dans le corps de l'Ouvrage.

TRAITÉS GÉNÉRAUX.

Pag.	*Nos.*	
16	32	LE même Ouvrage : même année *in*-4. 3 *vol.* Les deux éditions ont été imprimées chez Rollin.
21	44	Il y en a une seconde édition. *Paris*, De Lespine : *in*-12. 8 *vol.*
41	87	Le titre de ce Livre est la *Nouvelle Maison Rustique ; ou Economie générale de tous les biens de la Campagne* ; la septième édition *in*-4, 2 *vol. Paris.* SAVOYE porte tout ce qu'on attribue ici à la huitieme. L'Editeur passe pour être M. BESNIER, Médecin de la Faculté de Paris. DESERRES, dont on parle dans la note n'étoit pas Médecin.
42	88	Il y en a une édition en un volume à la Bibliothéque de Sainte Géneviève. Il y a eu en Hollande un Supplément antérieur à celui de Paris.
43	89	Il y en a une assez bonne édition, faite à Geneve, sous le frontispice de *Paris*, 1730; *in*-4. 4 *vol. in-fol.*
46	94	La Bibliothéque de PLANQUE est rangée par ordre alphabétique. Cet Ouvrage doit

Pag.	Nos.	
		avoir une continuation. On vient de publier le IX *volume*, qui sera suivi des autres.

TRAITÉ DU CLIMAT.

84	225	L'Auteur est M. LE CAMUS, Médecin, qui ne s'y est pas nommé.
87	237	Ajouter; & par M. DE NAINVILLIERS, son frère.

MINÉRALOGIE.

111	313	Le nom de l'Auteur est BOULENGER DE RIVERY; il n'étoit pas Conseiller, mais Lieutenant Particulier depuis plusieurs années.
128	374	Ce Mémoire n'est pas un Manuscrit, on le trouve imprimé dans les *Mélanges Historiques de* M. D'ORBESSAN, *Tom. II, pag.* 423, *Toulouse*, Birosle, 1768, *in-8*.
137	401	Le nom de BAZIN n'y est pas.
159	475	L'Auteur est M. LE CAMUS, Médecin, quoiqu'on n'y ait pas mis son nom.

HYDROLOGIE.

164	493	FORGIRENON, lisez, CORGIRENON.
186	573	Il est imprimé dans les *Mélanges Historiques* du même Auteur : *Tom. II, pag.* 430, *Toulouse*, Birosle, 1768, *in-8*.
202	645	*Dissertations*, lisez, *Dissertation*.
223	736	Cette Analyse a été réimprimée dans la même année, mais sans aucun changement, ni pour le caractère, ni pour le format. On en trouve une notice dans le *Journal de Médecine*, par M. VANDERMONDE, *Tom. XVI*, 1762, *pag.* 228.

Pag. Nos.

249 851 Ajouter, par M. d'Orbessan. Cette Dissertation se trouve imprimée dans ses *Mélanges Historiques*, *Tom. II*, *pag.* 287. *Toulouse*, Birosle, 1768, *in*-8.

TRAITÉ DES PLANTES.

263 923 Lisez, *Unaquæque proprio caractère signata.*

266 929 Il faut observer que cette Collection traite aussi des animaux : l'Ouvrage forme 5 *vol.*

267 932 Au lieu de, à la fin du *Tom. II* du traité; il faut lire à la fin du Traité.

277 966 On doit ici citer le curieux Mémoire de M. Duhamel, qui se trouve dans le *Recueil des Mémoires de l'Académie des Sciences*, an. 1728. Le *Journal Economique* l'a copiée, mais mal : il n'a fait que balbutier sur le saffran.

288 995 Cet Ouvrage est de M. Antoine de Jussieu, & non pas de M. Bernard.

300 1047 Il y en a une autre édition, rédigée par le Frère Philippe, qui régissoit ce Jardin. *Paris*, Thibouſt, 1756, *in*-12.

TRAITÉS DE LA CULTURE.

302 1051 En 1749 parut un seul volume du *Traité de la Culture des Terres*. On le réimprima en 1743 avec quelques changemens, & avec un second volume.

Dans la note il faut mettre, *Traité de la conservation des Grains, & en particulier du Froment* : il y en a eu une nouvelle édition en 1754.

303 1052 La date des *Elémens d'Agriculture* est de 1762; il n'y en a que deux volumes. C'est un abrégé que M. Duhamel a fait de son *Traité de la Culture des Terres*.

303 1053 Il y en a un second volume pour les années 1759, & 1760; d'ailleurs l'Ouvrage a aussi été imprimé *in*-12.

Ibid. 1056 Ce Recueil porte la date de 1761. *Paris*, veuve d'Houry.

304 1060 Le titre de l'Ouvrage est, *Essai sur l'amélioration des Terres.* Le nom de l'Auteur est PATULLO.

309 1079 Il y en a une septième édition, augmentée. *Paris*, 1738, *in*-12.

Ibid. 1081 On en trouve une quatrième édition considérablement augmentée, sous le nom de M***, de l'Académie Royale des Sciences de Montpellier. *Paris*, Mariette, 1747, *in*-4.

310, 1084 Une nouvelle édition, *Paris*, Simart, 1732, dans laquelle SAUSSAY prend le titre d'Inspecteur des Jardins de M. le Duc de Bourbon.

312 1088 Il y en a une édition *in*-12.

314 1096 C'étoit un Feuillant.

Ibid. 1097 Par JEAN MERLET, Ecuyer; son nom est dans la quatrième édition. *Paris*, Saugrain, 1740, *in*-12.

315 1099 Ajoutez : par ARISTOTE, jardinier de Puteaux.

Ibid. 1103 Le titre est *Instruction facile pour connoître toute sorte d'Orangers, de Citronniers, qui enseigne aussi la maniere de les cultiver, semer,* avec un *Traité de la taille des arbres.*

316 1105 Il y en a une seconde édition, revue, corrigée & augmentée : *Paris*, de Laguette & le Prieur, même année.

318 1117 Il y en a une autre édition, augmentée d'un *Traité des Œillets* : *Paris*, de Sercy, 1694, *in*-12.

Pag.	*Nos.*	
318	1118	*Traité de la Culture*, lisez, *Nouveau Traité de la Culture.*
320	1127	On trouvera l'observation physique, *lisez* on trouvera des Observations Physiques. Le nom de l'Auteur n'est qu'à la fin de l'Epître dédicatoire ; il s'écrit DARDENE.
321	1129	*Le Fleuriste François*, lisez, *Le Floriste François.*
Ibid.	1130	Ajoutez Sercy, 1648.
322	1133	L'édition de 1765, est de chez Guerin & Delatour, & porte le titre de *Traité de la Garence & de sa culture.*
323	1140	M. DUHAMEL ne convient pas qu'il ait revu cet Ouvrage, comme l'annonce le titre de 1759.

TRAITÉS DES ANIMAUX.

354	1223	L'édition de Rouen est de 1643.
370	1262	L'édition est de 1762.
374	1281	C'est un *in*-8.
Ibid.	1282	Effacez manuscrit ; le nom du Libraire prouve que cet Ouvrage a été imprimé.

SUPPLÉMENT.

ARTICLE PREMIER.

Traités Généraux.

Histoire Naturelle de la France en général.

1. TABLEAU de l'Univers en général, & de la France, en particulier ; où ſe trouve la deſcription de chaque pays, ſa réligion : *Paris*, Leclerc, 1768.

2. Diſſertatio medico-phyſica de Aëris naturâ & influxu in generationem morborum, cui acceſſit corollarium de Aëre, aquis & locis foro julienſibus, Præſide, Paulo-Joſepho BARTHEZ, Regis Conſiliario, & Medico in alma Univerſitate Monſpelienſi, Medicinæ Profeſſore Regis digniſſimo : *Montpellier*, veuve Martel, *in*-4°. 38 *pag.*

Cette Diſſertation a été réimprimée.

3. Nouvelles recherches ſur les découvertes microſcopiques, & la génération des Corps organiſés ; ouvrage traduit de l'Italien, de M. l'Abbé SPLANZINI, Profeſſeur de Philo-

ſophie à Modène ; avec des Notes, des Recherches phyſiques & métaphyſiques ſur la Nature & la Réligion ; & une nouvelle théorie de la Terre ; par M. DE NEEDHAM, Membre de la Société, & de celle des Antiquaires de Londres, & Correſpondant de l'Académie des Sciences de Paris : *Londres. Paris*, Lacombe, 1769, *in*-8°. 2 vol.

4. Les ſingularités de la Nature ; par un Académicien de Londres, de Boulogne & de Baſle, 1768, *in*-8.

Cet Ouvrage eſt une eſpèce de revue générale de tous les objets les plus capables d'exciter notre curioſité, & ſur la plûpart deſquels ils nous reſte cependant beaucoup d'incertitude. On y reconnoît plus l'élégance & le badinage de l'homme d'eſprit, que les vues ſaines du Phyſicien. La vérité y eſt preſque toujours ſacrifiée à l'Epigramme. On y trouve cependant quelques Obſervations importantes ſur la formation des Pierres & des Coquilles, qui, ſi elles étoient vraies, répandroient un grand jour ſur cette partie de l'Hiſtoire Naturelle.

5. L'Hiſtoire Naturelle de l'Homme, conſidéré dans l'état de maladie ; ou la Médecine rappellée à ſa premiere ſimplicité ; par M. CLERC, ancien Médecin du Roi en Allémagne, Membre de l'Académie Royale de S. Peterſbourg : *Paris*, Lacombe, 1767, *in*-8. 2 vol.

Ce Livre écrit avec chaleur & élégance ſe fait lire avec plaiſir. On déſireroit ſeulement que l'Auteur, qui veut rappeller la Médecine à sa premiere simplicité, n'eût pas si souvent fait usage d'explications presque toujours hazardées de quelques Ecrivains modernes, plus curieux de deviner la nature que de l'observer.

6. Mêlanges d'Histoire Naturelle; par Alleon DULAC: *Paris*, Durand, *in*-12, 6 vol.

Cet Ouvrage est l'Analyse des Livres d'Histoire Naturelle que l'Auteur a eu occasion d'étudier. Les Mémoires des Académies du Nord, sont ceux dont il emprunte le plus de choses; il ne suit aucun ordre ni de temps, ni de matières.

7. Anecdotes de Médecine, ou choix de faits singuliers qui ont rapport à l'Anatomie, la Pharmacie & l'Histoire Naturelle: *Lille*, Henry; *Paris*, Pankouke, 1766, *in*-12.

8. Bibliothéque de Physique & d'Histoire Naturelle: *Paris*, veuve David, 1769, *in*-12, 6 vol.

Cet Ouvrage n'est qu'une compilation de ce que les Auteurs ont écrit sur la Physique générale, la Physique particulière, la Botanique, l'Anatomie, l'Histoire Naturelle des Insectes, des Animaux & des Coquillages.

9. Dictionnaire domestique portatif, Ouvrage également utile à ceux qui vivent de leurs rentes, qui ont des terres; comme aux Fermiers, aux Jardiniers, aux Commerçants, aux Artistes: *Paris*, Lottin le jeune, 1769, *in*-8, 3 vol.

Nous citons cet Ouvrage, parcequ'il contient des détails ſur les différentes branches de l'Agriculture, la manière de nourrir & de conſerver toutes ſortes de Beſtiaux; celle d'élever les Abeilles, les Vers à Soie : on y trouve auſſi des Inſtructions ſur la Chaſſe & la Pêche.

10. Collection Académique, compoſée des Mémoires, Actes, ou Journaux des plus célébres Académies & Sociétés littéraires étrangères, concernant l'Hiſtoire Naturelle & la Botanique, la Phyſique expérimentale & la Chymie, la Médecine & l'Anatomie; traduits en François, & mis en ordre par une Société de gens de Lettres : *Dijon*, Deſventes; *Paris*, Deſventes de la Doué, Pankouke, 1770, *in*-4. 13 vol. *avec Figures*.

11. Introduction à la Matière Médicale en forme de Thérapeutique, dans laquelle on explique la manière d'agir des médicamens internes, & ce qui concerne leur uſage; par M DIENERT, Docteur en Médecine de la Faculté de Paris : *Paris*, Didot le jeune, 1765, *in*-12.

Le but qu'on ſe propoſe dans ces Ouvrage eſt de donner ſimplement tout ce qu'on peut apprendre de plus général & de plus fertile en conſéquence, touchant chaque claſſe de médicamens.

12. Matière Médicale, extraite des meilleurs Auteurs,

Auteurs, & principalement du Traité des Médicamens de Tournefort, & des leçons de M. FEREIN, par M. *****, Docteur en Médecine: *Paris*, Debure fils, 1770, *in*-12, 3 vol.

13. Secrets de la Nature & de l'Art, développés pour les Alimens, la Médecine, l'Art Vétérinaire, les Arts & les Métiers. On y a joint un Traité sur les plantes qui peuvent servir à la Teinture & à la Peinture, par M. BUCHOZ Médecin Botaniste, Lorrain: *Paris*. Durand, 1769, *in*-12, 4 vol.

Il ne faut pas s'en laisser imposer par le titre fastueux de l'Ouvrage: le premier coup d'œil convaincra aisément que la nature a été envers l'Auteur plus discrète qu'il ne croit.

14. Examen chymique des différentes substances minérales. Essai sur le Vin, les Pierres, les Bézoards & autres parties d'Histoire Naturelle & de Chymie; traduction d'une Lettre de M. LEEMANN sur le Plomb rouge; par M. SAGE: *Paris*, Delormel, 1769, *in*-12.

15. Expériences Physiques & Chymiques, relatives aux Arts & au Commerce: *Paris*, Desaint, 1769, *in*-12, 3 vol.

16. Essai sur les moyens de perfectionner l'Art de la Teinture, & Observations sur quel-

ques matières qui y sont propres; par M. LE PILEUR D'APLIGNY : *Paris*, Prault.

Les vues de l'Auteur sont d'engager les Teinturiers, & sur-tout les Physiciens à faire revivre dans la Teinture l'usage de plusieurs productions indigênes. L'Auteur soutient son sentiment d'Observations, de Réflexions & d'Expériences puisées dans l'Histoire Naturelle, & dans les principes de la saine Chymie.

17. Dictionnaire portatif de Commerce, contenant la connoissance des marchandises de tous les pays, avec les principaux & nouveaux articles concernant le Commerce & l'Economie, les Arts, les Manufactures, les Fabriques, la Minéralogie, les Drogues, les Plantes, les Pierres précieuses : *Paris*, Lacombe, 1770.

Ce Dictionnaire peut être regardé comme une Bibliothéque portative, dont les différens articles, rangés par ordre alphabétique, donnent des notions promptes, faciles sur toutes les matiéres premières, & sur celles mises en œuvre par l'industrie.

18. Manuel des champs, ou Recueil choisi, instructif & amusant de tout ce qui est le plus utile & le plus nécessaire pour vivre avec aisance & agrément à la Campagne : *Paris*, Lottin le jeune, 1769, *in*-12.

19. L'Economie rustique, servant de suite au Manuel des champs, ou Notions simples & faciles sur la Botanique, la Médecine,

la Pharmacie, la Cuisine & l'Office ; sur la Jurisprudence morale ; sur le Calcul, &c. *Paris*, Lottin le jeune, 1769, *in*-12,

20. Ephémérides du Citoyen, ou Chronique de l'esprit national ; par M. DUPONT : *Paris*, Delalain : Lacombe, *in*-12.

Ce Journal a commencé en Novembre 1765 ; on en donne 12 volumes par an. Nous le citons ici, parce-qu'il renferme beaucoup de morceaux sur *la Physique*, & principalement l'Agriculture.

X 21. Suite de l'Histoire Naturelle de M. DE BUFFON, XIV, XV & XVI vol. Ce dernier contient le commencement de l'Histoire des Oiseaux : *Paris*, de l'Imprimerie Royale, Pankouke, 1770, *in*-4.

22. Histoire Naturelle, Générale & Particulière, de laquelle on a séparé la partie de M. D'AUBENTON ; par M. DE BUFFON : *Paris*, Imprimerie Royale, Pankouke, 1769, 1770, *in*-12, 13 vol.

X 23. La nature considérée sous ses différens aspects, ou Lettres sur les Animaux, les Végétaux & les Minéraux, contenant des Observations intéressantes sur l'Histoire Naturelle, les mœurs & le caractère des Animaux, sur la Minéralogie, la Botanique, &c. & un détail de leurs différens usages dans l'économie domestique & rurale.

Ouvrage périodique, Profpectus de 22 pag. par M. BUCHOZ, Médecin Botanifte, Lorrain : *Paris*, Coftard, 1771.

Cet Ouvrage remplace la Collection périodique des Lettres du même Auteur. Il en paroît trois cahiers par mois.

24. *MS.* Recueil dans lequel on trouve les végétaux connus de l'un & l'autre monde ; tous les animaux fervans à la Médecine & aux différents Arts ; les Infectes, les Oifeaux, les Poiffons & Quadrupèdes peints en miniature, avec une defcription fommaire de leurs propriétés ; par Claude-Nicolas BILLERY, Doyen de la Faculté de Médecine de Befançon, Affocié correfpondant de l'Académie des Sciences.

25. Catalogue d'une Collection de Quadrupèdes, Amphibies, Reptiles teftacées, Infectes, Poiffons & autres curiofités des plus rares de l'Amérique : *Paris*, Defaint, 1767.

26. Catalogue fyftématique & raifonné des curiofités de la nature, qui compofent le Cabinet de M. DAVILA, avec Figures en Taille-douce de plufieurs morceaux qui n'avoient point encore été gravés : *Paris*, Briaffon, *in*-8, 3 vol.

27. Catalogue raifonné d'une Collection choi-

ſie de Minéraux, Criſtalliſations, Madrepores, Coquilles & autres curioſités de la nature : *Paris*, Delalain, 1769.

ARTICLE SECOND.

Traités particuliers.

SECTION PREMIERE.

Traités du Climat.

X 28. MÉMOIRE ſur les Pleuropneumonies épidémiques de quelques Villages du Diocèſe de Narbonne & de Beziers, en 1748 & 1757, lu à la Séance publique de l'Académie des Sciences & Belles-Lettres de Beziers, le 26 Octobre 1758; par M. BOUILLET le fils: *Beziers*, Barbut, 1759, *in*-4.

X 29. Mémoire ſur les moyens de préſerver de la petite Vérole la Ville & le Diocèſe de Beziers; par M. BOUILLET pere.

Ce Mémoire a été lu à l'Aſſemblée publique de l'Académie Royale des Sciences & Belles-Lettres de Beziers, tenue le 15 Mars 1770.

30. Traité ſur la maladie peſtilentielle qui dépeuploit la Franche-Comté en 1707 ; par Claude Nicolas BILLERY : *Beſançon.*

31. Mémoires ſur les maladies épidémiques qui depuis cinq ans ont régné dans le pays Laonnois ; par M. DUFOT, Médecin Penſionnaire de la ville de Laon : *Laon*, Calvet, 1770, *in*-8.

32. Mémoire raiſonné des remèdes & du régime à pratiquer dans la maladie qui aſſiége la ville du Mans & les Paroiſſes circonvoiſines ; par M. VETILLART, Docteur en Médecine, envoyé au mois d'Octobre 1767 ; par M. DU CHEZEL, Intendant de la Généralité de Tours, pour combattre ladite maladie.

Ce Mémoire a été imprimé par ordre de M. l'Intendant : *au Mans*, Monnoyer.

33. Tables noſologiques & météorologiques, très-étendues, dreſſées à l'Hôtel-Dieu de Niſmes, depuis le premier Janvier 1760, juſqu'au premier Janvier 1762 ; par M. RAZOUX, Docteur en Médecine : *Baſle*, Jen-of, & fils ; *Paris*, Vallat la Chappelle, 1767, *in*-4.

34. Obſervations ſur les maladies qui ont eu cours à Paris pendant les années 1670 & 1671.

Elles ſe trouvent dans l'état général des Baptêmes, Mariages & Extraits mortuaires des Parroiſſes de la Ville & Fauxbourgs de Paris : *Paris*, Leonard, 1671.

35. Mémoire ſur la population de la Provence, par M. RAIMOND, Docteur en Médecine & Directeur de l'Académie des Sciences de Marſeille.

Ce Mémoire a été lu à une Séance publique de ladite Académie.

36. Hiſtoire des maladies de St. Domingue, par M. POUPPÉ DESPORTES, Médecin du Roi, & Correſpondant de l'Académie Royale des Sciences de Paris : *Paris*, Lejay, 1770, *in*-12, 3 vol.

Nous citons ici cet Ouvrage, parcequ'on y trouve d'excellentes obſervations ſur l'air de St. Domingue. Il en réſulte que la corruption qui régne dans l'air eſt une des principales cauſes des maladies de ce pays. Le troiſieme volume eſt un Traité des plantes uſuelles de l'Amérique. On y a joint auſſi deux Mémoires curieux, l'un, ſur le Sucre ; l'autre, ſur une ſource d'Eau chaude trouvée dans l'Iſle de St. Domingue, au quartier de Mirbalais.

37. Médecine Rurale & Pratique ; par M. BUCHOZ, Médecin, Botaniſte Lorrain : *Paris*, Delalain, 1768, *in*-12.

Cet Ouvrage eſt une Pharmacopée végétale & indigène : les différens remédes que l'Auteur propoſe pour combattre les maladies qui régnent dans les Campagnes ſont tous tirés des plantes uſuelles de la France. On y a joint l'explication ſommaire des vertus de chaque plante, & les définitions ſymptomatiques des maladies.

SECTION II.

Minéralogie.

38. Dictionnaire univerſel des Foſſiles propres & des Foſſiles accidentelles : *Paris*, Muſier fils.

39. Recueil de divers Traités ſur l'Hiſtoire Naturelle de la Terre & des Foſſiles : *Paris*, Saillant, 1767, *in*-4.

40. Lettres hebdomadaires ſur l'utilité des Minéraux dans la ſociété civile ; par M. BUCHOZ, Médecin, Botaniſte Lorrain : *Paris*, Durand, 1770, *in*-8. le ſecond volume ſous preſſe.

41. Mſ. Mémoire ſur l'Hiſtoire minéralogique de la France, & particulièrement de la Picardie ; par M. DE LAVOISIER, Fermier Général, Adjoint de l'Académie Royale des Sciences.

Ce Mémoire a été lu à l'Aſſemblée publique de l'Académie des Sciences d'Amiens, le 25 Août 1770.

42. Atlas Minéralogique de la France ; par

M. GUETTARD, Médecin de la Faculté de Paris, de l'Académie Royale des Sciences.

Cet ingénieux Naturaliste est le premier qui ait eu l'idée de représenter sur des Cartes Géographiques la nature des substances renfermées dans l'intérieur de la terre. Il s'est servi, à cet effet, de caractères minéralogiques, analogues à ceux que les anciens Chymistes ont employés. Dès 1746, M. Guettard avoit rassemblé assez d'Observations pour dresser une Carte générale Minéralogique de la France, divisée par terreins; il en est parlé dans cet Ouvrage. Depuis cette époque il donna successivement des cartes plus détaillées des environs de Paris, de ceux d'Etampes, de la Suisse, de la Champagne, &c. L'Atlas, dont nous parlons, est l'Ouvrage complet. Il y a déja 16 Cartes gravées, qui embrassent l'Isle de France, la Champagne, partie de la Lorraine, de l'Alsace & de la Franche-Comté. On a laissé à chaque Carte des marges assez étendues; on a placé dans l'une l'explication des Caractères minéralogiques; dans l'autre une coupe ou profil des Montagnes : de sorte qu'au moyen de ces Cartes, on peut connoître en même temps les substances qui se présentent dans une Province à la surface de la terre, & celles qui se trouvent à différentes profondeurs,

X 43. Dictionnaire de toutes les Mines, Terres, Fossiles, Fleors, Sables, Cailloux, Cristallisations, Fontaines minérales qui se trouvent en France; contenant leur description raisonnée, & tous les différens usages auxquels on peut les employer dans la société civile; pour servir de suite au Dictionnaire des Animaux & des Végétaux du Royaume ; par M. BUCHOZ, Médecin, Botaniſte Lorrain : *Paris.*

44. VALLÉRIUS LOTARINGIÆ, ou Catalogue des Mines, Terres, Foſſiles & Cailloux qu'on trouve dans la Lorraine & les trois Evêchés, enſemble leurs propriétés dans la Médecine, dans les Arts & Métiers, par le même Auteur : *Paris*, Durand, Fetil, 1769. *in*-8. 1 vol.

Le titre de ce Livre annonce aſſez qu'il n'eſt qu'un démembrement du Dictionnaire dont nous avons parlé ci-deſſus.

45. Eſſai ſur l'origine des Terres & des Pierres ; par M. NADAUT.

Cet Eſſai ſe trouve dans les Mémoires de l'Académie de Dijon.

46. Mémoires ſur les Argilles, ou Recherches & Expériences chymiques & phyſiques ſur la nature des Terres les plus propres à l'Agriculture, & ſur les moyens de fertiliſer celles qui ſont ſtériles ; par M. BEAUMÉ, Maître Apothicaire de Paris, & Démonſtrateur en Chymie : *Par.* Lacombe, 1770, *in*-8.

L'Auteur expoſe dans ſa Préface que la queſtion préſente auroit dû être l'objet d'un prix à diſtribuer en différens temps ; la première partie demandant les plus hautes connoiſſances de Chymie ; la ſeconde un Agriculteur consommé : en conséquence, après avoir traité le premier membre de la question d'une manière satisfaisante, il termine son Mémoire par un détail des expériences qu'il auroit fait, s'il eût été à portée de se livrer à l'Agriculture.

47. Ms. Mémoire sur les pierres des différentes carrières de Franche-Comté ; par M. LE NORMAND DE VAUTIBAUT.

48. Ms. Notice des principales carrières de la Franche-Comté.

Ce Mémoire, dont on ignore l'Auteur, est fort court, & ne fait qu'indiquer les différentes carrières, & quelquefois la qualité des pierres qu'on en tire.

49. Ms. Mémoire sur des pétrifications, & autres curiosités d'Histoire Naturelle, trouvées en Franche-Comté.

Ce Mémoire est de M. LE NORMAND DE VAUTIBAUT.

50. Traité abrégé des Pierres fines, ou Productions de la nature dans les Indes Orientales : *Paris*, Vallegne, *in*-12.

On trouve aussi dans ce Traité des calculs & des opérations d'Alliage sur les matières d'or & d'argent.

51. Traité de la vitriolisation & de l'alunisation, ou l'Art de fabriquer le Vitriol & l'Alun ; par M. MONNET : *Paris*, Didot le jeune, 1769, *in*-12, fig.

52. Mſ. Mémoire ſur les mines de Fer de Normandie, lu dans une Séance publique de l'Académie de Rouen.

53. Deſcription de la Grotte de la Balme en Bregey, remarquable par ſon étendue, & par les concrétions calcaires qu'on y obſerve. *Mémoires de l'Académie de Dijon.*

54. Du Charbon de Terre & de ſes mines; par M. MORAND, Médecin de la Faculté de Paris: *Paris*, Deſaint, 1769, *in-fol.*

C'eſt le quarantième Cahier des Arts décrits par l'Académie des Sciences.

55. Additions & Corrections relatives à l'Art du Charbonnier; par M. DUHAMEL DU MONCEAU, de l'Académie Royale des Sciences: *Paris*, Deſaint & Saillant, *in-fol.*

Ce Supplément eſt tiré en partie des Mémoires qui ont été envoyés par M. D'AUGENOUST, Capitaine en premier dans le Corps Royal d'Artillerie. On trouve dans cet Ouvrage une manière de préparer le Charbon minéral ou la Houille, pour la ſubſtituer au Charbon de bois dans les travaux métallurgiques.

56. Mémoire ſur la nature, les effets, propriétés & avantages du Charbon de terre, apprêté pour être employé commodément, économiquement & ſans inconvénient au chauffage & à tous les uſages domeſtiques;

par M. MORAND, Docteur-Régent de la Faculté de Médecine de Paris; avec cette épigraphe, *ignoti nulla cupido: Paris*, Delalain, 1770, *in*-12. *Figures en taille-douce.*

57. Traité sommaire des Coquilles, tant fluviatiles que terrestres qui se trouvent aux environs de Paris; par M. GEOFFROY: *Paris*, Musier fils, 1767, *in*-12.

58. Conchiologie nouvelle & portative: *Paris*, Regnard, 1768.

Cet Ouvrage n'est autre chose qu'une Collection de Coquilles propres à orner les Cabinets des Curieux de cette partie de l'Histoire Naturelle, mise par ordre alphabétique; avec des Notes des endroits où elles se trouvent & des Cabinets qui renferment les plus rares.

SECTION III.

Hydrologie.

§. I. *Traité sur les Mers, les Fleuves & les Fontaines qui ne sont pas minérales.*

59. Dissertation sur les bains d'eau simple, tant par immersion qu'en douches & en vapeurs; par Jean-Philippe DE LIMBOURG, Docteur en Médecine, & Correspondant

de la Société Royale des Sciences de Montpellier, avec une Addition sur les bains de Chaufontaine.

60. Mémoire sur la manière d'agir des bains d'eau douce & d'eau de mer, & sur leur usage; Ouvrage qui a remporté le prix en 1767, au jugement de l'Académie Royale des Belles-lettres, Sciences & Arts de Bordeaux; par M. MARET, Médecin de la Faculté de Montpellier: *Paris*, Desventes de la Doué, 1769, *in-8*.

61. Traité théorique & pratique des bains d'eau simple & d'eau de mer, avec un Mémoire sur la Douche; par M. Pierre-Antoine MARTEAU, Docteur en Médecine, Aggrégé au Collége des Médecins d'Amiens: *Amiens*, veuve Godard; *Paris*, Vincent, 1770, *in-12*.

62. Mémoire, dans lequel on annonce la découverte d'une Rivière, dont l'eau est très-salubre, & dont le lit est assez élevé pour pouvoir être conduite presqu'en haut de l'Estrapade; par M. DE PARCIEUX.

Ce Mémoire a été lu à l'Académie des Sciences, le 13 Novembre 1762; on le trouve dans le Recueil des Mémoires de cette Académie: il contient le détail des Opérations & des Nivellemens que M. de PARCIEUX a faits pour s'assurer de la possibilité du projet.

63. Second Mémoire sur le projet d'amener à Paris la Rivière d'Yvette, dans lequel on a constaté que cette eau est très-salubre & de la meilleure qualité, suivant les expériences les plus exactes & les plus décisives faites par les Commissaires de la Faculté de Médecine; lu à l'Assemblée publique de l'Académie Royale des Sciences, le Mercredi 12 Novembre 1766; par M. DE PARCIEUX : *Paris*, de l'Imprimerie Royale, *in*-4.

64. Analyses comparées des eaux de l'Yvette, de Seine, d'Arcueil, de Villedavray, de Sainte-Reine, de Bristol, imprimées à la suite du Mémoire de M. DE PARCIEUX, sous le titre de *Compte rendu à la Faculté de Médecine de Paris*; par les Commissaires nommés pour l'examen de l'eau de l'Yvette : *Paris*, Pankouke, 1767, *in*-12.

Ce Livre est un Extrait du Mémoire de M. DE PARCIEUX. Comme ce Mémoire n'étoit pas destiné à être distribué, on a cru que le public verroit avec plaisir les Analyses qu'il contient. L'exactitude avec laquelle elles ont été faites par MM. les Commissaires, en étoit un gage certain. Des travaux aussi essentiels au salut des Citoyens, ne devoient pas être perdus pour la plûpart d'entr'eux.

65. Troisième Mémoire sur le projet d'amener à Paris la Rivière de l'Yvette, lu à

l'Académie des Sciences, en 1767; par M. DE PARCIEUX.

L'Auteur y fait voir, avec beaucoup de détails, & dans la plus grande évidence, qu'aucune des Rivières des environs de Paris ne peut raisonnablement y être amenée; que la Rivière de Biévre est la seule qui ait une pente suffisante : mais qu'en prenant cette Rivière à la hauteur nécessaire, elle ne donne que le quart de l'eau fournie par la Rivière d'Yvette.

66. An aliæ à sequanicis aquæ Parisiensibus ad potum sint desiderandæ? Quæstio Medica, propugnata ab Ambrosio-Augustino BELANGER, ann. 1767, in Universitate Parisiensi, *in*-4.

L'Auteur conclut pour la négative. L'exclusion qu'il donne aux eaux de la Rivière d'Yvette, paroît d'autant moins fondée, qu'elles ont tous les avantages de l'eau de la Seine, sans avoir les inconvéniens de cette Rivière, qui, traversant Paris, voiture avec elle les immondices de cette Capitale.

67. Réflexions sur le projet de M. DE PARCIEUX, de faire venir à Paris la Rivière d'Yvette; par le P. FELICIEN DE S. NORBERT: *Paris*, Lejay, 1768, *in*-12.

L'Auteur n'auroit pas dû attendre que M. DE PARCIEUX fût mort pour proposer ses objections.

68. Mémoire pour servir de réponse à celui du P. Félicien de S. Norbert; par M. DE LAVOISIER, de l'Académie des Sciences, Adjoint aux Fermes Générales.

Ce

Ce Mémoire a été lu à l'Académie des Sciences en 1769, & se trouve imprimé dans le Mercure de France du mois d'Octobre 1769.

69. Comparaison du projet fait par M. DE PARCIEUX, pour donner des eaux à la ville de Paris, avec celui de M. D'AUXIRRON: *Paris*, Delalain, 1769, *in*-8.

70. Mémoire contenant le projet d'une pompe publique pour fournir de l'eau de la Seine à la ville de Paris: *Paris*, Chardon, 1769, *in*-12.

71. Mſ. Mémoire ſur les Eaux de la Rochelle: par M. RICHARD, lu le 15 Mai 1743, en la Séance de l'Académie de cette Ville. Il ſe trouve dans les Régiſtres de cette Académie; mais il y en a un long Extrait dans le Mercure de Septembre 1743, p. 2028.

72. Examen chymique & pratique des Eaux de la Loire, du Loiret & des puits de la ville d'Orléans; par M. GUINDANT, Médecin de la Faculté de Paris: *Orléans*, 1769, *in*-12.

Ce Mémoire contient le réſultat d'un travail qui a été agréable & utile à la ville d'Orléans, en faiſant connoître combien il eſt important d'abandonner les Eaux de puits pour celles de la Loire. On voudroit ſeulement ne pas trouver dans cet Ouvrage des exagérations outrées ſur les propriétés des Eaux de la Loire. D'après l'Auteur, il s'enſuivroit que l'eau de cette

Rivière eſt une panacée univerſelle. Ce ſtyle ampoullé eſt plutôt fait pour un Roman que pour un Ouvrage de Science.

73. Mſ. Mémoire critique ſur le projet de rendre le cours du ruiſſeau de Suzon flottable & perpétuel dans la ville de Dijon, par M. CHAUSSIER, lu à l'Académie de Dijon, le 4 Mai 1764.

74 Mſ. Deſcription d'une Glacière naturelle ſituée en Franche-Comté, avec des Obſervations ſur les cauſes de la Glace qui s'y forme. Cette Deſcription eſt de Claude-Nicolas BILLERY, Doyen de la Faculté de Médecine de l'Univerſité de Beſançon, Correſpondant de l'Académie des Sciences.

75. Mſ. Lettre à M. l'Abbé NICAISE ſur la Glacière de Beſançon, *Journal des Savans*, 22 Juillet 1686 : cette Lettre eſt de Jean-Baptiſte BOISOT, Abbé de S. Vincent de Beſançon. La Glacière dont il eſt queſtion eſt une Caverne ſituée au territoire du village de Chaux en Franche-Comté, où la Glace ſe forme naturellement tant en été qu'en hiver.

§. II. *Traités ſur les Eaux minérales.*

Traités ſur celles de la France en général.

76. Caroli LE ROI, de Aquarum mineralium natura & uſu, Propoſitiones prælectionibus accommodatæ : *Montpellier*, Rochard, 1758, *in*-8.

77. Mſ. Tractatus de Aquarum Galliæ Medicatarum natura, viribus & uſu, Auctore BUIRETTE D. M. P. *in*-12.

Cet Ouvrage eſt le réſultat des leçons que M. BUIRETTE dictoit au Collége Royal. Il ſe trouve dans le Cabinet de M. LE BEGUE DE PRESLE, Docteur Régent de la Faculté de Médecine de Paris.

78. Traité des Eaux minérales, avec pluſieurs Mémoires de Chymie relatifs à cet objet ; par M. MONNET, de la Société Royale de Turin, & de l'Académie Royale des Sciences, Arts & Belles-Lettres de Rouen : *Paris*, Didot le jeune, 1768, *in*-12.

79. Méthode générale d'analyſer, ou recherches phyſiques ſur les moyens de connoître toutes les Eaux minérales, traduit de l'Anglois, par M. COSTE, Conſeiller, Docteur en Médecine, & ancien Médecin des Gardes de Sa Majeſté le Roi de Pruſſe : *Paris*, Vincent, 1767, *in*-12.

80. Mémoire ſur l'analyſe des Eaux minérales, Ouvrage couronné par l'Académie Royale des Sciences, Belles-Lettres & Arts de Bordeaux, à l'Aſſemblée du 25 Août 1769.

Ce Mémoire, qui eſt de M. MARTEAU, Médecin d'Amiens, préſente un Traité complet, dont la première partie donne dans le détail le plus inſtructif les procédés analytiques qui peuvent le mieux découvrir les différens principes des Eaux Minérales; & la ſeconde, la meilleure méthode d'adminiſtrer ce genre de remède.

Traités ſur les Eaux minérales de la France rangés ſelon l'ordre alphabétique des noms des Lieux où elles ſe trouvent.

B.

81. Diſſertation ſur les Eaux de Barrèges, dans les Ecrouelles; par M. THEOPHILE DE BORDEU, Médecin de la Faculté de Paris.

Cette Diſſertation eſt imprimée à la fin des Recherches ſur le tiſſu muqueux: *Paris*, Didot, 1751, *in*-12.

82. Obſervations ſur les effets des Eaux de Bourbonne les bains, dans les maladies Hyſtériques & Chroniques; par M. CHEVALIER, ci-devant Chirurgien de l'Hôpital Royal & Militaire de Bourbonne, & Maître en Chirurgie dans la même Ville: *Jour-*

nal de Médecine, Juillet & Août 1770; 2 part.

Ce Mémoire paroît avoir été fait pour constater l'efficacité des Eaux thermales dans les maladies Hystériques & Chroniques, efficacité méconnue & proscrite de la cure des maladies des Nerfs par l'Auteur du Traité des Affections vaporeuses des deux sexes.

83. Deux Réponses de M. BRUN Médecin, aux deux parties du Mémoire de M. CHEVALIER, sur les Eaux minérales de Bourbonne, *Journal de Médecine*, Septembre 1770.

D.

84. Examen chymique de l'Eau minérale de l'Abbaye Desfontenelles en Poitou près la Roche-sur-Yon, par M. CORDON, Docteur en Médecine : *Journal de Médecine*, Novembre 1766.

Ce Mémoire contient l'exposé des expériences faites sur ces Eaux; le résultat de l'Analyse, dix Observations sur les cures opérées par la vertu desdites Eaux pendant l'espace de deux ans. On trouve aussi à la fin plusieurs Lettres écrites au sujet des Eaux de cette Abbaye.

E.

85. Eloge de la Fontaine minérale de l'Epervière à une lieue de la ville d'Angers; par M. DE LA SORINIERE : *Illa mihi pleno de*

fonte ministrat. Ovid. Fast. *Mercure de France*, Octobre 1770.

Cette Pièce contient une centaine de vers.

H.

86. An aquæ Haequinienses medicamentosæ? Thèse soutenue aux Ecoles de Médecine en 1621, *in*-4. par Antoine CHARPENTIER: *Paris*.

D'après une Analyse exacte il prouve que les Eaux de cette Fontaine sont différentes de celles de Spa & de Forges; & vu le grand nombre d'expériences, il conclut qu'elles sont médicinales.

L.

87. Eclaircissemens sur les Eaux minérales de Luxeuil; par Jean-Claude FABERT, Médecin.

88. Le miracle de la nature en la guérison de toutes sortes de maladies provenantes de qualités chaudes, tant premières que secondes, par l'usage des Eaux de Louverot près Lons-le-Saulnier, en Franche-Comté; par le sieur Jean-Baptiste GIRARDET de Lons-le-Saulnier, Docteur en Médecine: *Besançon*, Louis Rigoine, 1677.

L'Auteur recherche dans la première partie de son

Ouvrage, d'où est venu la connoissance & l'usage des Eaux minérales; la seconde comprend l'Analyse de ces Eaux, & traite des vertus qu'elles possédent; la troisième a pour objet la méthode de prendre les Eaux minérales; la quatrième est intitulée Défense contre ceux qui blâment malicieusement l'usage des Eaux minérales.

M.

89. Traité des Eaux minérales de Merlange; 1°. L'Analyse desdites Eaux; 2°. Plusieurs Pièces qui tendent à constater l'état de leurs sources; 3°. Une Thèse soutenue aux Ecoles de Médecine de Paris, sur leurs vertus dans les maladies Chroniques; 4°. La traduction de ladite Thèse; 5°. Les Observations de plusieurs Médecins de la Faculté de Paris, sur leurs propriétés médicinales: *Paris*, Quillau, 1766, *in*-12.

N.

90. Les Eaux minérales de Nancy; par M. Charles BAGARD, Président du Collége Royal des Médecins de Nancy, de l'Académie de la même Ville: *Nancy*, 1763, *in*-8.

P.

91. Réponse de M. DE MACHY, aux Observations de M. CADET, sur un Ouvrage

qui a pour titre, *Examen Physique & Chymique d'une Eau minérale*, inséré dans le premier Volume du Mercure du mois de Décembre 1755. *Mercure* de Janvier 1756, pag. 134.

92. Lettre de M*** à M. le Prieur de C*** au sujet des Eaux minérales de Passy : *Mercure de France, Janvier*, 1756, prem. vol. p. 139.

93. Lettre sur les Eaux de Passy: *Journal Encyclopédique*, *Août*, 1769, ayant pour titre ; *Observations sur l'article Passy*, du *Dictionnaire des Gaules*.

Cette Lettre n'est que la copie de la précédente. L'Auteur, qui garde l'anonyme, prétend démontrer que les nouvelles Eaux sont factices : il dit même avoir trouvé dans une des caves des nouvelles Eaux, un tas de mâche-fer, dont il devina bientôt l'usage.

94. Notes de M. LE VEILLARD, Gentilhomme servant ordinaire du Roi, en Réponse à la Lettre précédente ; *Journal de Médecine*, *Décembre*, 1769. Elles ont aussi été imprimées séparément : *Paris*, Vincent, 1769; petite Brochure de 16 pag.

M. LE VEILLARD, dans ces Notes, venge les nouvelles Eaux de Passy de l'imputation qu'on leur faisoit d'être factices: il rapporte, à cet effet, le résultat des Analyses & Expériences qui en ont été faites en différens tems par des Médecins éclairés.

95. Réponse aux Notes de M. LE VEILLARD, petite Brochure, anonyme, de 40 pages, 1770, sans nom d'Auteur, ni d'Imprimeur.

L'Auteur de cette Réponse combat les raisons de M. LE VEILLARD, & cherche à établir la supériorité des anciennes Eaux sur les nouvelles. Il a mis à la tête de sa Réponse la Lettre de M*** à M. le Prieur de C*** au sujet des Eaux minérales de Passy, extraite du *Mercure de France, du mois de Janvier*, 1756.

X 96. Observations sur l'usage des Eaux minérales de Pougues; par M. RAULIN, Docteur en Médecine, avec l'Analyse de ces mêmes Eaux; par M. COSTEL, Maître Apothicaire de Paris: *Paris*, Edme, 1769, *in*-12.

Dans l'Analyse chymique, M. COSTEL compare les Eaux des différentes Fontaines d'abord entr'elles, ensuite avec l'Eau de la Loire. D'après les différens procédés qu'il a employés, tant par le moyen de l'évaporation, que par les réactifs, il résulte que ces Eaux contiennent de l'air tout à fait semblable à celui que nous respirons; une terre absorbante, une matière saline, dont la plus grande partie est un Alkali minéral, avec une portion de sel marin du fer.

X 97. Analyse des Eaux minérales de Provins, où on propose en même temps quelques idées neuves sur la sélénité; par M. OPOIX, Maître Apothicaire: *Paris*, Cailleau, 1770, petite Brochure.

Il résulte des expériences de M. OPOIX, que les Eaux

minérales de Provins contiennent un air surabondant & combiné ; qu'elles contiennent de plus un sel & même un acide, qui est l'acide vitriolique uni à une terre métallique ferrugineuse, à une terre calcaire, & à l'alkali minéral : il termine son Ouvrage par une courte description du terrein, & l'Analyse de la pyrite.

R.

98. Dissertation sur les Eaux minérales de Repis près de Vezoul : *Vezoul*, Dignot, 1731.

André BARBIER, de Vezoul, Docteur en Médecine, en est l'Auteur : c'est une Analyse de ces Eaux, faite dans le temps de leur découverte.

99. Analyse d'une Eau minérale qui se trouve près de Roye en Picardie, par MM. DE LASSONE & CADET, de l'Académie des Sciences.

Ce Mémoire a été lu à la Séance publique du Jeudi 15 Novembre 1770.

S.

100. Observarions sur les Eaux minérales de S. Amand, en Flandre ; par le sieur GROSSE, Médecin de l'Hôpital Royal de S. Amand & Pensionnaire de la même Ville : *Douay*, Freres Derbain, 1750, *in*-8.

Cet Ouvrage est au jugement des Professeurs Royaux de la Faculté de Médecine de Douay, le plus parfait de ceux qui ont paru jusqu'à présent. L'Auteur, après avoir parlé dans sa Préface de différens Ouvrages faits sur ces eaux, examine l'antiquité, la situation des Fontaines minérales de S. Amand, le Terrein & les différens Fossiles des environs, fait l'analyse de ces Eaux, en discute les principes, les qualités, les effets, en détermine l'usage. Il parle enfin des boues de S. Amand, dont les qualités bienfaisantes sont également démontrées par l'analyse & les faits.

101. Essai historique & analytique des Eaux & des Boues de S. Amand; par le sieur DESMILLEVILLE, Médecin des Hôpitaux du Roi à Lille en Flandre, & Intendant de ces Eaux: *Paris*, Vincent, 1767, *in*-12.

L'Auteur examine dans cet Ouvrage les principes des Eaux & des Boues de S. Amand, leurs vertus, & particulièrement l'utilité des établissemens nouveaux relatifs à cet usage.

102. Journaux des guérisons opérées aux Eaux & Boues de S. Amand, 1767 & 1768; par M. DESMILLEVILLE: *Valenciennes*, Heury, 1769, *in*-12.

103. Petit Traité des Eaux minérales de Sainte Anne, source près de Dijon, au-dessus de Larrey; par le sieur MAUBÉE, Seigneur de Copponay.

Ce Traité est imprimé avec le Livre de cet Auteur, intitulé, *Le tombeau de l'Envie*: *Dijon*, Ressaire, 1672, *in*-12.

104. Description, ou Analyse des Eaux minérales ferrugineuses de la Fontaine Saint Gilles, proche la ville de Tongre ; par Jean-François BRESMAL, Docteur en Médecine : *Liége*, de Milzt, 1701, *in*-12.

On y prouve que cette Fontaine a beaucoup de rapport avec celle que Pline a décrite : On rapporte l'Analyse qui en a été faite. On enseigne ses vertus dans la Médecine, tant par sa boisson que par les bains ; la manière dont il faut s'en servir.

105. Mémoire sur les Eaux minérales de S. Laurent en Vivarez ; par M. François de Paule COMBALUSIER, Docteur en Médecine, Professeur de Montpellier.

106. Examen des Eaux amères de Seydchuz en Bohême, fait par ordre de la Faculté de Médecine de Paris ; par MM. BERTRAND, ROUX, D'ARCET, Docteurs Régens de ladite Faculté : *Journal de Médecine du mois d'Octobre* 1770.

107. Amusemens des Eaux de Spa : *Amster.* 1734, 1735, 1740, *in*-12, 2 vol.

108. Observations choisies sur les bons & mauvais usages des principaux remédes ; par RZAFF, augmentées des Observations historiques de M. DE PRESSEUX, sur les bons & mauvais usages des Eaux de Spa, adressées à l'Auteur : *Liége*, 1746.

Les mêmes, nouv. édit. Lat. *Lugd. Bat.* 1751.

109. Description du magnifique présent que Sa Majesté l'Empereur de la grande Russie Pierre le Grand, a fait au Magistrat de Spa, en reconnoissance de ce que par le secours de ces Eaux, il a obtenu l'entier recouvrement de sa santé, en 1717, à son retour de France : *Liége*, de Milzt, 1718, *in*-12.

Ce présent est un marbre ou pierre d'albâtre d'Italie, orné entr'autres choses des Armes Impériales de Sa Majesté Russienne, en grand volume; avec une belle Inscription Latine qui fait foi de sa guérison.

V.

110. Analyse d'une Source qui se trouve à Vaugirard, dans le Jardin de M. le Meunier, à dix-huit pieds de profondeur; & rapport fait en conséquence à la Faculté de Médecine de Paris, le 10 Avril 1765; par MM. HÉRISSANT & D'ARCET, Docteurs Régens de ladite Faculté. *Journal de Médecine*, *Octobre*, 1767.

111. Mſ. Analyse d'une Eau de source, qui se trouve à Vitry-le-François, & sur laquelle on est en doute si elle est minérale, ou non; par M. GROSSE, Médecin, de l'Académie Royale des Sciences.

Cette Lettre, datée du 6 Octobre 1738, est entre

les mains de M. BLANCHART, Docteur en Médecine à Vitry-le-François, qui avoit consulté M. GROSSE sur la nature de cette Eau. L'Auteur n'hésite pas à regarder cette Eau comme une très-bonne Eau minérale, du nombre de celles qu'on nomme acidules. On trouve à la fin une Apostille sur les Eaux d'Alincourt, qui, selon M. GROSSE, donnent les mêmes principes que celles de Vitry.

SECTION IV.

Histoire Naturelle des Végétaux de la France.

§. I. *Traité des Plantes, des Arbres, des Fleurs.*

112. Dictionnaire raisonné universel des Plantes, Arbres & Arbustes de la France, contenant la Description raisonnée de tous les Végétaux du Royaume, considérés relativement à l'Agriculture, au Jardinage, aux Arts & Métiers, à l'économie domestique & champêtre & à la Médecine des Hommes & des Animaux, par M. BUCHOZ, Médecin, Botaniste Lorrain: *Paris*. Costard, 1770, *in*-8. 4 vol.

L'Auteur a considéré les Végétaux sous quatre aspects différens; comme nourriture; comme remèdes;

comme ornemens des jardins, ou enfin comme utiles dans les Arts & Métiers. Quoique M. BUCHOZ eût averti, en 1764, qu'il adopteroit le systême de Tournefort, des réflexions ulrérieures l'ont déterminé à choisir l'ordre alphabétique.

113. Dictionnaire universel d'Agriculture & de Jardinage, de Fauconnerie, Chasse, Pêche, Cuisine & Menage; par M. LA CHESNAYE DES BOIS: *Paris*, 1751.

114. De Latinis & Græcis nominibus Arborum, Fruticum, Herbarum, Piscium, liber cum Gallicis eorum nominibus; tertia editio: *Paris*, Estienne, 1547, *in*-12.

115. Le Botaniste François, comprenant toutes les Plantes communes & usuelles, disposées suivant une nouvelle méthode, & décrites en langue vulgaire; par M. BARBEU DU BOURG, Docteur-Régent de la Faculté de Paris: *Paris*, Lacombe, 1767, 2 vol. *in*-12.

116. Démonstrations élémentaires de Botanique, contenant un Abrégé des principes de l'histoire de cette Science, & les élémens de la physique des Végétaux, suivie d'une Instruction sur la formation d'un Herbier; la dessication, la macération, l'infusion des Plantes: *Lyon*, 1766, *in*-8. 2 vol. fig.

117. Médecine rurale & pratique, tirée uniquement des Plantes usuelles de la France, appliquées aux différentes maladies qui régnent dans les campagnes; ou Pharmacopée végétale & indigène, contenant les formules tirées du régne végétal; ensemble l'explication sommaire des vertus de chaque Plante, & les définitions symptomatiques des maladies; Ouvrage également utile aux Seigneurs de Campagne, aux Curés & aux Cultivateurs; par M. BUCHOZ, Médecin, Botaniste Lorrain : *Paris*, Lacombe, 1768, *in*-12.

118. Manuel alimentaire & usuel, tant des Plantes exotiques, qu'indigènes, qui peuvent servir de nourriture aux différens peuples de la terre, avec la manière de les préparer suivant les différens peuples, par M. BUCHOZ, Médecin, Botaniste Lorrain : *Paris*, Costard, 1770, *in*-8.

119. Manuel médical & usuel des Plantes, tant exotiques, qu'indigènes, auquel on a joint un Catalogue raisonné des Plantes rangées par familles; des Observations pratiques sur l'usage qu'on en peut faire dans la plûpart des maladies; & différens discours sur la Botanique; par M. BUCHOZ, Médecin, Botaniste Lorrain : *Paris*, Humblot, 1770, *in*-12. 2 vol.

120. Lettres périodiques ſur la méthode de s'enrichir promptement & de conſerver ſa ſanté par la culture des végétaux ; par M. BUCHOZ, Médecin, Botaniſte Lorrain : *Paris*, Durand, 1768, *in*-8.

Les Médecins & les Agriculteurs ne ſe ſont pas encore apperçus que ces Lettres aient eu tout le ſuccès que leur titre faſtueux ſembloit promettre.

121. Traité hiſtorique des Plantes qui croiſſent dans la Lorraine & les Trois Evêchés; *Tom. IX & X, première & ſeconde Partie* ; par M. BUCHOZ, Médecin, Botaniſte Lorrain : *Paris*, Fétil, 1769 & 1770, *in*-8. 3 vol.

Ces deux Volumes ſont le complément de l'Ouvrage qui avoit été annoncé par feu M. HÉRISSANT, comme devant être en vingt volumes. La mort de Staniſlas, qui daignoit favoriſer l'entrepriſe, obligea M. BUCHOZ à ſe reſtraindre.

122. Turnefortius Lotharingiæ, ou Catalogue des Plantes qui croiſſent dans la Lorraine & les Trois Evêchés, rangées ſuivant le ſyſtême de Tournefort, avec les endroits où on les trouve le plus communément ; par M. BUCHOZ, Médecin, Botaniſte Lorrain : *Nancy*, Lamort, *Paris*, Durand, 1766, *in*-8.

Il eſt aiſé de voir que ce Livre n'eſt autre choſe que l'Extrait du précédent, qui lui même eſt fait d'après le Dictionnaire historique des Plantes de la Lorraine; par M. MARQUET, Médecin, beau-pere de M. BUCHOZ, *Voyez* ce qui en a été dit à la page 280.

123. Traité des Végétaux nuisibles & vénéneux qui croissent dans l'Alsace : *Strasbourg*, 1767, brochure *in*-4. en Latin.

124. Description des Plantes du Cap de Bonne-Espérance, avec leurs différences spécifiques, leurs noms communs & leurs synonimes; par M. BERGIUS : *Strasbourg*, 1769. en Latin.

125. Catalogue des Plantes qui croissent dans la Lorraine, faisant suite aux onze volumes donnés précédemment; par M. BUCHOZ, Médecin, Botaniste Lorrain : *Paris*, Fétil, 1769, *in*-12.

126. Description abrégée des Plantes usuelles, avec leurs vertus, leur usage & leurs propriétés; par l'Auteur du Manuel des Dames de Charité, & pour servir de suite au même Ouvrage : *Paris*, Debure pere, 1767, *in*-12.

On a suivi dans cet Ouvrage l'ordre alphabétique comme le plus commode; mais on y a joint une Table où les Plantes sont rangées suivant leurs vertus.

127. Traité de la Garance, ou Recherches sur tout ce qui a rapport à cette Plante, Ouvrage également utile aux Cultivateurs

& aux Teinturiers ; par M. LESBROS, de Marſeille : *Paris*, veuve Pierres, 1768, *in*-8.

128. Traité des Arbres fruitiers, extrait des meilleurs Auteurs ; par la Société économique de Berne, traduit de l'Allemand, *Paris*. Deſaint, 1768, *in*-12.

129. Traité des Arbres fruitiers, contenant leurs figures, leurs deſcriptions, leur culture, par M. DUHAMEL DU MONCEAU : *Paris*, Saillant & Nyon, 1768, *in*-4°. 2 vol.

130. Traité des Bois, & des différentes manières de les ſemer, planter, cultiver, entretenir ; par M. MASSÉ, Avocat : *Paris*, Hochereau, 1769, *in*-8. 2 vol.

L'Auteur a beaucoup fait uſage du Traité complet des Bois de M. DUHAMEL & des Mémoires publiés par M. de BUFFON.

131. De l'exploitation des Bois, ou Moyen de tirer un parti avantageux des Tailles, demi Futaies & hautes Futaies, & d'en faire une juſte eſtimation, avec la Deſcription des Arts qui ſe pratiquent dans les Forêts ; par M. DUHAMEL DU MONCEAU : *Paris*, Delatour, 1764.

132. Du tranſport, de la conſervation & de

la force des Bois, ouvrage dans lequel on trouve des moyens d'attendrir le Bois, de leur donner diverses couleurs, sur-tout pour la construction des Vaisseaux, & de former des pièces d'assemblages pour suppléer au défaut des pièces simples, faisant la conclusion du Traité complet des Bois & des Forêts; par M. DUHAMEL DU MONCEAU : *Paris*, Delatour, 1767, *in*-4.

133. Observations sur les sels qu'on retire des cendres des végétaux; par M. DUHAMEL, de l'Académie Royale des Sciences.

Ce Mémoire se trouve dans le Recueil de l'Académie, de l'année 1767.

134. Nouveau Traité sur l'arbre nommé Acacia : *Bordeaux*, Labotiere, 1762, *in*-8.

135. Description de trente-une fleurs, avec un conte familier à Mademoiselle Emilie : *Paris*, d'Houry, 1770, *in*-12.

Ce petit Ouvrage est une bagatelle, où l'on trouve en effet la Description poétique de trente-une fleurs, dans le style le plus figuré & le plus fleuri.

136. Le Tabac, Epître de Zerlinde à Mariamne : *Paris*, Delalain, 1769, *in*-8.

§. II. *Collections des Plantes des Jardins publics & particuliers.*

137. Catalogue des Tulipes qui ſont de préſent au Jardin de Pierre Morin le jeune, dit troiſième fleuriſte : *Paris*, Lecointe, 1651, *in*-4.

138. Catalogue des plus excellens fruits, les plus rares & les plus eſtimés qui ſe cultivent dans les pépinières des Réverends Pères Chartreux de Paris, avec leur deſcription, le temps le plus ordinaire de leur maturité. Il y a auſſi différentes plantes étrangères, & autres arbuſtes : *Paris*, 1752, *in*-12.

139. Catalogue des Arbres à fruits les plus excellens, les plus rares & les plus eſtimés, qui ſe cultivent dans les pépinières des Réverends Pères Chartreux de Paris, avec la Deſcription tant des Arbres que des Fruits, & le temps le plus ordinaire de leur maturité : il y a auſſi différens autres Arbuſtes & Plantes étrangères : *Paris*, Thibouſt, 1767, *in*-8.

140. Jardin des Curieux, ou Catalogue raiſonné des Plantes les plus belles & les plus rares : ſoit indigènes, ſoit étrangères, avec

les noms François & Latins, leur culture & les vertus particulières à chaque eſpèce, le tout précédé de quelques notions ſur la Culture en général; par feu M. Louis-Antoine-Proſper HÉRISSANT, Médecin de la Faculté de Paris : Ouvrage achevé & publié par M. *** Docteur-Régent de la même Faculté : *Paris*, Hériſſant, Imprimeur ordinaire du Roi, 1771, *in*-12.

141. Collection des Plantes uſuelles, curieuſes & étrangères, ſelon les ſyſtêmes de MM. TOURNEFORT & LINNÆUS, tirées du Jardin du Roi & de MM. les Apothicaires de Paris, gravées & imprimées en couleur & en forme naturelle; avec leurs fleurs, leurs fruits, leurs graines & leurs racines d'uſage; par M. GAUTHIER D'AGOTHY, Botaniſte & Anatomiſte penſionné de Sa Majeſté.

142. La Botanique miſe à la portée de tout le monde, ou Collection de Planches repréſentant les Plantes uſuelles d'après nature, avec le port, la forme & les couleurs qui leur ſont propres, gravées d'une maniére nouvelle; par M. REGNAULT, de l'Académie de Peinture & de Sculpture, accompagnées de détails eſſentiels ſur la Botanique; avec cette Epigraphe : *Segnius irritant animos demiſſa per aurem quam quæ*

sunt oculis subjecta fidelibus : Paris, Desaint junior, Delalain, Lacombe, 1769 ; *gr. in-fol.*

§. III. *Culture des Terres, des Plantes, Vignes, &c.*

143. La France agricole & marchande ; par M. GOYON DE LA PLOMBANIE : *Paris*, Boudet, 1762, *in*-8. 2 vol.

L'Auteur s'étend beaucoup dans cet Ouvrage sur le défrichement & l'amélioration des Landes.

X 144. Ecole d'Agriculture pratique, sur les principes de M. SARCEY DE SUTIERES, ancien Gentilhomme servant, & de la Société d'Agriculture de Paris ; par M. DE GRACE, ancien Auteur de la Gazette & du Journal d'Agriculture : *Paris*, Knapen, 1770, *in*-12.

Le même Ouvrage, traduit en François : *Paris*, Desventes de la Doué, 1769, *in*-8.

X 145. De principiis Vegetationis & Agriculturæ & de causis triplicis culturæ in Burgundia: desquisitio Physica, auctore C.B.D. è Societate Œconomica Lugdunensi : *Par.* Despilly, 1768, *in*-8. 4 vol.

Cette Dissertation est de M. BEQUILLET, Avocat au Parlement de Bourgogne, & premier Notaire de la ville de Dijon.

146. Traité politique & économique des communes, ou Observations sur l'Agriculture, sur l'origine, la destination & l'état actuel des biens communs, & sur les moyens d'en tirer les secours les plus puissans & les plus durables pour les Communautés qui les possédent & pour l'Etat : *Paris*, Desaint, 1770, *in*-8.

147. Curiosités de la nature & de l'art sur la Végétation, ou l'Agriculture & le Jardinage dans leur perfection : nouvelle édition revue, corrigée & augmentée de la culture du Jardin potager, de la Culture du Jardin fruitier ; par M. l'Abbé DE VALLEMONT : *Paris*, Durand, 1733, *in*-12.

148. Rural économique, c'est-à-dire Economie rurale, ou Essais pratiques sur l'économie champêtre, avec des différentes méthodes très importantes pour la conduite de toutes sortes de Fermes : contenant plusieurs Instructions propres à diriger les travaux des Fermiers, suivis du *Socrate rustique*, ou *des Mémoires d'un Philosophe de Campagne* ; par l'Auteur des *Lettres d'un Fermier* : *Londres*, Becket, 1770, *in*-12.

149. Mémoires qui ont rapport à l'Agriculture ; 1°. Sur les moyens de multiplier les Fumiers dans le Pays d'Aunis ; par M. DE

LA FAILLE, 2°. Sur quelques Expériences d'Agriculture ; par M. MONNIER, Négociant : *la Rochelle* : Mesnier, 1762, *in*-12.

150. Ms. Mémoire contenant des Recherches économiques sur la manière d'augmenter la production & la végétation des grains dans les terres arides de la Champagne ; par Pierre-Toussaint NAVIER, Docteur en Médecine, Correspondant de l'Académie Royale des Sciences de Paris, Directeur actuel de la Société Littéraire de Châlons sur Marne.

Ce Mémoire a été lu dans une Assemblée publique. On en trouve un Extrait dans le *Mercure de Décembre* 1756.

151. Instructions de Morale, d'Agriculture, & d'Economie pour les Habitans de la campagne, ou Avis d'un homme de Campagne à son fils ; par M. FROGER, Curé du Mayet, Diocèse du Mans, de la Société Royale d'Agriculture de Tours : *Paris*, Lacombe : 1769, *in*-12.

Ce Livre écrit d'un style simple & naturel, ne contient que des notions justes & solides sur les opérations les plus nécessaires de la Campagne.

152. Nouveaux Essais d'Agriculture à la faveur des Enclos, comparés avec l'ancienne culture soumise aux Parcours, dédiés à

Nosseigneurs les Elus-Généraux du Duché de Bourgogne; par un Fermier de la Province.

L'Auteur paroît à son style être un homme de lettre; son Ouvrage est rempli de bonnes vues.

153. Instructions familières en forme d'Entretien, sur les principaux objets qui concernent la culture des terres; par M. THIERRIAT, Conseiller du Roi, Garde Marteau de la Maîtrise des Eaux & Fôrets de Chauhuy: *Paris*, Musier, 1763, *in*-12.

On trouve à la fin de ce Livre un Mémoire sur la cause du dépérissement des Fôrêts du Royaume, & sur les moyens qu'on pourroit mettre en usage pour les entretenir bien plantés, & pour se procurer de beaux arbres.

154. Ms. Mémoire sur la nature des Terres & leur amélioration, lu à une Séance publique de la Société Royale d'Agriculture de la Généralité de Tours, par M. BURDIN.

155. Ms. Mémoires de M. PELTEREAU, sur l'amélioration des Noues sèches, ou prés hauts; l'utilité de diviser les terres en quatre parties, & le moyen de fertiliser les terres nouvellement marnées.

156. Ms. Analyse des terres de la Province de Touraine, des différens engrais propres à les améliorer, & des semences convena-

bles à chaque eſpèce de Terre; par M. DUVERGÉ.

Tous ces Mémoires ſont partie du Recueil des Délibérations & des Mémoires de la Société Royale d'Agriculture de la Généralité de Tours.

157. Nouveau Mémoire ſur l'Agriculture, ſur les diſtinctions qu'on peut accorder aux riches Laboureurs, avec des moyens d'augmenter l'aiſance & la population dans les Campagnes: *Paris*, Deſventes de la Doué, 1768.

158. Mémoires lus le premier Juillet 1768 à l'Aſſemblée publique de la Société Royale d'Agriculture de Soiſſons: *Soiſſons*, 1769, *in*-8.

Cette Brochure contient trois Mémoires; le premier, ſur l'inconvénient des Baux des Bénéfices collatéraux: le ſecond, ſur l'utilité & la néceſſité des défrichemens: le troiſième, ſur la manière de recolter les avoines. C'eſt à raiſon des deux derniers qu'elle a trouvé place dans ce Catalogue.

159. Obſervations & Expériences ſur diverſes parties de l'Agriculture; par M. FORMANOIR DE PALTEAU, de la Société Royale d'Agriculture de la Généralité de Sens: *Sens*, 1768, *in*-8.

Cette Brochure renferme pluſieurs Mémoires: le premier eſt ſur les différentes eſpèces de Terres; le ſecond concerne les Engrais ; le troisième traite de l'exploitation d'une Ferme, & le dernier de la plantation des Bois.

160. L'Agriculture simplifiée selon les regles des Anciens ; avec un Projet propre à la faire revivre, comme étant le plus profitable & le plus facile ; par M. CARACCIOLY : *Paris*, Bailly, 1768, *in*-12.

161. La Réduction économique, ou l'Amélioration des Terres par économie: *Paris*, Musier fils, 1767, *in*-12.

162. Quels sont les véritables principes de la Greffe, & quels moyens on pourroit en déduire, soit pour le succès de cette opération, soit pour la perfectionner ; Ouvrage qui a remporté le prix de l'Académie de Bordeaux en 1764 ; par M. CABANIS, Avocat au Parlement, de la Société Royale d'Agriculture de Limoges.

Ce Mémoire se trouve dans le *Recueil des Mémoires de l'Académie de Bordeaux*.

163 L'Art de s'enrichir promptement par l'Agriculture, prouvé par des expériences ; par M. DES POMMIERS, Gouverneur de la ville de Chiroy, nouvelle édition, revue, corrigée & augmentée des découvertes de l'Auteur depuis qu'il est employé par le Gou-

vernement à l'amélioration de l'Agriculture de France : *Paris*, Guillyn.

164. Elémens d'Agriculture physique & chymique, traduit du Latin DE VALLERIUS : *Paris*, Desaint, 1762, *in*-12.

165. Traité du Jardinage ; par BOICEAU DE LA BARAUDIERE : *Paris*, Sercy 1689, *in*-12.

166. Instructions sur le Jardinage ; par M. George VENKELER : *Paris*, Le Mercier, 1767, *in*-12.

Cet Ouvrage renferme en abrégé ce qui a rapport à la culture des fleurs, des fruits & des légumes ; la maniere de tailler & de planter les arbres fruitiers suivant la différence des climats & des saisons, & la conduite qu'on doit observer pendant les douze mois de l'année pour les amener à leur perfection.

167. Traité du Plantage & de la Culture des principales Plantes potagères, *Paris*, Desaint, 1768, *in*-12.

168. Année champêtre ; Ouvrage qui traite de ce qu'il convient de faire chaque mois dans le potager, avec cette Epigraphe, *Et prodesse velint, & delectare Coloni* : *Marseille*, 1769, 3 vol. *in*-12. avec fig.

Cet Ouvrage, du P. DARDENE de l'Oratoire, est le meilleur que nous ayons sur les travaux du potager ; c'est un Extrait bien fait de ce qui se trouve de plus certain dans les Auteurs qui ont traité ces matières.

Abrégé des Instructions sur le Jardinage, qui font partie de *l'Année champêtre* : *Marseille*, 1767, *in*-12.

Cet Ouvrage, du P. DARDENE de l'Oratoire, est une courte exposition de ce qu'il importe le plus aux Jardiniers de faire durant chaque mois dans les jardins potagers & fruitiers ; c'est un Abrégé du Livre précédent.

169. La pratique du Jardinage ; par feu M. l'Abbé ROGER SCHABOL ; Ouvrage rédigé après sa mort sur ses Mémoires ; par M. D. *avec figures en Taille-douce, dessinées & gravées d'après nature* : *Paris*, Debure.

C'est d'après de nouvelles vues, fondées sur la raison & l'expérience, que l'Auteur prétend dans cet Ouvrage faire prendre à l'Art de l'Agriculture une nouvelle face. Il établit une réforme universelle dans ce qui concerne la végétation considérée du côté de l'industrie humaine. Il démontre que le retardement des progrès de cet Art vient de ce que jamais on n'a osé franchir les préjugés qui s'y opposoient. Un Traité de la cure des maladies & des préservatifs contre les ennemis nombreux qui attaquent les arbres, une Analogie établie entre les plaies des végétaux & des animaux, prouvent que l'Auteur a envisagé son sujet en Physicien éclairé.

170. Mémoire sur la qualité & sur l'emploi des engrais ; par M. DE MASSAC : *Paris*, Ganeau, 1767, *in*-12,

171. Le Commerce d'Amérique par Marseille, ou Commentaire sur les Ordonnan-

ces du Roi qui favoriſent le Commerce qui ſe fait de Marſeille aux Iſles Françoiſes : *Paris*, Debure, 1769.

Nous citons cet Ouvrage, parcequ'il y eſt traité de la Culture des principales productions de l'Amérique, telles que le Caffé, l'Indigo, le Sucre, le Gingembre, le Tabac, le Cotton : on y trouve auſſi des Recherches hiſtoriques ſur la découverte de l'Amérique & ſur ſes habitans. On y a joint auſſi les Cartes géographiques néceſſaires pour la connoiſſance du pays, & des Planches en taille douce qui repréſentent les figures des Plantes & des Fruits qu'on y cultive, & la manière dont on les prépare pour le Commerce.

172. Méthode pour cultiver les Arbres à fruits, & pour les élever en Treilles ; par les ſieurs DE LA RIVIERE & DUMOULIN : *Paris*, Deſventes de la Doué, 1769, *in*-12.

173. Mémoire raiſonné ſur l'avantage de ſemer du Trèfle en prairies ambulantes : *Paris*, Fétil, 1769, *in*-12.

174. Le Jardinier ſolitaire, ou Dialogues entre un Curieux & un Jardinier ſolitaire, contenant la méthode de faire & de cultiver un jardin fruitier & potager, & pluſieurs Expériences nouvelles, avec des Réflexions ſur la culture des arbres : *Paris*, Rigaud, 1749.

175. Le Jardinier François, qui enſeigne à cultiver les Arbres & les Herbes potagères,

avec la manière de conſerver les Fruits; dédié aux Dames : *Rouen*, Raflé, 1683, *in*-12.

176. Le nouveau Jardinier François, qui enſeigne à cultiver les Arbres & les Herbes potagères, augmenté d'une nouvelle Inſtruction pour la taille des Arbres, cueillir & conſerver les fruits ; avec un Catalogue des plus excellentes Poires ; & la manière d'élever les Abeilles & de recueillir le miel & la cire : *Paris*, Joſſe, 1741, *in*-12.

177. Le ſecret des ſecrets, ou le ſecret de faire rapporter à une Terre beaucoup de grains, avec peu de ſemence : *Paris*, Thibouſt, 1698, *in*-12.

178. Nouveau Traité des Orangers & des Citronniers, contenant la manière de les connoître ; les façons qu'il leur faut faire pour les bien cultiver, & la vraie méthode qu'on doit garder pour les conſerver : *Paris*, Sercy, 1692, *in*-12.

179. Traité de la culture de différentes fleurs, des Narciſſes, Giroffliers, Tubéreuſes, Anémones, Jacinthes, Jonquilles, Iris, Lys & Amaranthe : *Paris*, Saugrain, 1765, *in*-12.

180. Des Jacinthes, de leur Anatomie, réproduction

production & culture : *Paris*, Leclerc, 1768, *in*-12.

Cet Ouvrage eſt rempli de vues nouvelles. Le ſeptième Chapitre, ſur-tout, eſt amuſant & inſtructif. Différentes expériences y ſont rapportées, tant ſur le règne végétal que ſur le règne animal. Il forme ſeul un petit Traité d'Hiſtoire Naturelle.

181. Mémoire ſur la culture de l'Eſparcet ou Sainfoin; par M. RIGAUD DE LILLE, Citoyen de Breſt: *Paris*, Deſaint, 1769, *in*-8.

182. Mémoire ſur la culture du Berds graſſ, ou graine d'Oiſeau, du Thimothi & de la grande Pimprenelle; par M. Barthelemi ROCH: *Paris*, Lottin.

183. Lettre de M. MONNET, de la Société Royale de Turin, & de l'Académie Royale des Sciences Arts & Belles-Lettres de Rouen, aux Lecteurs du *Journal économique*, ſur le temps où il convient de ſemer les Haricots. *Journal Economique: Août*, 1768.

184. Mémoire ſur les Pommes de terre & ſur le pain économique, lu à la Société Royale d'Agriculture de Rouen; par M. MUSTEL: *Rouen*, Veuve Beſongne.

185. Mémoire & Journal d'Obſervations ſur les moyens de garantir les Olives de la piquure des Inſectes, & nouvelle méthode pour en extraire l'huile plus abondante, par l'invention d'un moulin domeſtique, avec

la manière de la garantir de toute rancissure : *Paris*, Lambert, 1769, *in*-12.

186. Le bon Jardinier ; Almanach contenant une idée générale des quatre sortes de Jardins ; les regles pour les cultiver ; la manière de les planter, & celle d'élever les plus belles fleurs ; nouvelle édition considérablement augmentée ; & dans laquelle la partie des Fleurs a été entiérement réfondue ; par un Amateur : *Paris*, Guillyn, 1767, 1768, 1769, 1770, 1771, *in*-24.

187. Le Jardinier prévoyant pour l'année 1770 : *Paris*, Didot le jeune, *in*-16 de 24 p.

On y trouve pour chaque jour de l'année des Instructions précises, mais exactes sur les opérations & les travaux qu'exige le jardin potager, relativement au semis des grains en place ou sur couche, au temps où il convient de repiquer en terre, & de planter les productions de ces grains.

188. Ms. Mémoire sur la culture des Pêchers ; par M. DE MAYSONADE.

Ce Mémoire a été lu à une Assemblée publique du Bureau d'Agriculture de Brive, & se trouve dans le *Recueil des Mémoires* de cette Société.

189. Mémoire sur la manière d'élever les vers à soie, & sur la culture des Mûriers blancs ; lu à la Société Royale d'Agriculture de Lyon ; par M. T*** de la même Société : *Paris*, Vallat la Chapelle, 1767, *in*-12.

190. Essai sur la culture du Mûrier blanc & du Peuplier d'Italie, & les moyens les plus sûrs d'établir solidement, & en peu de tems le commerce des Soies; avec cette Epigraphe, *O fortunatos nimium sua si bona norint Agricolas* : *Paris*, Desventes de la Doué, 1766, *in*-12.

Cet Ouvrage est dédié aux Etats de Bourgogne.

191. L'Art de cultiver les Peupliers d'Italie; avec des Observations sur les différentes espèces & variétés de Peuplier; sur le choix & la disposition des pépinières; leur culture, & sur celle des arbres plantés à demeure; avec cette Epigraphe. *Arboribus varia est natura creandis*; par M. PELÉE DE SAINT MAURICE, Membre de la Société Royale d'Agriculture de la Généralité de Paris : *Paris*, d'Houry.

192. Traité des Mûriers, ou Regles nouvelles, sûres & faciles pour les semer & faire croître promptement, en les rendant très-abondans en feuilles, suivi d'une excellente méthode pour faire éclore les Vers à soie; par l'Auteur du *Traité de la Garence*, M. LESBROS : *Paris*, veuve Pierres, 1769, *in*-8.

L'Auteur donne dans ce Traité les moyens de connoître la meilleure graine de Mûrier; la manière de la conserver pendant plusieurs années; il entre dans des détails considérables sur les soins que demandent les jeunes Mûriers, & finit par exposer une méthode de faire éclore les vers à ſoie beaucoup plus sûre, en entretenant une chaleur toujours égale.

193. Obſervations ſur les différentes eſpèces & variétés du Mûrier; par M. BUCHOZ.

Ces Obſervations ſe trouvent dans le *Journal Economique*, *Octobre* 1769.

194. Mémoire pour ſervir à la culture des Mûriers & à l'éducation des Vers à ſoie: *Poitiers*, Faulcon, 1754, *in*-12.

195. Eſſai ſur les Moulins à ſoie, & Deſcription d'un Moulin propre à ſervir ſeul à l'organſinage & à toutes les opérations du tord de la ſoie, & à la culture du Mûrier; par M. LE PAYEN, Procureur du Roi au Bureau des Finances de la Généralité de Metz: *Metz*, Antoine: *Paris*, Barbou, 1768, *in*-4.

L'Auteur donne dans ſon Ouvrage les moyens de ſimplifier, de perfectionner & de rendre moins diſpendieuſes les machines & les opérations relatives à la ſoie.

196. La Mûriométrie, Inſtruction nouvelle ſur les Vers à ſoie; ſur les plantations des Mûriers blancs, les filations & le moulinage des ſoies; par M. A. DUBET, Ecuyer: *Paris*, Saillant & Nyon, 1770, *in*-8.

L'Auteur diviſe ſon Mémoire en trois Parties: La première offre des idées générales ſur les Vers à ſoie: la ſeconde eſt uniquement deſtinée à l'inſtruction du Cultivateur: l'objet de la dernière partie intéreſſe le Fabricant.

197. L'Art de multiplier le vin par l'eau ; par M. MAUPIN : *Paris*, Musier fils, 1669, *in*-12.

Le but de M. MAUPIN, dans cette Brochure, étant de montrer que par l'addition de l'eau, on peut multiplier le vin au quart ou même au tiers, sans lui rien faire perdre de sa qualité actuelle, il s'attache particulièrement à exposer différentes opérations qui tendent à perfectionner la fermentation, seul moyen d'avoir un vin plus riche en esprit.

198. Expériences sur la bonification de tous les vins, tant bons que mauvais, lors de la fermentation, ou l'Art de faire le Vin, à l'usage de tous les vignobles du Royaume, avec les principes les plus essentiels sur la manière de gouverner les Vins ; par M. MAUPIN : *Paris*, Musier fils, 1770, *in*-12.

M. MAUPIN, dans cet Ouvrage, après avoir établi que la bonté du vin dépend de la quantité de l'esprit ardent qu'il contient, fait voir que la production de cet esprit dépend du dégré de fermentation ; en conséquence il donne les moyens de la rendre plus complete.

199. Essai sur l'Art de faire le Vin rouge, le Vin blanc & le Cidre ; par M. MAUPIN : *Paris*, Musier fils, 1767, *in*-12.

200 Lettre aux Editeurs du *Journal Economique*, sur l'Art de faire le Vin rouge & même le Vin blanc ; par M. MAUPIN.

Cette Lettre est insérée dans le *Journal Economique* du mois de *Mars* 1766.

201. Moyens de perfectionner les Vins ; par M. BOURGEOIS, Docteur en Médecine, & Membre des Sociétés économiques de Berne & d'Yverdun.

L'Auteur propose des moyens de fouler le raisin, différens de ceux employés jusqu'ici ; il prétend aussi que l'unité de cueillette à la vendange nuit à la qualité du vin. La Champagne & la Bourgogne sont pour lui les preuves de ce qu'il avance & pourroient servir d'exemple à plusieurs de nos autres Provinces.

202. Œnologie ou Discours sur la meilleure méthode de faire le Vin & de cultiver la Vigne ; par l'Auteur du *Traité de la Mouture économique*, M. BEQUILLET : *Dijon*, Bidault.

Ce Traité, de la manière de faire le vin, n'est que le commencement d'un Traité général de la vigne & des vins, auxquels M. BEQUILLET travaille depuis longtems. On trouve dans cet Ouvrage une Analyse du vin ; par M. MAUPIN.

203. Le Commerce des Vins, réformé, rectifié & épuré, ou nouvelle méthode pour tirer un parti sûr, prompt & avantageux des recoltes de Vin ; par M. C. S. Avocat au Parlement de Paris : *Lyon*, 1769. *Paris*, Saillant & Nyon, *in*-12.

Le but de cet Ouvrage est de démontrer l'utilité qu'on pourroit retirer de ce qu'une Compagnie achetât tous les vins d'une Province pour les vendre exclusivement aux autres particuliers : l'Auteur a principalement en vue l'avantage du Beaujolois ; mais ce qu'on propose ici pour cette Province peut aisément s'exécuter ailleurs.

204. De la fermentation des Vins, & de la meilleure manière de faire l'Eau-de-vie, Mémoires qui ont concouru pour le prix proposé en 1766, par la Société Royale d'Agriculture de Limoges, pour l'année 1767, imprimés par ordre de la Société : *Lyon*, frères Périsse, 1770, *in*-8.

Ce Recueil renferme trois Mémoires : Le premier qui a remporté le prix, est de M. l'Abbé ROZIER, Membre de la Société Impériale de Physique & de Botanique de Florence.

L'Auteur du second, qui a eu le premier Accessit, est M. DE VAUNE, Apothicaire à Besançon.

Le second Accessit a été accordé au troisième, qui est de M. MUNIER, Sous-Ingénieur des Ponts & Chaussées, Membre de la Société d'Agriculture d'Angoulême.

205. Rapport fait à la Faculté de Médecine de Paris, dans une Assemblée publique ; par M. M. BELLOT, LE CAMUS, ROUX, DARCET, Docteurs-Régens de ladite Faculté ; au sujet des esprits inflammables du Cidre & du Poiré.

Ce Rapport a été fait à la Requête des Juges Municipaux des Duchés de Lorraine & de Bar. MM. les Commissaires démontrent par des expériences très-bien faites, que ces esprits inflammables ne sont point nuisibles, & qu'en général tous les esprits inflammables quelconques sont les mêmes ; que les liqueurs dont on les retire ne diffèrent que par la partie extractive. Ce Rapport se trouve dans les Registres de la Faculté de Médecine de Paris.

206. Recherches sur la population des Généralités d'Auvergne de Lyon, de Rouen, & de quelques Provinces & Villes du Royaume, avec des Réflexions sur la valeur du bled, tant en France qu'en Angleterre, depuis 1674, jusqu'en 1764; par M. MESSANCE, Receveur des Tailles de l'Election de St. Etienne: *Paris*, Durand 1766, *in*-8.

207. Traité de la conservation des Grains, en particulier du Froment; par M. DUHAMEL DU MONCEAU: *Paris*, Delatour, 1768, *in*-12.

Supplément au Traité de la conservation des grains, contenant plusieurs nouvelles Expériences; une méthode plus simple de conserver les Grains que celle qui a été publiée en 1754; par M. DUHAMEL DU MONCEAU: *Paris*, Delatour, 1769.

208. Avis au Peuple sur son premier besoin, ou petits Traités économiques; par l'Auteur des Ephémérides, M. DUPONT: *Paris*, Lacombe, 1768, *in*-12.

Les Traités de cette espèce qui ont paru, ont pour objet le commerce des Bleds, le Pain, la Farine.

209. Dialogues sur le commerce des Bleds: *Londres*, 1770, *in*-8.

Ces Dialogues sont au nombre de huit; un Avertissement de cinq lignes mis au revers du Frontispice, en assurant que ces Dialogues ne sont autre chose que des conversations véritablement tenues, fait admirer la fidélité du Rédacteur, qui n'a rien oublié de tout ce qu'un entretien familier admet de longueurs & même d'inutilités.

210. Objections & Réponses sur le Commerce des grains & des farines : *Paris*, Delalain, 1769.

211. Réflexions sur le Commerce des Bleds : *Paris*, veuve Pierres, 1769.

212. Représentations aux Magistrats, contenant l'exposition raisonnée des faits relatifs à la liberté du commerce des grains, & les résultats respectifs des Réglemens & de la liberté; par M. l'Abbé ROUBAUD: *Paris*, Lacombe, 1769.

213. Lettre de M. DE VOLTAIRE à l'Auteur de ces Représentations, *Mercure d'Août*, 1769.

214. Réponse de l'Auteur des Représentations, à la Lettre de M. DE VOLTAIRE, *Mercure de France*, second volume d'*Octobre*, 1769.

215. Réflexions d'un simple Laboureur, sur la lettre de M. l'Abbé ROUBAUD à M. DE VOLTAIRE, insérée dans le *Mercure d'Octobre*, 1769. *Journal économique*, *Février*, 1770.

216. Lettres ſur le Commerce des Grains : *Paris*, Deſaint, 1768, *in*-12.

217. Réponſe du Magiſtrat du Parlement de Rouen, à la Lettre d'un Gentilhomme des Etats de Languedoc, ſur le commerce des Bleds, des Farines & du Pain : *Paris*, Durand neveu, 1768, *in*-12.

218. Diſſertation ſur la fécondité ſingulière d'un ſeul grain de Froment qui a produit trente épics, qui contenoient douze cens grains ; par M. MARET : *Mémoires de l'Académie de Dijon.*

SECTION V.

Traités des Animaux.

§. I. *Traités Généraux.*

219. Traité des Plantes & Animaux, tant des pays étrangers, que de nos climats, qui ſont d'uſage en Médecine, repréſentés en 730 planches, ſur les deſſeins d'après nature de M. de GARSAULT, ſuivant l'ordre du Livre de M. GEOFFROI, ſur la Matière Médicale : *Paris*, Didot, *in*-8, 6 vol.

220. Dictionnaire théorique & pratique de la Chaſſe & de la Pêche ; par M. DELISLE : *Paris*, Muſier fils, 1769, *in*-8.

221. Aldrovandus Lotharingiæ, ou Catalogue des Quadrupèdes, Reptiles, Insectes, & autres Animaux de la Lorraine; par M. BUCHOZ, Médecin, Botaniste Lorrain.

L'Auteur suit dans cet Ouvrage des ordres différens. Celui de M. DE BUFFON pour les Quadrupèdes: les Oiseaux sont rangés selon l'Ornithologie de M. BRISSON. Les Insectes sont classés suivant la méthode de M. GEOFFROI; & les Poissons, par ordre alphabétique.

222. Dictionnaire vétérinaire & des Animaux domestiques; contenant leur Description Anatomique, leurs Mœurs, leur Caractère, la manière de les élever, de les nourrir; les maladies auxquelles ils sont sujets, leurs traitements, & les différents avantages que ces Animaux peuvent nous procurer, tant pour la Médecine, que pour l'Économie rurale & pour les Arts: on y a joint un *Fauna Gallicus*, rangé selon le systême de LINNÆUS; par M. BUCHOZ, Médecin, Botaniste Lorrain: *Paris*, Costard, 1770, *in*-8. 3 vol.

223. Lettres périodiques, curieuses, utiles & intéressantes, sur les avantages que la Société économique peut retirer de la connoissance des Animaux; par le même: *Paris*, Durand, 1769, 3 vol. *in*-8, le quatrième sous presse.

224. Livre contenant les représentations de différens Animaux renfermés dans la Mé-

nagérie de Verſailles, deſſinés & peints dans leur couleur naturelle, ſur papier; par N. DESPESCHES, 1680, petit *in-fol. C'eſt le n°. 1109 du Catal. de M. GAGNAT.*

§. II. *Traités particuliers.*

Traités ſur les Quadrupèdes.

225. Art Vétérinaire, ou Médecine des Chevaux: *Paris*, Vallat la Chapelle, 1767, *in-8.* 1 vol.

226. Cours d'Hyppiatrique, ou Anatomie Phyſiologique & Pathologique du Cheval; Ouvrage enrichi d'environ 60 planches en taille douce, deſſinées d'après nature, & gravées avec ſoin; par M. LAFOSSE, ancien Maréchal ordinaire des Ecuries du Roi, Démonſtrateur, Profeſſeur, & Chef de ſon Ecole gratuite de Maréchallerie établie à Paris: *Paris*, Deſpilly, 1769, *in-fol.*

227. Elémens de l'Art Vétérinaire, ou Précis Anatomique du corps du Cheval, à l'uſage des Elèves des Ecoles Royales Vétérinaires, par M. BOURGELAT, *Paris*, Vallat la Chapelle, 1769.

Cet Ouvrage eſt purement élémentaire; l'exactitude, la précision & la clarté ont été l'objet principal auquel M. BOURGELAT s'eſt attaché.

228. Elémens de l'Art Vétérinaire, ou Essai sur les Appareils & sur les Bandages propres aux Quadrupèdes, à l'usage des Eléves des Ecoles Royales Vétérinaires; par le même: *Paris.*

Cet Ouvrage ne contient autre chose que les leçons dictées à l'Ecole d'Alford.

229. Le Farcin, maladie qui attaque très-communément les Chevaux, & les moyens de le guérir; par M. HUREL, Maître Maréchal à Paris: *Amsterdam*: *Paris*, Costard: 1770, *in*-12.

230. Le nouveau parfait Maréchal; par M. DE GARSAULT: *Paris*, Ganeau, 1755, *in*-4.

231 Médecine des Chevaux, à l'usage des Laboureurs, tirée des écrits des meilleurs Auteurs, & confirmée par l'expérience; on y a joint des Observations sur la Clavelée des Bêtes à laine: *Paris*, Claude Hérissant.

232. Traité des Bêtes à laine, ou méthode d'élever & de gouverner les troupeaux aux champs & à la bergerie; par M. CARLIER: *Paris*, 1770.

Ce Traité est divisé en deux Parties: la première forme un corps d'instruction sur la manière de gouverner les bêtes à laine; la seconde contient un dénombrement & une Description des principales espèces de bêtes à laine dont on fait commerce en France.

233. Mſ. Mémoire ſur les avantages d'élever & nourrir les bêtes à laine en plein air, lu à l'Académie; par M. D'AUBENTON.

234. Mémoire ſur les maladies epidémiques des Beſtiaux, qui a remporté le prix propoſé par la Société Royale d'Agriculture de la Généralité de Paris, pour l'année 1765; par M. BARBERET, Médecin Penſionnaire de la Ville de Bourg en Breſſe, ancien premier Médecin des armées: *Paris*, d'Houry 1766; *in*-12.

Ce Mémoire a été imprimé par ordre de la Société, on y a joint des Notes Inſtructives.

235. L'abondance rétablie, ou moyens de prévenir en France la diſette des Beſtiaux en même temps qu'on augmente la fertilité des terres: *Paris*, Deſventes de la Doué: 1768, *in*-12,

236. Le Louvet, maladie du Bétail, ſes cauſes, ſes remèdes, & les moyens de le prévenir; par M. REGNIER, Docteur en Medecine, de la Société Royale des Sciences de Montpellier, & de celle des Belles-Lettres & Beaux Arts de Gottingue: *Lauſanne*, Marc Chappuis, 1768, *in*-12.

237. Eſſais ſur les maladies contagieuſes du Betail, avec les moyens de les prévenir & d'y remédier efficacement; par M. LE CLERC,

ancien Médecin des armées du Roi en Allemagne : *Paris*, Tilliard, 1769.

238. Lettre sur la mortalité des Chiens, dans l'année 1763 ; par M. DESMARS Médecin, Pensionnaire de la ville de Boulogne sur mer : *Paris*, d'Houry, 1768.

Cette Lettre se trouve à la fin des *Epidémiques d'Hippocrate*, du même Auteur.

239. Méthode & projet pour parvenir à la destruction des Loups dans le Royaume ; par M. DELISLE DE MONCEL, ancien Capitaine de Cavalerie : *Paris*, Imprimerie Royale, *in*-12.

Ce Livre est rempli de bonnes vues : on y trouve des Observations très-curieuses sur les Loups connus en France, & sur ceux que l'on présume être venus du Nord. L'Auteur ne néglige aucun détail. Il donne plusieurs recettes éprouvées pour les maladies des Chiens, & principalement pour la rage.

240. Essai sur l'Histoire Naturelle de la Taupe, sur les différens moyens qu'on peut employer pour la détruire ; par M. DE LA FAILLE, de la Société d'Agriculture de la Rochelle : *La Rochelle*, Legier, 1768, *in*-12, *fig*.

241. Moyens sûrs & faciles pour détruire les Taupes dans les Prairies & les Jardins : *Paris*, Gueffier, 1770.

242 Mémoire sur les différens moyens qu'on peut employer pour détruire la Taupe.

Ce Mémoire a été lu à la Société Royale d'Agriculture d'Angers, le 6 Août 1769.

Traité des Oiseaux.

243. L'Histoire naturelle, éclaircie dans une de ses parties principales, l'Ornithologie, qui traite des Oiseaux de terre, de mer & de rivière, tant de nos climats que des pays étrangers : Ouvrage traduit du Latin du *Sinopsis Avium* de RAY, augmenté d'un grand nombre de Descriptions & de Remarques historiques sur le caractère des Oiseaux, leur industrie, leurs ruses ; par M. de SALERNE, Docteur en Médecine à Orléans : *Paris*, Debure 1767, *in*-4. avec fig.

244. Traité du Serin de Canarie, & autres petits Oiseaux de volière, avec la manière de les élever & de guerir leurs maladies : *Paris*, Prud'homme, 1707, *in*-12.

Traité des Poissons.

245. Traité général des Pêches, & des Poissons qu'elles fournissent, tant pour la subsistance des hommes, que pour plusieurs autres usages qui ont rapport aux Arts & au Commerce ;

Commerce; par M. DUHAMEL DU MONCEAU: *Paris*, Saillant, 1769, *in-fol.* 3 sec.

246. Mémoire sur les causes de la diminution de la Pêche sur les côtes de la Provence, & sur les moyens d'y remédier; par le Reverend Pere MENC, Dominicain.

Ce Mémoire, qui a remporté le prix de l'Académie des Belles-Lettres, Sciences & Arts de Marseille, a été lu dans une Séance publique. Il se trouve imprimé dans les *Mémoires de l'Académie de Marseille*: *Marseille*, Sibié.

247. Ms. Traité des Poissons de la grande & petite marée, qui fait voir leurs noms, leur saison, la manière dont s'en fait la pêche; & la qualité de leur choix; présenté à M. le Comte de MAUREPAS, Ministre & Sécrétaire d'Etat de la Marine; par LE MASSON DU PARC, Commissaire ordinaire de la Marine, Inspecteur général des Pêches; décoré de très-jolis desseins à l'encre de la Chine, qui représentent les différens poissons dont il a été question, *in-4*. C'est le n°. 1124 *du Catalogue de M. GAGNAT*.

Traité sur les Insectes.

248. Essai sur l'éducation des Abeilles dans des ruches de paille; par M. DUHOUX, Curé du Mesnil en Verdunois.

Ce Mémoire se trouve dans le *Journal Economique*; *Mars* 1769.

L'Auteur commence par donner la Description des lieux où les Abeilles se plaisent ; l'exposition du Rucher qui doit regarder le plein midi, ou plûtot le Soleil de dix heures. Il entre ensuite dans le détail de la construction des Ruches de paille. La plus grande partie de l'Ouvrage contient les Observations qui importent le plus à la Science Economique.

249. Lettre sur les Abeilles, adressée à MM. les Auteurs du Journal des Savans ; par M. BONNET, des Académies de Londres & de Berlin, Correspondant de l'Académie Royale des Sciences. *Journal des Savans, Novembre*, 1770, p. 2233.

Cette Lettre contient de nouvelles Expériences sur la formation des reines Abeilles, qui démontrent, contre le sentiment de M. DE REAUMUR, que chaque ver d'Abeille commune peut donner une reine, s'il reçoit une nourriture appropriée.

250. Mémoire sur la nature du Hanneton, & les moyens de le détruire ; par M. KLÉEMAN : Ouvrage couronné par l'Académie des Sciences de Manheim.

Ce Mémoire se trouve dans le *Recueil de l'Académie*.

251. Mss. Mémoire sur les Limaçons terrestres de l'Artois, pour servir à l'Histoire Naturelle de cette Province ; par un Membre de la Société littéraire d'Arras.

L'Auteur combat le sentiment de M. PLUCHE, qui croit que le Limaçon a ses deux yeux au bout de ses cornes.

252. Expériences sur les Limaçons, & Réflexions sur le résultat de ces Expériences, à MM. les Auteurs du Journal des Savans, Juin 1770; par M. COTTE, Prêtre de l'Oratoire, Correspondant de l'Académie des Sciences.

On trouve dans cette Lettre des Expériences qui semblent contredire celles de MM. Roos Suédois & DE LAVOISIER, de l'Académie des Sciences de Paris. L'Auteur prétend que la reproduction des têtes des Limaçons n'a point lieu, puisque les Observateurs n'avoient point coupés les têtes de ces animaux. M. COTTE fonde aussi son sentiment sur des expériences de M. VALMONT DE BOMARE, qui se trouvent conformes aux siennes.

253. Histoire des Charençons, avec les moyens de les détruire : *Paris*, Delalain, 1769, *in*-12.

X 254. Histoire d'un Insecte singulier, qui jettoit une lumière vive, trouvé dans le Fauxbourg S. Antoine; par M. FOUGEROUX, de l'Académie des Sciences : *Mémoires de l'Académie*, 1766.

M. DE FOUGEROUX reconnut cet insecte pour être le Maréchal, espèce de Scarabée qui habite la Cayenne. Il conjecture avec beaucoup de vraisemblance que celui-ci aura été apporté en France, sous la forme de ver, dans quelque pièce de bois destiné à l'Ebenistrerie.

X 255. Mémoire sur l'organisation jusqu'ici inconnue, d'une quantité considérable de productions animales, principalement des coquilles des animaux; par M. HÉRISSANT, de l'Académie des Sciences, Docteur-Régent de la Faculté de Médecine de Paris: *Mémoires de l'Académie*, an. 1766.

256. Mémoire sur la cause à laquelle on doit attribuer la lumière dont la mer agitée paroît assez souvent très-brillante pendant la nuit; par M. FOUGEROUX.

Ce Mémoire se trouve dans le *Recueil des Mémoires de l'Académie des Sciences*, année 1767.

L'Auteur pense, d'après ce qu'il a vu lui-même, que la lumière de la mer est due à une espéce de vers luisans ou Scolopendres, dont les varechs & goemons sont tous remplis.

SECTION VI.

Effets Physiques.

257. Discours véritable de divers prodiges arrivés en la ville d'Angers, comme tremblemens de terre, signes horribles, vents en l'air, tempête impétueuse; & de la curieuse Fontaine, qu'on appelle la fontaine Gadeline: *Paris*, 1609, *in*-8.

258. Abysme arrivé en la ville de Pleurs, par un étrange & prodigieux tremblement de terre, ensemble la perte de 2000 ames, & la générale conflagration des arbres & forêts: *Paris*, Isaac Mesnier, 1618, *in*-8.

259. Difcours des Croix miraculeufes apparues en la ville de Bourges en 1591 : *Paris*, Bichou, 1591, *in*-8.

260. Defcription d'un Météore igné, obfervé le 11 Novembre 1761, accompagné d'explofion, qui fut vu en Suiffe, en Bourgogne & en Flandre ; par M. MICHAULT. Cette Defcription fe trouve dans les *Mémoires de l'Académie de Dijon : Dijon*, Cauffe : *Paris*, Saillant.

261. Differtation fur l'efpèce de Météore, connu fous le nom de trombe ; par M. BRISSON, de l'Académie des Sciences.

Ce Mémoire fe trouve dans le *Recueil de l'Académie*, année 1767.

FIN.

TABLE GÉOGRAFIQUE

Des noms des Lieux sur lesquels on trouve quelque Traité dans ce Supplément.

TABLE ALPHABÉTIQUE
DES AUTEURS.

Les Chiffres désignent les Pages.

APPROBATION.

J'ai lu, par l'ordre de Monseigneur le Chancelier, un *Discours sur l'utilité de l'Histoire Naturelle de la France*, précédé de *l'Eloge de M. HÉRISSANT* : je n'y ai rien trouvé qui en doive empêcher l'impression. Fait à Paris ce 12 Décembre 1769. CAPPERONIER.

L'Approbation & le Privilége du Livre se trouvent à la Bibliothéque de la France.

www.ingramcontent.com/pod-product-compliance
Lightning Source LLC
Chambersburg PA
CBHW070624270326
41926CB00011B/1799
* 9 7 8 2 0 1 2 5 2 6 3 8 9 *